動物の栄養 第2版

唐澤　豊・菅原邦生　編

JN252051

Bun·eido 文永堂出版

表紙デザイン：中山康子（株式会社ワイクリエイティブ）

第1版の序

　動物栄養学は，ヒトの成長と健康維持に役立つのはもちろんのこと，乳，肉，卵の生産，水産物の生産および実験動物の生産，薬品開発業務に関連する動物試験，コンパニオン動物の飼育，さらに近年は野生動物の保護増殖のためなど，個体レベルの動物の飼養と動物を介する物の生産に欠くことのできない学問分野であります．近年，動物栄養学は，その基礎をなす生化学や分子生物学の進歩に伴い広範で多岐にわたる領域を包含するようになりました．そのため，飼養，飼料学的内容をも含めると，1つの講義科目として限られた時間で，この膨大な内容を学生が消化し理解するのは，とても困難な状況にあります．従来の動物栄養に関する教科書は，あるものは初心者にとって詳しすぎ，あるものは動物栄養学で対象とする動物が多岐にわたるにもかかわらず，それを理解するには体系がわかりにくいため，初心者の頭の中では整理と理解が難しいきらいがありました．

　そこで，本書ではまず，動物栄養学の基礎的内容を動物ごとに体系的にしっかり理解してもらうことを目的として，動物ごとの栄養学的特徴を構成と記述の上ではっきりわかるようにしました．また，動物栄養学の範疇に入る飼養，飼料学的な内容や飼養標準については，この動物栄養学を履修したワンステップ上の学習内容と位置づけ，別の成書に譲ることにして本書から省くことにしました．3つめの特徴は，本書で対象とする動物を，従来の産業動物であるウシ，ブタ，ニワトリに加えて，魚，コンパニオン動物のイヌ，ネコ，そして実験動物や野生動物などとした点にあります．さらに，本書では，説明に図や写真を多用し，初心者でも視覚によって内容をできるだけ容易に理解できるよう努めました．

　本書は，畜産学，水産学，農学，動物学，生活科学，家政学あるいは看護学を専攻する学生の基礎栄養学の教科書として，動物栄養学やヒトの栄養学を専攻する学生の専門科目履修前の導入用教科書として，あるいは，文系学生を含めた一般学生の教養科目で行われる動物栄養の教科書として用いられることを想定して企画されました．

　本書を通じて習得された栄養学の基礎知識が，その後の日常生活や専門教育の学習，さらには栄養学を深く学ぶ道への礎となるのであれば，著者一同これに勝る喜びはありません．

　執筆を始めてみると，特に各論では，基本的なことと思われることでも意外に関連する資料が乏しく，ときには全くない場合さえあり，それらの収集に多大な時間と労力を費やす結果となりました．資料や写真の提供，収集に当たっては多くの方々のご協力をいただきました．本書の上梓に当たり，ご厚意に対してここに深甚なる謝意を表する次第です．

　最後に，本書出版の企画を取り上げていただいた文永堂出版（株）社長　永井富久氏，ならびに編集でお世話になった鈴木康弘氏，両角能彦氏に厚くお礼申し上げます．

2001 年 3 月　　　　　　　　　　　　　　　　　　　　　編集者　唐澤　　豊

第2版の序

　『動物の栄養』は2001年第1版以来6刷を重ね，大学などの畜産学や栄養学などの教育に幅広く用いられてきました．これは日々教育に当たられている先生方が第1版の趣旨を理解し，専門科目として栄養学を学ばせるだけでなく，社会人として身につけるべき栄養に関する知識の普及を目指して活動されていることを反映しているものと思います．増刷を重ねるごとに，内容や記載の修正を行いましたが十分ではありませんでした．このたび，初版刊行後10年以上が経過しましたので，学術や技術の進展に伴う新たな内容の追加または修正を加え，第2版として刊行することにしました．

　第1版の基本方針に沿って構成と項目はほぼ第1版を踏襲しましたが，10数年を経て，基本的と思われる内容が拡充した事項もあり，第1版にくらべ記載が増えた項目もあります．第3章の摂食の調節については新しい内容を取り入れました．第5章ではタンパク質の代謝に関して，体タンパク質の代謝回転を冒頭に配して合成と分解を理解したあとに，アミノ酸代謝と窒素排泄，栄養価について学ぶようにしてあります．第8章 反芻家畜の栄養学「1. ウシ，スイギュウ，ヤギ，ヒツジ」では，タンパク質の要求量評価のための代謝タンパク質システムを紹介しています．

　近年の大学教育では授業以外に学生が自主的に学ぶ機会を増やすようになってきています．これに応える実質的な手法の1つは学修内容の振り返りがあります．そこで，第2版では各章末に練習問題を掲載し，巻末に解答を付けました．復習として修学事項の内容を整理するなどして，理解を深めるのに役立つことを願っています．さらに詳しく勉強したい場合は参考図書を活用して下さい．

　唐澤豊と菅原邦生が共同して編集に当たりましたが，不行き届きや難解な点があれば，菅原の責に帰するところです．お気づきの際には文永堂出版にお知らせいただきたくお願い致します．授業担当の先生方や読者の皆さんの協力を得て，さらに充実したものに致します．

　第1版の執筆者の半数以上の方が定年などで一線を退かれていますので，現在活躍している諸先生に新たに執筆を依頼した項目もあります．いずれも動物の栄養学に精通され，情熱を持って教育に当たられている方々です．大学などでの通常の教育と研究の業務が多忙になっているなか尽力いただきました．

　本書が大学における畜産学などの専門教育の導入，または関連学科などの基礎的な栄養学の授業において，栄養素に関する基本的な内容とともに種々の動物における栄養の特徴を通して，よりいっそう栄養学について理解を深めることのきっかけとなれば幸いです．

　最後に，第2版の刊行を勧めていただいた文永堂出版株式会社社長　福　毅氏，編集においてお世話になりました鈴木康弘氏に厚くお礼申し上げます．

2016年1月　　　　　　　　　　　　　　　　編集者を代表して　菅 原 邦 生

執 筆 者

編 集 者

唐 澤 豊	信州大学名誉教授
菅 原 邦 生	宇都宮大学名誉教授

執筆者 （執筆順）

唐 澤 豊	前掲
佐 藤 幹	東北大学大学院農学研究科
太 田 能 之	日本獣医生命科学大学応用生命科学部
喜 多 一 美	岩手大学農学部
村 井 篤 嗣	名古屋大学大学院生命農学研究科
神 勝 紀	信州大学名誉教授
祐 森 誠 司	静岡県立農林環境専門職大学
松 井 徹	京都大学名誉教授
坂 口 英	岡山大学名誉教授
黒 瀬 陽 平	北里大学獣医学部
豊 後 貴 嗣	岡山理科大学獣医学部
豊 水 正 昭	東北大学名誉教授
喜久里 基	東北大学大学院農学研究科
菅 原 邦 生	前掲
大 島 浩 二	元・信州大学農学部
勝 俣 昌 也	麻布大学獣医学部
古 瀬 充 宏	九州大学名誉教授
山 内 高 円	香川大学名誉教授

梶　川　　　博　　日本大学生物資源科学部

河　合　正　人　　北海道大学北方生物圏フィールド科学センター

小　川　　　博　　東京農業大学名誉教授

竹　田　謙　一　　信州大学大学院総合理工学研究科

赤　木　智香子　　ラプター・フォレスト

竹　内　俊　郎　　東京海洋大学名誉教授

目　　　次

注）概説部とは，第 7 〜 10 章における各動物種の簡単な特徴について，「1）消化器の形態」
の項目の前に記述された個所を示す．

第1章

栄養，栄養素，栄養学

1．栄養，栄養素

　動物の生存は，水，光，温度，空気，他の捕食動物，食物摂取の難易などの外部環境によって規定されている（図 1-1）．そのうち，食物の獲得の難易と利用性は，動物の生存にとって決定的な役割を持っている．

　運動，仕事，繁殖，泌乳，産卵，成長などの生命活動を営むために，生物体が外界から物質を取り入れ利用することを栄養（nutrition）といい，これらの生命現象を維持するために摂取する食品や飼料中の有益な成分を，栄養素（nutrient）と呼んでいる．栄養素はその役割から，タンパク質，脂質，炭水化物，ビタミン，ミネラルに分類され，これらは 5 大栄養素ともいわれる．空気や水も動物の栄養に欠くことのできないものであるが，一般に栄養素とはいわない．

　体成分や生産物の構成成分になる栄養素としてタンパク質，脂質，炭水化物，ビタミン，ミネラルが，体成分や生産物の合成および筋肉運動などに要するエネルギー源になるものとして炭水化物，脂質，タンパク質が，さらに，体内の多様な代謝反応の進行や調節のために必要なものとしてタンパク質，ビタミン，ミネラルが利用される（図1-2）．

　動物体が，成長期にあるとき（妊娠しているときも），また卵や乳などの生産物を生産しているとき，これらの成長や生産物の合成のために，栄養素の摂取が必要なことはよく

図 1-1　動物の生命活動（生存）を規定する外部環境要因

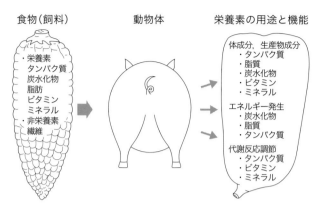

図 1-2　栄養素の用途と機能

理解できる．しかし，動物は成長も生産もしない維持の状態でも，エネルギーやタンパク質をとることが必要である．これは，生存のために最低限必要な呼吸，心臓運動，尿の排泄などに加えて，動物体の組織が更新のために絶えず合成と分解を繰り返していて，みかけ上静的であっても代謝が動的平衡状態にあるためである．動物が生存していくうえで，量の多少はあるものの絶えず栄養素（食物）の補給を受けなければならない理由は，ここにある．

2．栄　養　学

栄養学は，一言でいえば「生命活動のために動物が摂取した物質と動物体との関係を明らかにする学問」である．そして，栄養学の最終的な目標は，いろいろな自然環境，社会環境，動物種，年齢あるいは生存（飼育）目的などによって異なる栄養素要求量を求めることである．近年，栄養学は，量の栄養学から質の栄養学へ，不足の栄養学から過剰の栄養学へ，時代とともにその力点を移しつつある．

一般に栄養学といえば，人間の栄養学のことを指し，さらにその中には対象を限定した病態栄養学，臨床栄養学，公衆栄養学などと呼ばれる分野もある．その他，対象とする動物によって，動物栄養学（比較動物栄養学），家畜栄養学，家禽栄養学などがある．さらに，関連する学問領域として，家畜栄養学と飼料学を基礎

とした家畜飼養学がある．また，方法論的に，栄養を特に化学的，生理学的あるいは分子生物学的側面から捉える栄養化学，栄養生理学，分子栄養学などがある．

　栄養学と，経済動物を対象とする家畜栄養学では，目指すところに若干の違いがある．ヒトの栄養学では，成長は体のボリュームの増大とともに機能の充実，発達が達成されなければならない．一方，家畜栄養学で対象とする肉用家畜の成長では，筋肉の量と質のみが求められる．

3．分子栄養学

　近年の分子生物学の発展に伴い，栄養学の分野にもそれを応用した新たな考え方や研究解析手法が導入されつつある．それが分子栄養（molecular nutrition）である．分子栄養とは，栄養素と生体の関係を分子生物学的手法を用いて研究する栄養学の中の 1 つの分野であり，栄養素を 1 つの分子として，その能力を探究する，あるいは栄養素が他の生体内分子（遺伝子，タンパク質，他の化学分子）にどのように働きかけるかを明らかにする学問である．そもそも，分子栄養という単語は，ノーベル化学賞を受賞した Pauling, L. 博士が最初に提唱した．すなわち，栄養素の分子はエネルギーや体を構成する成分として必要であるだけではなく，体内の代謝調節を担う分子であること，疾病に罹患した場合には特定の栄養素が不足し，その栄養素分子を補給することにより疾病を予防可能であるとの考えである．この概念が近年の分子生物学の発展により，現在の定義へと進化した．

　ヒトや哺乳動物に関する分子栄養の知見は，一般消費者へのサプリメントの流行とともに「予防医学」としての栄養素，あるいは機能性を持つ栄養素を提示する根拠として，その重要性を増している．近年では，分子栄養学をさらに発展させ，ニュートリゲノミクス（nutrigenomics）やニュートリジェネティクス（nutrigenetics），あるいはニュートリエピジェネティクス（nutriepigenetics）という新たな栄養学の分野が展開されつつある．ニュートリゲノミクスとは，特定の栄養素と遺伝子の関係を明らかにする手法であり，これまで未知であった栄養による制御因子を効率よく探索して，新たな原理や代謝調節因子を発見する学問である．一方，ニュートリジェネティクスとは，遺伝的背景の異なる動物および

ヒトに対する栄養の応答性を検索する学問である．ニュートリエピジェネティクスとは，エピジェネティクス（DNA 塩基配列の変化を伴わない細胞分裂後も継承される遺伝子発現あるいは細胞表現型の変化）な効果に栄養素がどのように影響するかを追求する学問である．いずれの学問分野においても，次世代シーケンサによる全ゲノム配列の解析やそのコードするタンパク質の解析などのポストゲノムの手法，すなわちマイクロアレイ，プロテオーム，メタボローム解析など，網羅的に因子を観察する実験手法が根幹となっている．近年では，これらの解析から明らかになった特定の遺伝子やタンパク質を解析することにより，美味しく食べながら病気の予防および改善を目的とした個人に最適な栄養素供給（personalized nutrition）が可能となりつつある．

　一方，家畜においても分子栄養を応用することが有効である．特に，機能性栄養素といわれる生体代謝を調節する作用のある栄養素の利用は，高品質な畜産物を生産する，あるいは家畜の生体内環境を調節することによる生産性の改善を家畜の健康を損なわずに実現するためには有用な技術となる．しかし，家畜生産上における利用で最も重要な点は「コストをかけない」あるいは「コストに見合った生産性（あるいは品質）の改善」を実現することにある．このような観点から，家畜および家禽では細胞が盛んに活動している状況，例えば出生・孵化直後，産卵開始時，泌乳初期あるいは肥育初期に限った機能性栄養素の給与が有効であると考えられる．これは，細胞の増殖および分化が盛んな状況で細胞内シグナルをはじめとする栄養調節を行うことにより，細胞制御からの効果的な生産性改善が可能となるからである．

　分子栄養の利用は，今後確実に高まっていくであろう．ポストゲノムの時代に突入した現在，畜産のフィールドでも分子栄養学の手法を用いた新たな技術の創成が家畜栄養学の新展開をもたらすものと確信している．

◇◇◇◇◇◇◇◇◇◇◇◇◇◇◇◇◇◇◇◇ **練 習 問 題** ◇◇◇◇◇◇◇◇◇◇◇◇◇◇◇◇◇◇◇◇

　1-1.　栄養学の 1 つである分子栄養学を説明せよ．

第2章

栄養素の化学

　動物体を構成する元素は，炭素，水素，酸素，窒素が 90 ％を占め，無機質が約 5 ％含まれている．これらの元素からなる体構成成分は，タンパク質が 11 ～ 22 ％，脂質が 5 ～ 50 ％，炭水化物が 0.5 ％，無機質が 2 ～ 5 ％であり，水分が 45 ～ 70 ％となっている．一方，家畜の飼料の主体である植物は，乾物当たりで 70 ％以上が炭水化物となっていて対照的である．このことは，摂取された飼料成分が動物体内で必要に応じて代謝され，利用されていることを示している．

1．タンパク質とアミノ酸

　タンパク質の名称は卵白が熱によって白色凝固する現象から名づけられ，もともと蛋白質と表記され，現在も用途によってこの表記が用いられる．飼料栄養的には蛋白質，生化学的にはタンパク質と表記する．どちらも正しい表記ではあるが混乱を避けるために使い分けている．タンパク質は炭素，水素，酸素，窒素とイオウから構成されている．

1）タンパク質

(1) タンパク質の構造

　タンパク質（protein）は，動物の体における構成成分の中で水分に次いで多く，約 18 ％を占める．この割合は動物の体の状態や飼育管理の違いによって変化し，肥育牛や肥育豚のように体脂肪含量が多くなると，相対的に体タンパク質含量は低くなる．タンパク質は，体内の軟組織の主要構成物質である．

　ペプチド（peptide）とは，あるアミノ酸のカルボキシル基（-COOH）と他のアミノ酸のアミノ基（-NH$_2$）が，脱水縮合してペプチド結合（-CO-NH-）した化合物であり，ペプチドが鎖状に結合した高分子化合物がタンパク質である（図

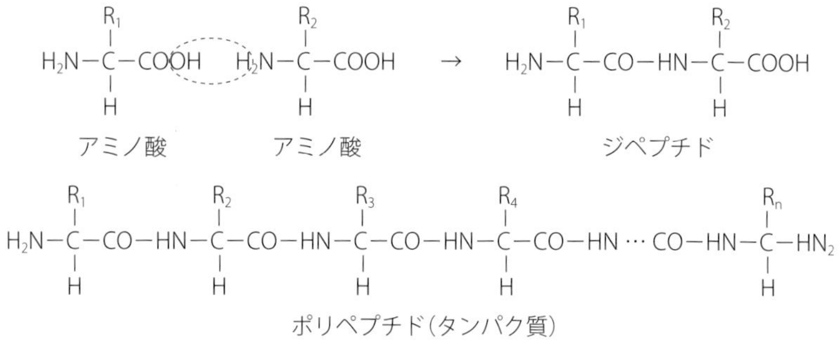

$$H_2N-\underset{\underset{H}{|}}{\overset{\overset{R_1}{|}}{C}}-COOH \quad H_2N-\underset{\underset{H}{|}}{\overset{\overset{R_2}{|}}{C}}-COOH \quad \rightarrow \quad H_2N-\underset{\underset{H}{|}}{\overset{\overset{R_1}{|}}{C}}-CO-HN-\underset{\underset{H}{|}}{\overset{\overset{R_2}{|}}{C}}-COOH$$

アミノ酸　　　　　アミノ酸　　　　　　　　　　ジペプチド

$$H_2N-\underset{\underset{H}{|}}{\overset{\overset{R_1}{|}}{C}}-CO-HN-\underset{\underset{H}{|}}{\overset{\overset{R_2}{|}}{C}}-CO-HN-\underset{\underset{H}{|}}{\overset{\overset{R_3}{|}}{C}}-CO-HN-\underset{\underset{H}{|}}{\overset{\overset{R_4}{|}}{C}}-CO-HN\cdots CO-HN-\underset{\underset{H}{|}}{\overset{\overset{R_n}{|}}{C}}-HN_2$$

ポリペプチド（タンパク質）

図 2-1　ペプチド結合とポリペプチド（タンパク質）

2-1). タンパク質は, 立体的な構造を作ることが可能であり, 一次構造から四次構造まである. この中で, 二次構造以上の立体構造を高次構造と呼ぶ.

a. タンパク質の一次構造

タンパク質を構成しているアミノ酸残基の配列順序を示し, DNA の塩基配列により規定されている. システイン残基がジスルフィド結合（-S-S- 結合）を形成していれば, その位置も含む（図 2-2）.

b. タンパク質の二次構造

ペプチド鎖中の極性残基間に静電力が働き, H 原子を媒介とする水素結合(-N-H…O ＝) が生じてできたらせん状（α - ヘリックス）, またはひだのある布状（β - シート）の規則的な反復構造である. グルタミン酸, アラニン, ロイシンなどの連なりは α - ヘリックスを作りやすく, メチオニン, バリン, イソロイシンなどは β - シートを作りやすい. グリシン, プロリン, アスパラギンは, これらの規則的な反復構造をつなぐ曲がり角に存在することが多い. 二次構造は, 繊維状タンパク質に多い（例えば, コラーゲン（結合組織）, ミオシン（筋肉）, ケラチン（毛）, フィブリン（凝血）).

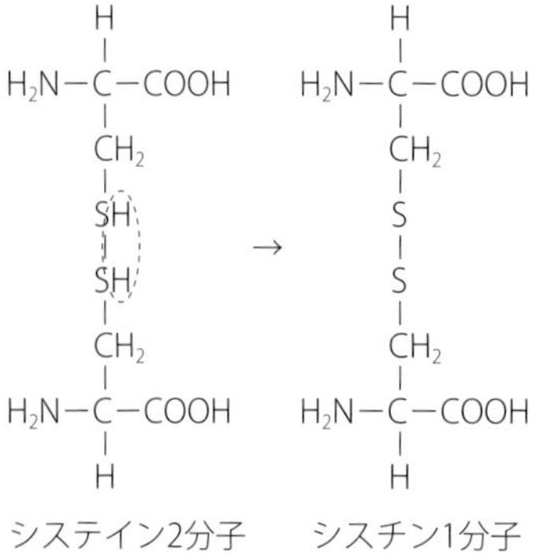

c. タンパク質の三次構造

二次構造をとっているタンパク質のポリペプチド鎖が, 側鎖間の水素結合やジスルフィ

$$H_2N-\underset{\underset{H_2N-\underset{H}{\overset{|}{C}}-COOH}{\underset{|}{CH_2}}}{\overset{\overset{H}{|}}{\underset{|}{C}}}-COOH \quad \underset{|}{\overset{|}{SH}} \atop \underset{|}{SH}$$

システイン2分子　　シスチン1分子

図 2-2　システインのジスルフィド結合

ド結合などの相互作用により，さらに不規則に折りたたまれた構造である．三次構造は，球状タンパク質に多い．酵素を含めて細胞内のタンパク質の大部分は球状タンパク質である．疎水基が分子の内側に集まり，親水基が分子の表面に出るため可溶性で反応性に富む．

d．タンパク質の四次構造

三次構造をとっている球状タンパク質が複数個非共有結合で会合し，特定の空間配置をとって機能を果たしている構造を示す．

(2) タンパク質と遺伝情報

タンパク質を構成するアミノ酸の配列情報は，デオキシリボ核酸（DNA）の中に塩基配列として保存されている．DNA に保存されている遺伝子（アミノ酸の配列情報）は，ヒトで約 2 万 2,000 個である．遺伝子に保存されているアミノ酸配列の情報はコドンと呼ばれる．コドンは，4 種類の塩基（アデニン，シトシン，グアニン，チミン）の中の 3 個が結合した配列であり，1 つのコドンが 1 つのアミノ酸と対応しているが，1 つのアミノ酸が複数のコドンによってコードされている場合もある．

(3) タンパク質の一般的性質

a．変　　　性

熱，酸，アルカリ，有機溶媒，尿素，グアニジン，紫外線などにより，タンパク質の生物学的活性が不可逆的に失われる（変性）．この際，高次構造も変化することが多く，不溶性になることも多い（凝固，図 2-3）．

図 2-3　タンパク質の変性と凝固
（喜多一美，2015）

b．両性電解質と等電点

タンパク質はアミノ酸がペプチド結合により鎖状に結合した高分子化合物であり，ペプチド鎖に組み込まれたアミノ酸残基には，カルボキシル基，アミノ基，水酸基などの極性を有した側鎖が遊離している．そのため，タンパク質もアミノ酸同様に両性電解質であり，等電点を有する．等電点付近の溶液 pH では，タンパク質分子同士に斥力が働き凝集しやすくなる．

タンパク質溶液に硫酸アンモニウム，塩化ナトリウム，硫酸マグネシウムなどの塩を多量に溶解すると，タンパク質溶解に必要な水が少なくなり，タンパク質が沈殿する．この沈殿方法を塩析といい，血清からの免疫グロブリンを回収する際など，タンパク質の分離および精製に用いられる．

(4) タンパク質の種類

タンパク質は，構成するアミノ酸の数，種類，配列の違いによって性質や機能が異なる．構成するアミノ酸の数が少ない場合には，タンパク質とは呼ばれずにオリゴペプチドやポリペプチドなどと呼ばれることもある．これらの名称の使い分けを決める明確なアミノ酸の個数は決まっていない．

a．単純タンパク質

加水分解により α-アミノ酸のみを生じるタンパク質である．溶解度により次のように分類する．

①**アルブミン**…水，希酸，希アルカリに可溶，50 ％以上の高濃度硫酸アンモニウムで塩析され沈殿する．血清アルブミン，オボアルブミン（卵白），ラクトアルブミン（乳）．

②**グロブリン**…50 ％の硫酸アンモニウムで塩析され沈殿する．水に可溶性と不溶性がある．血清グロブリン．

③**グルテリン**…水に不溶．希酸，希アルカリに可溶．穀類に多い．オリゼリン（米），グルテニン（小麦）．

④**プロラミン**…水に不溶．60 ～ 90 ％エタノールに可溶．グルタミン酸，プロリンが多い．ゼイン（トウモロコシ）．

⑤**硬タンパク質**…通常の塩水溶液には不溶．ケラチン（毛），コラーゲン（結合組織），エラスチン（腱）．

⑥**ヒストン**…水，希酸に可溶．核内で DNA と複合体を形成している．

⑦**プロタミン**…水に可溶．多くの脊椎動物の精子核特異的タンパク質．

b．複合タンパク質

タンパク質と非タンパク質成分が結合したものである．

①**リンタンパク質**…リン酸が結合したタンパク質．セリン，スレオニン（トレオニン）残基の水酸基に結合している（カゼイン）．

②**核タンパク質**…核酸（DNA）にヒストンまたはプロタミンが結合したタンパク質．

③**糖タンパク質**…糖と結合したタンパク質（オボアルブミン，γ-グロブリン）．

④**リポタンパク質**…脂肪，リン脂質，コレステロールなどと結合したタンパク質．

⑤**色素タンパク質**…色素成分と結合したタンパク質（ヘモグロビン（ヘムとグロビン））．

2）アミノ酸

(1) アミノ酸の構造

アミノ酸（amino acid）は，生体を構成する主要な物質の一種であり，タンパク質の材料として必須の有機化合物である．アミノ酸は，広義にはアミノ基（$-NH_2$）とカルボキシル基（$-COOH$）という 2 つの官能基を持つ有機化合物を示す．また，狭義には生体のタンパク質となる α-アミノ酸を指す（図 2-4）．

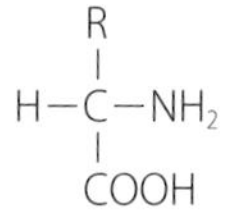

α-アミノ酸の基本構造は，不斉炭素原子が有する 4 本の結合子に，アミノ基，カルボキシル基および水素原子が結合した構造を有している．残る 1 本の結合子に結合する官能基の違いによってアミノ酸の種類が決定される．α-アミノ酸の中で最も簡単な構造を有するのはグリシン（H_2NCH_2COOH）であり，最も簡単な β-アミノ酸は β-アラニン

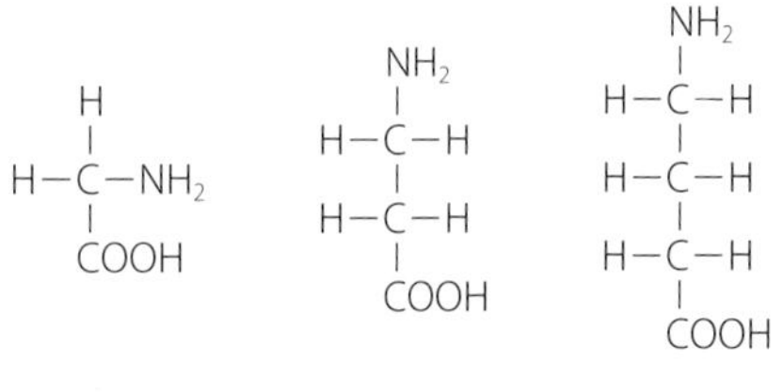

図 2-4　α-アミノ酸の基本構造

図 2-5　グリシン（左），β-アラニン（中），γ-アミノ酪酸（右）の構造式

（H₂NCH₂CH₂COOH）である．γ-アミノ酸の代表としては，通称 GABA と呼ばれる神経伝達分子である γ-アミノ酪酸（H₂NCH₂CH₂CH₂COOH）がある（図2-5）．

（2）アミノ酸の種類

　生体の主要な構成成分であるタンパク質は，20種類のL-アミノ酸（アラニン，アルギニン，アスパラギン，アスパラギン酸，システイン，グルタミン，グルタミン酸，グリシン，ヒスチジン，イソロイシン，ロイシン，リジン（リシン），メチオニン，フェニルアラニン，プロリン，セリン，スレオニン，トリプトファン，チロシン，バリン）がペプチド結合により脱水縮合し，鎖状に結合した高分子化合物である．不斉炭素原子に結合するアミノ基，カルボキシル基および水素原子以外の官能基の違いによってアミノ酸の種類が決定され，官能基が水素原子やメチル基の場合は中性アミノ酸，水酸基の場合はヒドロキシアミノ酸，アルキル基の場合は分枝鎖アミノ酸，イオウを含む場合には含硫アミノ酸，カルボキシル基を含む場合には酸性アミノ酸，アミノ基やイミダゾール環を含む場合には塩基性アミノ酸，芳香環を含む場合には芳香族アミノ酸に分類される．酸性アミ

表2-1　アミノ酸の分類

大分類	中分類	小分類	アミノ酸
脂肪族アミノ酸	中性アミノ酸		グリシン（Gly, G），アラニン（Ala, A）
		ヒドロキシアミノ酸	セリン（Ser, S），スレオニン（トレオニン；Thr, T）
		分枝鎖アミノ酸	ロイシン（Leu, L），イソロイシン（Ile, I），バリン（Val, V）
		含硫アミノ酸	メチオニン（Met, M），システイン（Cys, C）
	酸性アミノ酸		グルタミン酸（Glu, E），アスパラギン酸（Asp, D）
	酸アミド		グルタミン（Gln, Q），アスパラギン（Asn, N）
	塩基性アミノ酸		リジン（Lys, K），アルギニン（Arg, R）
環状アミノ酸	芳香族（六員環）アミノ酸		フェニルアラニン（Phe, F），チロシン（Tyr, Y）
	インドール環（複素環）アミノ酸		トリプトファン（Trp, W）
	異環族（五員環）アミノ酸		プロリン（Pro, P），ヒスチジン（His, H）

（太田能之，2015）

ノ酸における α 位以外のカルボキシ末端がアミド化されたアミノ酸も存在する.
また，プロリンはアミノ基（-NH₂）のかわりにイミノ基（＝NH）を含むが，タ
ンパク質合成の材料になるため，通常はアミノ酸に含めている（表2-1，図2-6
〜 2-9）.

　一般に，タンパク質を加水分解すると，通常 20 種類以上のアミノ酸が検出さ
れる.これは，体内で生合成されたタンパク質が翻訳後に修飾を受けるためであ
る.例えば，1- メチルヒスチジンや3- メチルヒスチジンは，ヒスチジンのイミ
ダゾール基の 1 の位置もしくは 3 の位置がメチル化されることにより生成され
る.生体内では，1- メチルヒスチジンはヒト，ラット，ウサギなどの筋肉中に

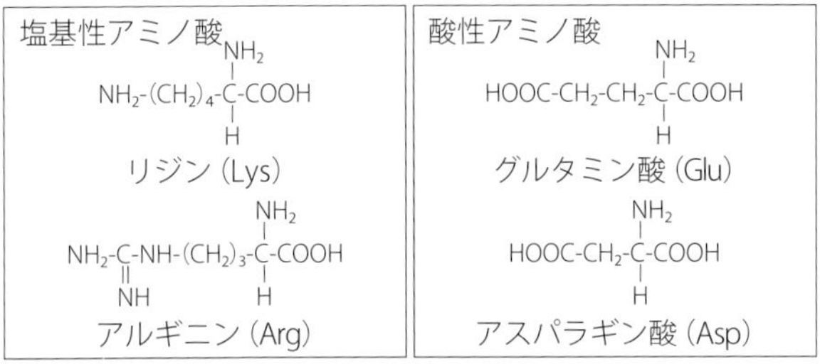

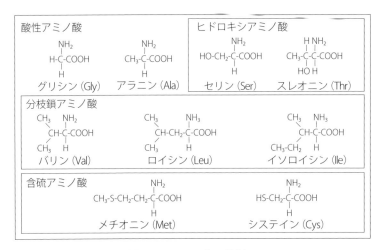

図 2-6　アミノ酸の分類 I
脂肪族アミノ酸 1 ：塩基性アミノ酸および酸性アミノ酸.

図 2-7　アミノ酸の分類 II
脂肪族アミノ酸 2 ：中性アミノ酸とその分類.

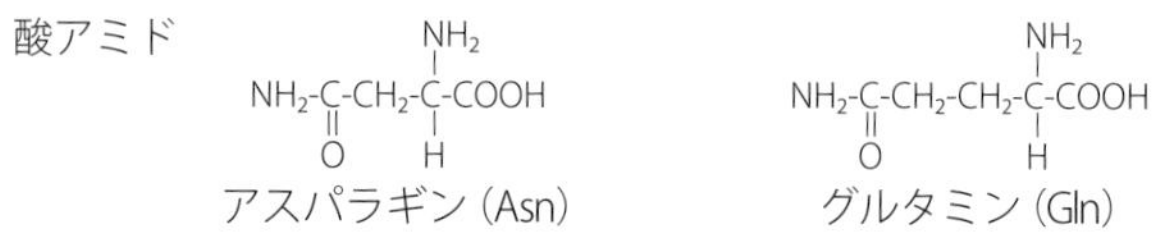

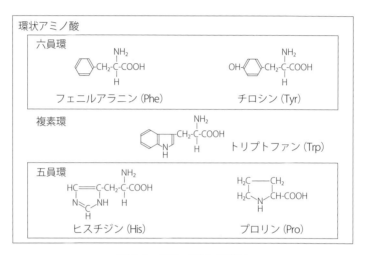

図2-8　アミノ酸の分類III
脂肪族アミノ酸3：酸アミド.

図2-9　アミノ酸の分類IV
環状アミノ酸.

あるジペプチドであるアンセリンの構成成分として見出される. また, 3-メチルヒスチジンは, 筋肉中のアクチンやミオシンなどの特定のヒスチジンがメチル化されることによって生成され, 筋肉タンパク質の分解速度の指標として用いられる. また, 血中においてシステインの大部分は, -SH基が2分子酸化されてジスルフィド結合（-S-S-）したシスチンの形で存在する（図2-10）.

(3) アミノ酸の一般的性質

a. 立体異性体

　グリシンを除くα-アミノ酸は, α位に不斉炭素原子を有し, 4個の異なる官能基を持つ. その中の3個は, アミノ基, カルボキシル基および水素原子であり, 1本の結合子に結合する官能基の違いによってアミノ酸の種類が決定される. α-アミノ酸にはD-, L-異性体があり, L-グリセルアルデヒドを基準として, 不斉

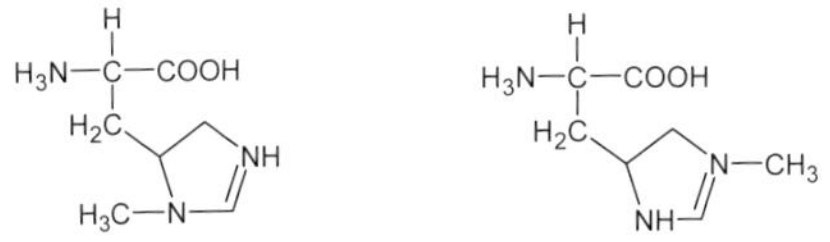

1- メチルヒスチジン　　3- メチルヒスチジン

シスチン

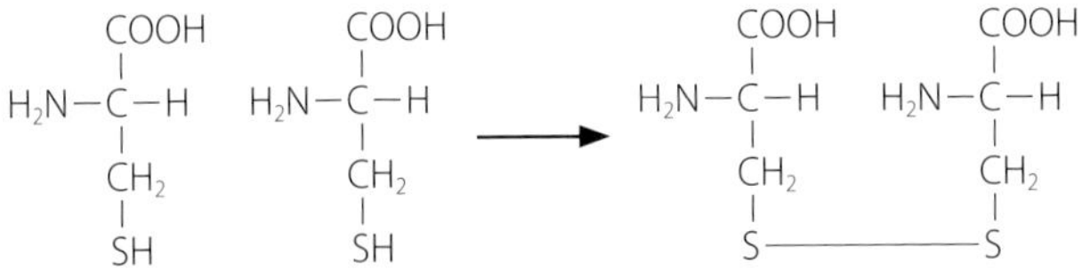

システイン　　システイン　　　　　　　シスチン，CysH

ヒドロキシプロリン

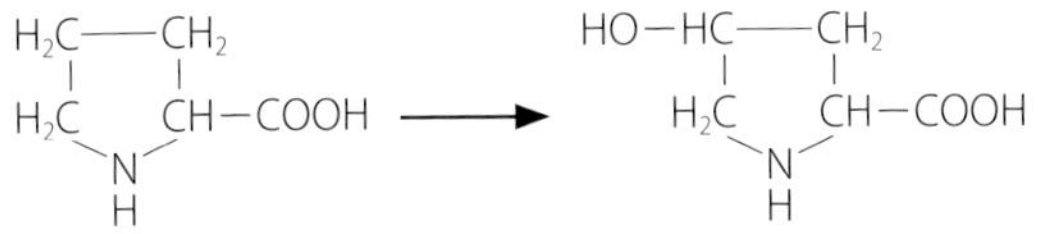

プロリン　　　　　　　　4- ヒドロキシプロリン，Hyp

図 2-10　1- メチルヒスチジン，3- メチルヒスチジン，ヒドロキシプロ
リン，シスチンの構造式

D- アミノ酸　　D- グリセルアルデヒド　　L- グリセルアルデヒド　　L- アミノ酸

図 2-11　アミノ酸の立体異性体

炭素原子の上に位置したアルデヒド基をカルボキシル基に置き換え，不斉炭素原
子の左側に位置する水酸基をアミノ基に置き換えたアミノ酸が L- アミノ酸とな
る（図 2-11）.

b．両性電解質と等電点

　アミノ酸は分子内に酸性基と塩基性基を持つ両性電解質で，酸（H^+供与体）
と塩基（H^+受容体）の両方の性質を有する（両性イオン）. しかし，酸性溶液中
では -COO^- が H^+ を受け取って -COOH となり，-NH_2 基のみがイオン化（-NH_3^+）
するためアミノ酸は塩基として働き，アルカリ溶液中では -NH_3^+ が H^+ を放出し

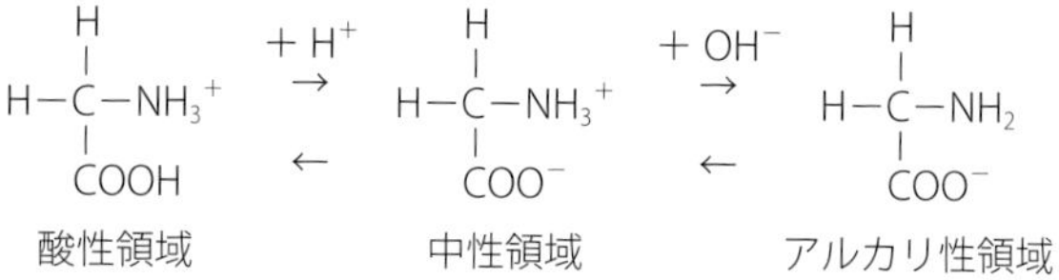

図 2-12　水溶液の pH と両性イオンとしてのアミノ酸の電離

て -NH$_2$ となり，-COOH 基のみがイオン化（-COO$^-$）するためアミノ酸は酸として作用する（図 2-12）．しかし，ある pH では両方の基が同時にイオン化する結果，正負の電荷が釣り合って酸でも塩基でもなくなる．このときの pH を等電点（isoelectric point）というが，等電点は -COOH 基や -NH$_2$ 基の数，および他の極性基（-OH や -SH）の存在によって影響を受けるので，等電点はアミノ酸の種類ごとに異なる．

3）アミノ酸とペプチドの機能

（1）アミノ酸

　20 種類の L 型の α- アミノ酸の主要な機能は酵素やホルモン，抗体をはじめ筋肉などに含まれるタンパク質の素材となることである（一次機能）．また，アミノ酸は味を呈する性質を持つ（グルタミン酸ナトリウムやアスパラギン酸ナトリウムは旨味の成分）だけでなく，アミノ酸と還元糖からメイラード反応によって生成する物質には嗅覚を刺激する働きもあり，これらを二次機能と呼ぶ．さらに，体タンパク質代謝などを調節する働き（三次機能）が明らかにされ，畜産や食品，医療などで利用が広がっている．代表的なものについて以下に記した．

a．分枝鎖アミノ酸

　分枝鎖アミノ酸（branched chain amino acids）は側鎖の炭素骨格が 2 股に分かれた構造のアミノ酸を指し，ロイシン，イソロイシンおよびバリンが知られている．これらのアミノ酸は筋肉で直接代謝されてエネルギー源となる数少ない栄養素であるだけでなく，細胞内外の情報伝達物質として働き，筋肉や組織のタンパク質合成促進・分解抑制を行うことが知られ，特にロイシンではその作用機序も明らかにされつつある．

b．アルギニン

アルギニンは一酸化窒素（NO）の基質であり，タンパク質代謝に由来する窒素（アンモニア）を代謝する尿素サイクル代謝産物であり，免疫賦活化作用が認められている．また近年では，血流調節機能があることも明らかにされている．

c．含硫アミノ酸（メチオニン＋シスチン）

メチオニンはタンパク質の構成要素であるだけでなく，遺伝子翻訳の開始コドンに対応するアミノ酸として，あるいはさまざまな生命現象に関する有機物の活性を制御する CH_3-（メチル基）の供与体として働くなど，生命にとって重要なアミノ酸である．メチオニンは筋肉タンパク質合成を促進させたり，メチル基供与は脂肪運搬や代謝にも関連する．システインはメチオニンから合成され，SH-（チオール基）同士がS-S結合した2量体がシスチンであり，生体内のタンパク質ではシスチンとして存在しやすい．コラーゲンなど構造体タンパク質の構造維持に関与したり，1量体のシステインは抗酸化など生体の防御に貢献する．

d．α-アミノ酸以外のアミノ酸

β-アミノ酸は α-アミノ酸に比べて知られている種類も少なく，代表的なものは β-アラニンで，マウスでは精神安定作用がある．また，骨格筋中に含まれるカルノシンやアンセリンを構成するアミノ酸である．γ-アミノ酸の機能は β-アミノ酸とともに，特定のアミノ酸の機能のみ知られている．γ-アミノ酪酸（GABA）はグルタミン酸の中間代謝産物であり，一定量の摂取が精神的安寧をもたらすことが知られており，ヒト用の機能性食品として供給されている．δ-アミノ酸の機能は主に δ-アミノレブリン酸（ALA）について知られ，ALAは，動物では赤血球や卵殻の色素（ヘムとポルフィリン）の前駆体となるアミノ酸である．

(2) ペプチド

ペプチドおよびタンパク質の機能はタンパク質の構造に大きく依存しており，分子内アミノ酸残基の物理化学的特徴がタンパク質の機能と関連している．立体構造を形成することによって，多様な形態を保持しさまざまな性質の残基と結合できる部位を持ち，鍵と鍵穴の関係を作りやすく，生体内の情報伝達や抗原抗体反応に代表される生体防御などにも関係している．ペプチド（タンパク質）の主な機能を表2-2に示す．

機　能	主なタンパク質
生体構成（構造体）	細胞構成タンパク質，コラーゲンなど
生体触媒	キナーゼ，ホスファターゼ，デヒドロゲナーゼ，各消化酵素など
筋収縮	アクチン，ミオシン
生体防御（免疫，抗酸化）	抗体，細胞膜表面結合タンパク質，血液凝固因子，グルタチオンなど
情　報	成長ホルモン，インスリン，グルカゴン，オキシトシン，バソプレッシン，プロラクチン，インスリン様成長因子など
輸送体・輸送調節タンパク質	ヘモグロビン，ラクトフェリン，トランスフェリン，トランスポーター，膜タンパク質など
エネルギー源	アミノ酸に分解されて代謝される
アミノ酸の貯蔵形態	アルブミン，カゼイン

表 2-2　動物におけるタンパク質の機能

（太田能之，2015）

２．炭　水　化　物

　炭水化物（carbohydrate）はタンパク質および脂質とともに重要な栄養素の1つである．ヒトの食事などでは糖質として使われることもあるが，これは以下に示すように構造的な定義では炭水化物でも栄養的には異なった利用をされるセルロースなどの繊維との区別のためと考えられる．

　炭水化物，もしくは糖は一般成分分析では項目に含まれていない．このため単独ではなく，総エネルギーに対してタンパク質や脂質の割合から推定したり，可溶無窒素物として扱ったりする．定量法としては食品・飼料分析にはベルトラン法，パーク・ジョンソン法，可溶性のグルコースにはグルコースオキシダーゼ法，単および二糖類の分析はクロマトグラフ法がある．

　糖質とは $C_n(H_2O)_m$ の一般式で示される糖とその縮合体に与えられる総称で，分解したときに糖を生成する物質についても炭水化物（糖質）として扱う．しかし，ラムノースのように水素:酸素比が2:1にならないものもあり，例外は存在する．

　化学的には2個以上の水酸基（OH）とアルデヒドもしくはケトン（ケトン基）を持つ化合物の総称であることから，ラムノースも炭水化物に分類される．

　自然界に最も多い糖は，炭素6つからなる環状構造を持つヘキソース（6炭糖）

で，次いでペントース（5炭糖）となり，他の糖はこの2つの構造を持つ糖より少ない．さらに，この糖が結合することにより，二糖，三糖，多糖類となる．通常，グルコースではアルデヒド基を構成する炭素を1位とし，反対側の4位との間でつくる α-1,4結合を構成し，これによってできた多糖類はデンプン（植物）と呼ぶ．このとき，ところどころに α-1,6結合が混じり枝分かれしたものをアミロペクチンと呼ぶ．

　グルコースは単糖でありながら立体構造が異なる α 型と β 型が存在し，それぞれ化学的性質も異なる．この α 型と β 型は1位と5位の間にできる架橋の位置が1位のOHと同じ側にあれば α，逆であれば β とされる（図2-13）．グルコースは，水溶液中において1位の炭素に結合している水素と5位の炭素に結合している水酸基（もしくは水素）が外れ，1位の炭素に結合していた酸素の2重結合が1重になると同時に5位の炭素との間を結ぶか，5位の水酸基から水素が離れた際に1位の炭素と結合して6角形を形成するのと同時に，いったん離れた水素または水酸基が再び1位の炭素もしくは酸素に結合する．このとき，水素と水酸基の結合位置が逆になる．それぞれの位置が4位の炭素に結合する水素と水酸基と同様であれば α 型，逆であれば β 型となり，このことはグルコース同士が結合した際に重要な意味を持つ．

　また，グルコース同士の1,4結合の際

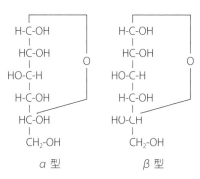

図2-13　グルコースの α 型および β 型の構造式

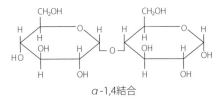

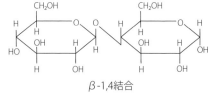

図2-14　グルコースの α-1,4結合（デンプン：アミロース）および β-1,4結合（セロビオース（2分子）：セルロース（それ以上））の構造式

には α グルコース同士の結合を α 結合，α 型と β 型の結合を β 結合と呼んでいる（図 2-14）．動物は α 結合を分解する α アミラーゼのみを持つため，β 結合を分解することはできない．β 結合でつながったグルコースの糖鎖をセルロースと呼ぶ．

　セルロースはイヌやネコ，ヒトなど単胃動物の小腸では消化できないため食物繊維として扱い，主に消化管内での物理的作用による消化管の調整に使われる．一方で，ウシなどの反芻動物やウマ，草食性のげっ歯類などの草食動物では微生物の発酵を経て揮発性脂肪酸として宿主である動物に供与されることから，物質としては炭水化物であるが，脂肪酸として代謝される場合がある．

1）単糖類と少糖類

　炭水化物の主な最小単位である単糖は表 2-3 に示すように，主に①主要骨格の炭素数による分類と，②残基の種類，すなわちアルデヒド基もしくはケトン基のどちらを持つかによる分類がなされる．ちなみに一炭糖は存在しない．

　また，この他に単糖類の誘導体が存在する．この誘導体は代謝によって単糖類を生じるばかりでなく，生理的に重要な役割を持つことが多い．動物ではウロン酸やアミノ糖が特に重要である．前者は複合多糖類の構成成分としてコンドロイチン硫酸，ヘパリン，ヒアルロン酸，アルギン酸などを形成する．後者にはグル

表 2-3　炭糖類の炭素数および残基による分類

	2 ビオース 二炭糖	3 トリオース 三炭糖	4 テトロース 四炭糖	5 ペントース 五炭糖	6 ヘキソース 六炭糖
アルドース	グリコールアルデヒド	グリセルアルデヒド	D-エリトロース D-トレオース	D-リボース D-アラビノース D-キシロース D-リキソース	D-アロース D-アルトロース D-グルコース D-マンノース D-グロース D-イドース D-ガラクトース D-タロース
ケトース		ジヒドロキシアセトン	D-エリトルロース	D-リブロース D-キシルロース	D-アルロース D-フルクトース D-ソルボース D-タガトース

（太田能之，2015）

コサミンやガラクトサミンが含まれ，それぞれヒアルロン酸とヘパリン，および
コンドロイチン硫酸と糖タンパク質などの構成成分となる．

　二糖類は単糖類が 2 個縮合したもので，主にマルトース（麦芽糖，グルコー
スとグルコース），ラクトース（乳糖，グルコースとガラクトース），スクロース
（ショ糖，グルコースとフルクトース）があげられる．

　オリゴ糖は単糖類が 2 ～ 6 個縮合したもので，微生物が利用しやすいことが
知られている．デンプンからマルトースまでの分解過程で生じる産物はデキスト
リンと呼ばれる．

2）多　糖　類

　単糖類が 7 個以上縮合したもので，単一の単糖によって構成されるホモ多糖
類と，異なる単糖によって構成されるヘテロ多糖類がある．デンプンはグルコー
スによるホモ多糖類に分類される．

　ホモ多糖類＝ 1 種類の糖の縮合体：デンプン（アミロース，アミロペクチン），
グリコーゲン，セルロース（グルコース），イヌリン（フルクトース）など

　ヘテロ多糖類＝ 2 種類以上の糖の縮合体：ヒアルロン酸，コンドロイチン硫酸，
ヘパリンなど

3）炭水化物の機能

　炭水化物の栄養的な主な役割は主要なエネルギー源となることで，1 g 当たり
4 kcal 相当のエネルギーを産生できる．タンパク質が窒素やイオウなどを取り外
すための消費エネルギーや代謝に負担がかかることや，エネルギー産生能が最も
大きい脂肪（1 g 当たり 9 kcal）がその構造上酸素が少ないことから酸素存在下
での代謝を前提としているのに対し，そのままクエン酸回路に取り込めることや，
無酸素条件下でのエネルギー産生が可能なことから生命の維持に欠かせないエネ
ルギー源である．

　炭水化物は血糖（グルコース），肝および筋グリコーゲンなどの貯蔵形態を持
つことが特徴で，最終的には安定で単位重量当たりのエネルギー産生量が大きい
脂肪に転換されるが，前者では貯蔵しながら必要に応じて速やかにエネルギー源
として利用できる．

　また，炭水化物の役割として重要なものの1つとして，リボースやデオキシリボースなどの核酸のように，縮合した多糖類や脂質，タンパク質と結合した状態で生理作用を持つ物質として働くことがあげられる．

　単胃動物では繊維を除く炭水化物の吸収は単糖の形で行われるが，繊維については物理的な作用が主で，小腸では消化吸収されない．ただし，物理的な消化管への刺激や，消化管内での他の栄養素との抱合により，血糖値や血中コレステロール濃度の低下や，脂肪肝の抑制，大腸がんなどの疾病の抑制効果が認められている．

　一方，反芻動物や下部消化管に生息する微生物を利用した繊維の消化を行える草食動物は，構造上炭水化物である繊維のうちセルロースやヘミセルロースを，セルラーゼを持つ微生物による発酵で主に脂質の仲間である揮発性脂肪酸にかえて体内に吸収し，エネルギー源として利用する．

3. 脂　　質

1）脂質とは

　脂質（lipid）は，水に溶けずエーテルやクロロホルムなどの有機溶剤に溶ける物質の総称である．栄養学的に重要な脂質は中性脂肪（fat），リン脂質（phospholipid）およびステロール（sterol）だが，これらの大部分は脂肪酸（fatty acids）を構成成分として含む（表2-4）．広義には，脂溶性ビタミンも脂質に含まれる．

2）脂　肪　酸

　脂肪酸は脂質の加水分解で生成するカルボン酸である．直鎖の炭化水素の末端にはカルボキシル基（-COOH）を持ち，その反対側の末端にはメチル基（-CH$_3$）を持つ．脂肪酸は2炭素原子ずつ伸長しながら生合成されるため，生体に含まれる脂肪酸の多くは偶数個の炭素原子を持つ．脂肪酸の炭素原子は，炭水化物やタンパク質よりも還元された状態にあり（水素の割合が高い），このため酸化時に発生するエネルギーが炭水化物やタンパク質よりも高くなる．

表 2-4　中性脂肪を構成する代表的な脂肪酸

炭素数	名　称 *	二重結合数	分　類
4	酪　酸	0	
6	カプロン酸	0	
8	カプリル酸	0	
10	カプリン酸	0	
12	ラウリン酸	0	
14	ミリスチン酸	0	
16	パルミチン酸	0	
16	パルミトレイン酸	1	n-7
18	ステアリン酸	0	
18	オレイン酸	1	n-9
18	リノール酸	2	n-6
18	α-リノレン酸	3	n-3
18	γ-リノレン酸	3	n-6
20	ジホモ-γ-リノレン酸	3	n-6
20	アラキドン酸	4	n-6
20	エイコサペンタエン酸（EPA）	5	n-3
22	ドコサヘキサエン酸（DHA）	6	n-3

* ギ酸（1：0），酢酸（2：0），プロピオン酸（3：0）のような炭素鎖数が少ない短鎖脂肪酸は中性脂肪を構成しない.

　一般的に，炭素数が4（あるいは6）以下のものを短鎖，6～12を中鎖，12以上を長鎖と呼ぶが，厳密な定義ではない．短鎖脂肪酸には反芻胃内や腸管内での発酵により生じる揮発性脂肪酸が含まれる．炭化水素鎖に二重結合を持たないものを飽和脂肪酸（saturated fatty acids），1つ持つものを一価不飽和脂肪酸（mono-unsaturated fatty acids），2つ以上を多価不飽和脂肪酸（poly-unsaturated fatty acids）と呼ぶ．二重結合の立体構造にはシス型とトランス型があり，シス型では炭素鎖の曲がりやねじれが大きくなる（図2-15）．天然に見られる脂肪酸の多くはシス型である．トランス型の脂肪酸は乳製品あるいはマーガリンやショートニングなどの加工油脂に含まれる．

　飽和脂肪酸はラードや牛脂などの動物性脂肪やヤシ油などに多い（表2-5）．パルミチン酸（16:0，炭素が16個で二重結合が0個）とステアリン酸（18:0）は飼料原料などに含まれる一般的な飽和脂肪酸である．飽和脂肪酸は融点が高いため常温では固体のものが多い．オレイン酸（18：1）は植物油や動物油に含まれる代表的な一価不飽和脂肪酸であり，ステアリン酸から合成される．

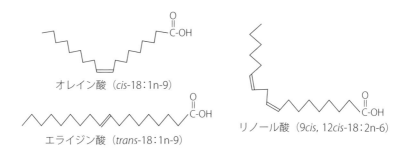

図2-15 脂肪酸の構造
オレイン酸（シス型）とエライジン酸（トランス型）は炭素数と二重結合の位置が同一である．シス型のオレイン酸は，二重結合の折れ曲がりが大きくなる．リノール酸は2つの二重結合がともにシス型である．

表2-5 動物性と植物性の脂肪の脂肪酸組成（g/100 g 脂肪酸）

脂肪酸	植物性			動物性			
	米ヌカ油	大豆油	ヤシ油	魚油（イワシ油）	豚脂（ラード）	牛脂	牛乳
飽和脂肪酸							
酪酸							3.7
カプロン酸			0.6				2.4
カプリル酸			8.3				1.4
カプリン酸			6.1		0.1		3.0
ラウリン酸			46.8		0.2	0.1	3.3
ミリスチン酸	0.3	0.1	17.3	5.1	1.7	2.5	10.9
パルミチン酸	16.9	10.6	9.3	14.6	25.1	26.1	30.0
ステアリン酸	1.9	4.3	2.9	3.2	14.4	15.7	12.0
不飽和脂肪酸							
パルミトレイン酸	0.2	0.1		11.8	2.5	3.0	1.5
オレイン酸	42.6	23.5	7.1	17.8*	43.2	45.5	23.0
リノール酸	35.0	53.5	1.7		9.6	3.7	2.7
α-リノレン酸	1.3	6.6			0.5	0.2	0.4
γ-リノレン酸							
アラキドン酸					0.1		0.2
エイコサペンタエン酸(EPA)				18.1			
ドコサヘキサエン酸（DHA）				14.0			
その他	1.8	1.3	—	15.4	2.6	3.2	5.5

*リノール酸も含む．（『五訂増補 日本食品標準成分表』，2005；『生化学データブックⅠ』，1979を参考に作成）

多価不飽和脂肪酸は主にn-6系（ω6系）とn-3系（ω3系）に分けられる．リノール酸（18：2n-6, linoleic acid）はn-6系の代表的な脂肪酸であり，植物油に豊富に存在する．動物の体内では，リノール酸からγ-リノレン酸（18：3n-6）

やアラキドン酸（20：4n-6, arachidonic acid）が合成される． α - リノレン酸（18：3n-3, α -linolenic acid）は n-3 系であり，大豆油や菜種油には数％が含まれる．動物の体内では， α - リノレン酸からエイコサペンタエン酸（EPA，20：5n-3）やドコサヘキサエン酸（DHA，22：6n-3）が合成される．EPA や DHA は魚油に豊富に含まれる．n-6 系と n-3 系の多価不飽和脂肪酸は，両者とも生体に欠くことができないだけでなく合成もできないので必須脂肪酸（essential fatty acids）と呼ばれる．動物はリノール酸と α - リノレン酸を飼料から摂取すれば，それぞれの代謝経路の下流にあるアラキドン酸，EPA と DHA は体内で合成が可能である．

3）中性脂肪とろう

脂肪酸を構成成分とする最も単純な脂質は中性脂肪である．トリアシルグリセロール，トリグリセリド,脂肪あるいは油脂とも呼ばれる.中性脂肪は,グリセロール（グリセリン）骨格に 3 分子の脂肪酸がエステル結合している（図 2-16）．2 分子あるいは 1 分子の脂肪酸が結合したものは,それぞれジアシルグリセロール,モノアシルグリセロールと呼ばれ，飼料原料中にも含まれるが，通常はトリアシルグリセロールが圧倒的に多い．生体内での中性脂肪はエネルギーの貯蔵源として重要である．

ろうはワックスとも呼ばれ長鎖の脂肪酸と長鎖のアルコールがエステル結合したものである．ろうは脊椎動物の皮膚の腺組織や水鳥の尾腺から分泌され，皮膚や羽毛を保護する．ろうの融点（60 〜 100℃）はトリアシルグリセロールよりも高いため適度な硬さがあり，水をはじく性質を持つため，薬，化粧品，工業製品に利用されている．

4）リン脂質と糖脂質

リン脂質はグリセロール骨格に 2 分子の脂肪酸がエステル結合し，残りの炭素にはリン酸を介して多くの場合窒素化合物が結合する（図 2-16）．生体内で最も多いものはホスファチジルコリン（レシチン）である．ホスファチジルセリン（セファリン）やホスファチジルイノシトールもリン脂質である．これらは生体膜の構成成分であり，親水性部分のコリンやセリン領域を外側に，疎水性の脂肪

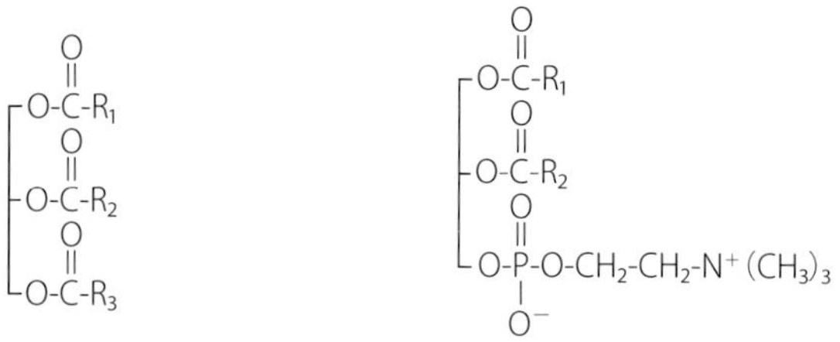

中性脂肪（トリアシルグリセロール）　　　リン脂質（ホスファチジルコリン）

図 2-16　中性脂肪とリン脂質の構造

中性脂肪は1位，2位，3位に脂肪酸鎖（R）が結合する．リン脂質は1位と2位に脂肪酸鎖が結合する．代表的なリン脂質としてホスファチジルコリンの構造を示す．

酸部分を内側にして脂質の二重層を形成する．通常，1位には飽和脂肪酸が結合し，2位には多価不飽和脂肪酸が結合する．スフィンゴリン脂質はスフィンゴ脂質を骨格に持つリン脂質である．代表的なものにスフィンゴミエリンがあり，動物の細胞膜を構成し，神経の軸索を取り囲むミエリン鞘に豊富に存在する．

　糖脂質は生物圏の中で最も豊富に存在する膜脂質であり，親水性部分が糖で構成されている．植物の細胞膜にはグリセロール骨格を持つグリセロ糖脂質が大量に含まれる．一方，スフィンゴ脂質を持つ糖脂質もあり，これらは動物の神経細胞膜に豊富に存在する．

5）ステロイド

　ステロイド骨格を持つ化合物の総称をステロイドという．ステロイド核の3位炭素に水酸基（-OH）が結合したものをステロールという（図2-17）．ステロールはリン脂質とともに，親水性の水酸基を外側に，疎水性のステロイド骨格を内側にして動植物の生体膜を構成している．動物と植物とでは保有するステロー

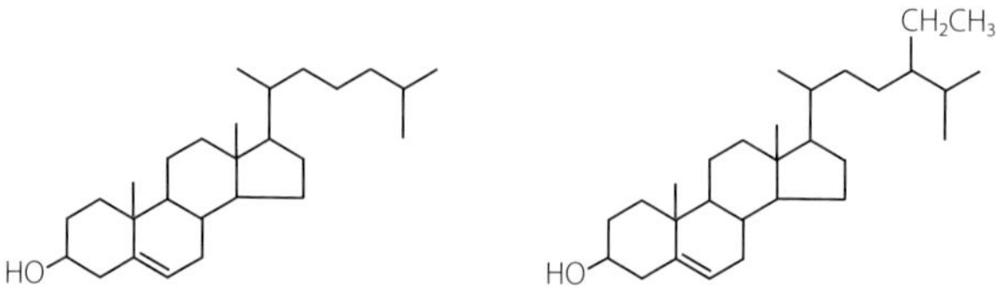

コレステロール　　　　　　　　　シトステロール

図 2-17　コレステロール（動物性）とシトステロール（植物性）の構造

ルが異なり，動物ではコレステロール（cholesterol），植物ではシトステロール，カンペステロール，エルゴステロールなどが含まれる．

　コレステロールは，膜の安定化や膜機能維持に関与する．また，脂質の吸収に必要な胆汁酸，性ホルモンなどのステロイドホルモン，さらにビタミン D_3 の前駆物質として重要である．コレステロールに脂肪酸が結合したコレステロールエステルは体内での貯蔵体であると同時に，リポタンパク質として血液を循環するときの運搬形態である．コレステロールは動物にとって必要不可欠な物質であるが，体内で合成することができるため，飼料から摂取する必要はない．

6）必須脂肪酸の機能

　脂質は，動物のエネルギー源として重要であると同時に，生体膜の形成，各種メディエーターや生理活性物質の産生など多種多様な生体機能を持つ．エイコサノイドは必須脂肪酸で炭素鎖数が 20 のジホモ - γ - リノレン酸（20：3n-6），アラキドン酸，EPA を前駆体とする生理活性物質である．エイコサノイドには，プロスタグランジン，トロンボキサン，ロイコトリエンの 3 つのクラスがある．これらは，合成された近傍の細胞に作用する物質である．リン脂質の 2 位に存在する前駆体脂肪酸がホスホリパーゼ A_2 の作用で切り出され，数段階の酵素反応を経て，エイコサノイドが合成される（図 2-18）．アラキドン酸から合成されるエイコサノイドが最も多く，生理活性も強い．プロスタグランジン類で代表的なものは PGE_2 や $PGF_{2\alpha}$ であり，血管の拡張や収縮，血圧の下降と上昇，子宮筋

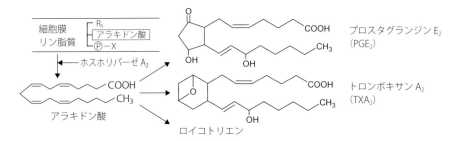

図 2-18　アラキドン酸からのエイコサノイドの産生経路
リン脂質の 2 位に結合するアラキドン酸はホスホリパーゼ A_2 により切断される．プロスタグランジンは環状構造の違いによって A ～ K までの 11 のタイプ，トロンボキサンは A，B の 2 つのタイプに分類される．

の収縮, 黄体退行などの生理作用を持つ. トロンボキサン A_2 は強い血小板凝集作用を有する. ロイコトリエン類は, 白血球の遊走促進作用や血管透過性の亢進を引き起こし, 炎症反応を促進する.

　また, 必須脂肪酸のような多価不飽和脂肪酸はリン脂質の 2 位に取り込まれて, 生体膜を構成する. リン脂質の脂肪酸組成は生体膜の流動性, 膜機能および生体膜で機能する多くの酵素の活性に影響する. 脳と網膜の主要リン脂質は DHA 含量が高く, 積極的に DHA を取り込むことで, 神経や視覚機能を調節すると考えられている.

4．ヌクレオチド類

　五単糖（リボース, デオキシリボース）の 1 位炭素にプリン塩基（アデニン, グアニン）またはピリミジン塩基（シトシン, チミン）がグリコシド結合した化合物をヌクレオシド, このヌクレオシドの 5' 位炭素（ペントース環内の炭素）にリン酸がエステル結合した化合物をヌクレオチドという（図 2-19）. このヌクレオチドが長い鎖状に結合した生体高分子が核酸である.

　飼料や食品中には, 複合タンパク質である核タンパク質が存在し, これは胃の強酸で核酸とタンパク質に分離する. さらに, 核酸は腸液酵素のヌクレアーゼや腸液のポリおよびモノヌクレオチダーゼ, ホスファターゼおよびヌクレオシダーゼによって消化されて, 元の構成成分であるプリン塩基あるいはピリミジン塩基, ペントースおよびリン酸を遊離する. これらは小腸で吸収されて体内に入り, プリン塩基は一部サルベージ経路で再度核酸合成に利用され, その他は尿酸へと代謝されて排泄される. したがって, 核酸を多く含む食品（レバーや白子）や飼料（藻類などの単細胞タンパク質）を摂取すると, 哺乳動物では尿酸生成の亢進, 体内の尿酸プールの増大および尿酸排泄

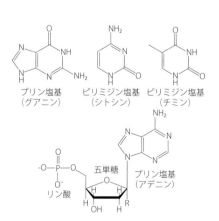

図 2-19　ヌクレオチド類

量の増加が生じる．これまでに，哺乳類と鳥類で多量の単細胞タンパク質の摂取に由来するプリン塩基の害作用が報告されている．ただし，プリン塩基には有益な役割もあり，5′- イノシン酸は昆布，5′- グアニル酸はシイタケの旨み成分として知られている．

5．ビタミン

ビタミンは体を構築する材料やエネルギー源となる物質ではないが，生命維持や成長，繁殖活動などの生産に関わる体内の物質代謝において必要不可欠の有機物質である．ただし，その必要量が他の栄養素に比べてごく少ないので一般成分には含まれない．また，種類は多く，それぞれの化学構造に共通性はない．

1）呼称と定義

栄養素としてのビタミンはヒトにおける欠乏症の予防に関する研究から着目されるようになった．今日に至るまでに数多くのビタミンが見出されてきており，その命名において当初は発見順にアルファベットが当てられてきたが，この規則は適応されなくなり，発見過程において化学物質名称で呼ばれることが主流となっているため，IUPAC-IUB（International Union Pure and Applied Chemistry – International Union of Biochemistry）は化学物質名称を主とすることを提唱している．ビタミンの定義には「体内で合成されることがないか，あるいは合成されても必要量を充足できない微量の有機化合物」とされている．よって，経口摂取することが望まれる微量栄養素である．そもそもビタミンの研究はヒトにとっての栄養素として数多く取り組まれてきたため，ある種のビタミンはヒトでは体内合成されないが，動物の種によっては動物そのものによって体内合成されたり，その消化管内に生息する微生物が活発に合成し，宿主動物に十分な量を提供することが明らかにされてきている．したがって，栄養素としての役割（機能）はヒトも動物も共通であるが，ヒトを基準とした定義は動物を対象とした場合には適格でないこともある．IUNS（International Union of Nutritional Science）ではヒトの栄養学など，これまでの慣習などで呼び慣れてきたビタミンの名称を特定の場合において利用することを推奨している．しかし，動物栄養学においては，化

学物質名を主として利用する方が好ましくなると考えられる．

２）種　　類

　化学構造に共通点はないが，脂溶性か，水溶性かといった特徴を有することから，２種類に大別される．新規にビタミンの仲間に加えることが検討されているものを除けば，脂溶性のものは４種類，水溶性のものは９種類となっている．脂溶性のものは体脂肪に溶解して蓄積するため，欠乏症を発症しにくく，逆に過剰による障害に配慮する必要がある．一方で，水溶性のものは体液に溶解し，最終的には尿中に排泄されるので，蓄積が少なく，摂取量が少ないと早期に欠乏症を発症しやすい．

　脂溶性の４種類は，レチノール（VA），カルシフェロール（VD），トコフェロール（VE），メナジオン（VK）である．

　水溶性の９種類は，チアミン（VB_1），リボフラビン（VB_2），ナイアシン（VB_3），ピリドキシン（VB_6），コバラミン（VB_{12}），葉酸（VM），ビオチン（VH），パントテン酸（VB_5），アスコルビン酸（VC）である．

　それぞれの生体内における役割（機能）については次項にまとめる．

３）個々の役割

（1）脂溶性ビタミン

　①**レチノール（retinol, A）**…体内でレチナールに変化し，網膜でオプシンタンパク質と結合してロドプシンとなり，視覚機能に関与するため，欠乏症として夜盲症が知られている．レチノイン酸に変化した場合は，遺伝子発現を制御し，細胞の増殖と分化に関与する．また，肉用牛では脂肪交雑に対しても影響することが知られており，肥育中期にレチノール供給量を制御することで脂肪交雑が高まる．植物質飼料には前駆物質である β-カロテンが多く含まれており，レチノールへの転換率は採食量の増加に伴い，小さくなる．すなわち，採食量の少ないラットやニワトリは 1/2，イヌは 1/4，ブタは 1/6，ウマやウシは 1/8 で，ネコとミンクは転換できない．なお，β-カロテンの含量は，サイレージや乾草では原物より低下する．レチノールの過剰摂取による中毒として，骨の奇形（子牛では後肢発育不良によるウシハイエナ症），皮膚の角質化，腸炎，食欲不良などがある．

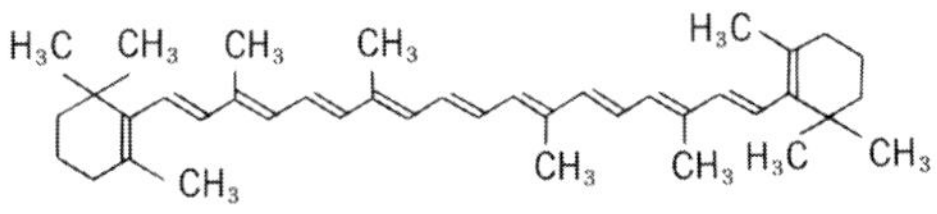

β-カロテン

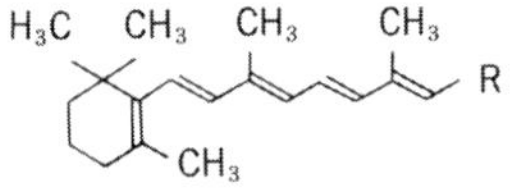

R：CH₂OH　アルコール型　レチノール（ビタミンA）
　　CHO　　アルデヒド型　レチナール
　　COOH　カルボン酸型　レチノイン酸

②**カルシフェロール**（**calciferol，D；図 2-20**）…紫外線の照射により生成される抗くる病物質で，植物性のエルゴカルシフェロールと動物性のコレカルシフェロールがある．イヌやネコでは紫外線照射によるコレカルシフェロールの生成能が弱いので，フードに添加する．また，鳥類ではエルゴカルシフェロールの利用性が低いので，やはりコレカルシフェロールを飼料添加する．活性型となった物はホルモンと考えられ，カルシフェロール受容体と結合して遺伝子発現を調節してカルシウムとリンの吸収を促進し，カルシウムが骨に沈着する化骨を促進する．したがって，欠乏すると骨の形成が不良となり，関節などの形成不良となるくる病（rickets）や骨軟化症を発症する．カルシフェロールの過剰摂取は，血中のカルシウム濃度が高まりすぎて，心臓などにカルシウムの異常蓄積を生じさ

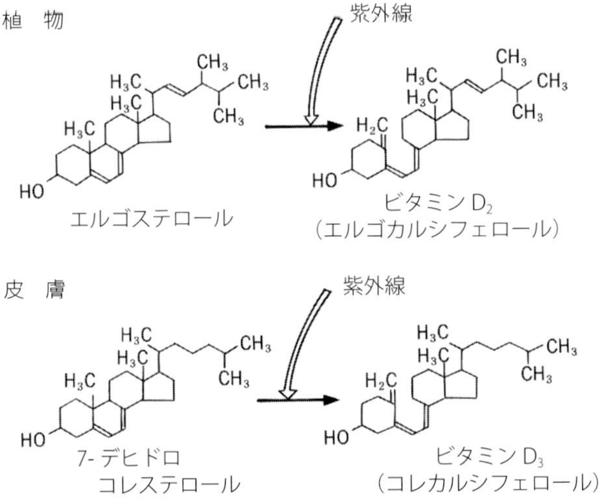

図 2-20　ビタミン D

トコフェロール

	R_1	R_2
α 型	CH_3	CH_3
β 型	CH_3	H
γ 型	H	CH_3
δ 型	H	H

せ，死に至らしめる場合がある．

③**トコフェロール**（tocopherol，E）…α，β，γ，δ の4タイプがあり，α を 100 とした各タイプの過酸化抑制効力は順に，50，10，3 と低下する．生草や穀類の胚芽部分に多く含まれており，風乾物として保存されれば含量の低下は小さい．しかし，水分が多く発酵などが起これば分解するので，サイレージでは原料に対して著しく低下している．多価不飽和脂肪酸は体内で酸化しやすいので，これを防止するためにトコフェロールの消費は増大する．過剰摂取による毒性は低い．

④**メナジオン**（menadione，K）…血液凝固に関連するタンパク質の活性化に関与する物質とされている．自然界にはフィロキノンとメナキノンの2タイプがあり，人工物としてメナジオンがある．反芻動物では反芻胃内の微生物によって合成され，小腸で吸収される．単胃動物では大腸内の微生物が合成するが，腸管での吸収が少なく，食糞行動をとる動物以外，特に鳥類では飼料に添加する必要がある．過剰摂取による中毒として致死的な貧血や黄疸が生じる場合がある．

フィロキノン（K_1）　　メナキノン（K_2）　　メナジオン（K_3）

(2) 水溶性ビタミン

①**チアミン**（thiamine，B_1）…ピルビン酸をアセチル CoA に変換する酵素の補酵素として作用し，これはエネルギー生産において解糖系と TCA 回路を結び付ける重要な部分であり，さらに TCA 回路内の物質変化にも関与する．穀類，糠類や牧草に多く含まれ，反芻動物ではルーメン内微生物によって消費される一方で盛んに合成されるので，必要量に不足することはないが，反芻胃の未発達な幼畜には給与する必要がある．ウマは大腸内の微生物合成によって供給される量では不足するため補給する．欠乏症として脚気が著名であるが，これはヒトの欠

乏症であって，動物では該当せず，浮腫，運動
失調，神経過敏，被毛の光沢減少などがある．
生の魚肉をイヌやネコに給与した場合は，チア
ミン分解酵素（チアミナーゼ）によって摂取チ
アミンが分解され欠乏症を誘起するので，生の魚肉な
どの給与には注意が必要である．

ビタミン B$_1$（チアミン）

②**リボフラビン（riboflavin，B$_2$）**…体内では炭水
化物，アミノ酸，脂肪の代謝において電子伝達系で補
酵素（フラビンアデニンジヌクレオチド（FAD），フ
ラビンモノヌクレオチド（FMN））として作用する．
油粕類，酵母，牧草類（特にマメ科植物）に多く含ま
れ，動物質飼料にも多い．ただし，直射日光の照射に
より分解されるので保管に留意する．チアミンと同様

ビタミン B$_2$（リボフラビン）

に反芻動物ではルーメン内微生物によって消費される一方で盛んに合成されるの
で，必要量に不足することはないが，反芻胃の未発達な幼畜には給与する必要が
ある．ウマは大腸内の微生物合成によって供給される量では不足するため，補給
する．ただし，顕著な欠乏症は認められない．

③**ピリドキシン（pyridoxine，B$_6$）**…ピリドキシン，ピリドキサール，ピリド
キサミンおよびリン酸エステル型となるピリドキサール 5'- リン酸の他 2 種の総
称であり，アミノ酸の代謝酵素に対し補酵素として作用する．牧草，穀類（胚芽
部分），油粕類，酵母に多く含まれ，動物質飼料にも多い．要求量は動物の発育
段階（消化管の発達程度），運動量，飼料組成によって変動するが，成長した草
食動物では消化管内微生物によって合成される量が要求量を充足するとされてお
り，幼畜においてのみ補給する．

ピリドキシン　　　ピリドキサミン　　　ピリドキサール　　　ピリドキサール 5'- リン酸

④**ナイアシン（niacin）**…ナイアシンは B 群に含まれるニコチン酸とニコチ
ンアミドの総称であり，解糖系，TCA 回路，アミノ酸合成などの代謝において

電子伝達の授受を行う酵素の補酵素（ニコチンアミドアデニンジヌクレオチド（NAD），ニコチンアミドアデニンジヌクレオチドリン酸（NADP））としてさまざまな場面に関与する．牧草，特にマメ科，酵母，動物質飼料に多く含まれるが，植物質からの吸収量は 40 ～ 60 ％と低く，トリプトファンを基質として体内で合成することができる．ただし，ネコでは体内合成量が少ないので飼料に依存する量が多くなる．また，幼畜や高泌乳牛，肥育牛では要求量が合成量よりも多くなるため，飼料に補給する．

　⑤パントテン酸（pantothenic acid）…B 群の一種とされるパントテン酸はCoA の構成因子として糖や脂肪の代謝に関与する．マメ科植物，糠類，魚粉などに含まれる．消化管内微生物はグルタミン酸，アスパラギン酸を活用して β-アラニンを合成し，これとピルビン酸から転換されるパント酸を組み合わせてパントテン酸としており，成畜では要求量の充足が可能であるが，幼畜では飼料に添加する．

ニコチン酸　　　ニコチンアミド　　　　　　　　　　　　　　　パントテン酸

　⑥葉酸（folic acid）…ギ酸酸化経路，アミノ酸代謝，塩基生合成などで 1 炭素の転移反応に関与する補酵素として作用する B 群の一種であり，酸化型で合成されるプテロイルグルタミン酸も含めた総称である．牧草，穀類に多く含まれ，消化管内微生物によっても多量に合成されるため，食糞行動を行う動物では不足を生じることはない．ただし，飼料の加工過程で減少することもあり，要求量に不足し，重篤な欠乏症に陥ると巨赤芽球性貧血を発症する．葉酸の合成にはグルタミン酸とアミノ安息香酸が基質となり，一方でコバラミンの関与する葉酸の代謝によりメチオニンが合成される．

プテリジン　　パラアミノ安息香酸　　　　グルタミン酸
葉　酸

⑦**コバラミン**（cobalamin, B_{12}）…他の物質の要求量が mg 単位であるのに対して μg 単位まで下がる微量栄養素である．構造の中心となるコビル酸にコバルトを含むことからこの名称がある．そもそも要求量は少ないが，タンパク質の合成やメチオニン合成などに関与するため，欠乏すると成長抑制などの影響が生じる．動物質飼料に多く含まれることから実体が不明の際には動物タンパク質因子（animal protein factor）と呼ばれていた．放牧地の土壌にコバルトが少ないと放牧された反芻動物の食欲が低下する症状が認められる（くわず症）．反芻胃内の微生物が摂取コバルト量に応じたコバラミン合成を行うので，コバルトの供給が十分であれば消化管内微生物によって要求量を満たす量が合成される．吸収部位は小腸の上部とされており，飼料由来あるいは反芻胃内で合成されたコバラミンは胃壁から分泌される内因子（intrinsic factor）と胃内で結合して吸収部位に流れ込み，吸収部位は内因子と結合したコバラミンを認識して取り込む．後腸発酵動物では吸収部位を通り過ぎた大腸で微生物による合成が行われ，十分な吸収をされることなく排泄されてしまうが，食糞行動によって経口摂取し，胃を通過することで，内因子と結合が可能となり，吸収と利用率が高まる．

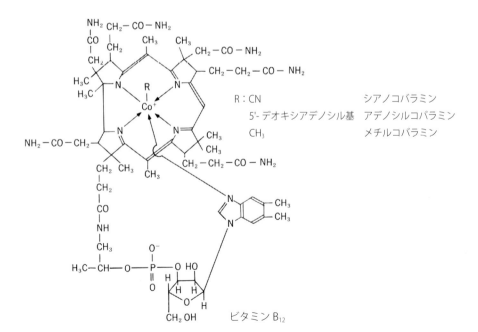

ビタミン B_{12}

O
‖
HN—C—NH
| |
HC———CH
| |
H₂C   CH—(CH₂)₄—COOH
  \ /
   S

ビオチン

O=C
|
HO—C
| ⌉
HO—C │ O
| ⌋
HC
|
HO—C—H
|
CH₂OH

ビタミンC
（L- アスコルビン酸）

⑧**ビオチン**（biotin）…異性体が多く存在するが，自然界で活性が認められるのは D- ビオチンのみである．脂肪酸合成，糖代謝，アミノ酸代謝，プロピオン酸代謝などの酵素に対して補酵素として作用する．マメ科牧草と動物質飼料に多く含まれる．卵黄はビオチンを多く含むが，卵黄を取り囲む卵白内に含まれるアビジンには，ビオチンと結合するとビオチンの消化吸収を抑制する作用がある．ビオチンの不足による症状は成長抑制，皮膚炎，蹄の障害である．反芻動物では消化管内微生物の合成により不足が生じることはほとんどない．

⑨**アスコルビン酸**（ascorbic acid, C）…コラーゲン，エピネフリン，カルニチンの合成に関係する酵素の補酵素として作用し，免疫関連物質の合成にも関与する．抗酸化作用を有するので水溶性成分の抗酸化剤として利用される．茎葉，根菜類に多く含まれる．ヒト，サル，モルモットと数種の鳥類で体内合成されないが，他の動物ではグルコースを基質として合成される．ただし，高泌乳，暑熱，寒冷などのストレスが負荷された場合は消費量が高まるため，飼料に補給する場合がある．体内合成できない動物では多発性出血，繁殖障害などが欠乏症として認められる．

4）ビタミン様物質

欠乏症が顕著でないことからビタミンとして扱われないが，体内でさまざまな生理活性を有する物質が知られるようになり，それらをビタミン様物質（vitamin-like substances）としている．代表的なものには，カロテノイド類（β- カロテン，ゼアキサンチン，アスタキサンチンなどの色素）のように動物体内では合成されないため，動物は植物由来で摂取している．その作用は抗酸化活性や加齢予防，抗腫瘍作用である．フラボノイド（フラボン類，カテキン類）も植物に多く含まれる生理活性物質である．かつて，体内合成ができず致死に至る欠乏症状がラットで観察されたためリノール酸，リノレイン酸がビタミンとして扱われたことがあるが，これらは脂肪酸の区分に組み込まれた．また，コリンもビタミンとして

扱われてきたが，リン脂質と結合したケファリンとして細胞膜の構造に関与することからビタミンの区分から除かれた．カルニチンは長鎖脂肪酸と結合してミトコンドリア膜の透過を推進し，エネルギー合成を促進することからビタミンとして考えられてきたが，今日ではアミノ酸の一種として考えられている．これら以外にもユビキノン，ビオプテリン，ピロロキノリンキノン（PQQ）など，ビタミンとしての区分が検討されている物質もある．

5）飼料添加について

エネルギーとタンパク質またはアミノ酸の要求量を満たすように調製した飼料中の各種ビタミンの量（単位重量当たり）が，それぞれの要求量を満たせないことがある．この場合，飼料に飼料添加物として配合して要求量を満たす必要がある．

ニワトリとブタについてはビタミンの標準的な要求量は飼養標準に定められており，市販の配合飼料には要求量を満たすように飼料添加物として添加されている．ラットも同様に要求量が定められており，ビタミンを添加した飼料が市販されている．第 1 胃が発達したウシでは，ビタミン B 群とビタミン K は第 1 胃の微生物によって合成され，ビタミン C はウシ体内で合成されて供給されるので，通常は飼料に添加することはない．一方，ビタミン A と D は子牛や分娩前後の母牛には飼料に添加して要求量を満たす必要がある．第 1 胃が十分に発達していない子牛にはビタミン B 群とビタミン K も給与する必要がある．

それぞれのビタミンを添加する必要がある状況については，各種動物の栄養要求におけるビタミンの項を参照すること．

6．水と無機質

体構成成分のうち水分含量は約 60 ％と最も多く，その 60 ％が細胞内液，40 ％が細胞外液として存在する．動物は，水を飲料水や飼料中の水分から得るだけでなく，体内での栄養素の代謝過程で生じる代謝水としても得ている．乾燥地帯に生息するげっ歯類であるハタオカンガルーネズミ（*Dipodomys spectabilis*）は，必要とする水の 90 ％を代謝水から得ており，飲水しなくても飼料中の水分

だけで生存できる．しかし，大多数の動物は水の欠乏に対し著しく弱い．ニワトリの雛は絶食しても飲水すれば1週間は生きられるが，全く飲水しないと3日程度で死亡する．生命の維持において水の必要性はきわめて高い．

　体を構成する元素のうち，炭素，水素，酸素および窒素以外のものを無機質という．無機質は体に約4％しか含まれていないが，その多くは，代謝的役割を果たしており，不足すると欠乏症状が認められ，補給によりその症状からの回復ができる必須の栄養素である．必須の無機質には，体に比較的多く含まれ，必要量の多い多量元素であるカルシウム（Ca），リン（P），マグネシウム（Mg），ナトリウム（Na），カリウム（K），塩素（Cl），イオウ（S）と，体にわずかに含まれ，必要量の少ない微量元素である鉄（Fe），亜鉛（Zn），銅（Cu），マンガン（Mn），コバルト（Co），モリブデン（Mo），セレン（Se），ヨウ素（I），クロム（Cr）などがある．

1）水の機能

　水は，飼料の消化や体内のさまざまな代謝過程で生じている加水分解反応に必要である．酵素反応は水溶液中で起こるので，酵素反応の場としても必要である．また，酸素と二酸化炭素，栄養素と老廃物，ホルモンなどの輸送，乳汁分泌など，動物の栄養生理上重要な役割を果たしている．水は比熱が大きく，温まりにくく冷めにくいため，水分が60％を占める動物体内では，環境温度変化に対して恒温状態が保たれやすい．また，水の大きな比熱は，体芯から体表面への血液による熱の移動に役立っている．特に，環境温度が高い場合，肺，気道，皮膚からの水の蒸散は，体温調節に重要な役割を果たしている．

2）無機質の代謝と機能

　無機質は骨や歯の構成成分となり，堅さ，強さ，耐久性を与える．また，細胞内液と細胞外液中では無機イオンとして，またはタンパク質などと結合した形で存在し，浸透圧とpHの恒常性維持，神経と筋肉機能の維持，免疫機能の維持，酵素の補因子などとして働いている．さらに，リン脂質，核酸，タンパク質，酵素，ホルモン，ビタミンなどの構成成分として重要である．無機質の働きとその欠乏症を表2-6に示した．

表 2-6　必須な無機質の働きと欠乏症

	働き	欠乏症
Ca	骨および歯の構成成分，細胞分裂，血液凝固，筋収縮，神経活動，細胞内情報伝達	くる病（幼畜），骨軟化症（成畜），関節部腫脹，成長遅延，食欲低下，乳量・産卵率低下
P	骨および歯の構成成分，核酸，リン脂質，ATP，cAMP の構成成分，pH・浸透圧調節，エネルギー代謝，細胞内情報伝達，反芻胃内発酵	くる病（幼畜），骨軟化症（成畜），被毛粗化，異食症（ウシ），食欲低下，繁殖性低下
Mg	骨および歯の構成成分，神経過剰興奮抑制，タンパク質合成調節，体温調節，解糖系，TCA 回路，核酸代謝，ATP 利用	過敏症，テタニー（グラステタニー，ウシ，ヒツジ，ウマ），運動失調，多汗（ウマ），軟組織石灰化，インスリン抵抗性，うつ，食欲低下
Na	細胞外液主要陽イオン，pH・浸透圧調節，物質膜輸送，神経興奮	痙攣，食欲低下，成長遅延，産卵率低下（ニワトリ），発汗低下（ウマ）
K	細胞内液主要陽イオン，pH・浸透圧調節，筋収縮，神経興奮	筋肉麻痺，成長遅延，下痢
Cl	細胞外液主要陰イオン，pH・浸透圧調節，胃酸成分（ペプシン活性化，殺菌，骨からの Ca および P 放出）	食欲低下，成長遅延，産卵率低下（ニワトリ），筋脆弱化
Fe	酸化および還元，酸素運搬，核酸代謝，TCA 回路・電子伝達系，解毒，一酸化窒素合成（情報伝達），ナイアシン合成	貧血，成長遅延，倦怠感，下痢
Zn	炭水化物・タンパク質・脂質・核酸代謝，味覚，免疫機能，抗酸化，骨代謝	錯角化症（皮膚の異常），脱毛，生殖機能低下，骨格奇形，免疫不全，インスリン抵抗性，味覚障害，採食低下，成長遅延，飼料効率低下
Cu	酸化および還元，組織からの Fe 動員，被毛色素，髄鞘形成，骨形成	貧血，被毛脱色，クリンプ消失（羊毛），骨異常，骨軟骨症（子馬），動脈瘤，結合組織異常，中枢神経系障害
Mn	酵素活性（糖・脂質・軟骨（糖タンパク質）代謝，抗酸化）	関節腫脹，脚弱・軟骨ジストロフィー（ニワトリ），成長遅延，繁殖障害
I	甲状腺ホルモンの構成成分	甲状腺機能低下症（低体温，倦怠感など），甲状腺肥大症，被毛粗化，繁殖障害
Se	抗酸化・甲状腺ホルモン活性化（含セレン酵素活性）	栄養性筋ジストロフィー（ヒトおよびイヌ，白筋症（子牛，子羊，子馬）），滲出性素質（ニワトリ），肝臓壊死（ブタ），産卵・孵化率低下（ニワトリ），後産停滞
Co	ビタミン B_{12} の構成成分	ビタミン B_{12} 欠乏（貧血，異食症，プロピオン代謝異常，成長抑制，消耗症，採食抑制（ウシ））
S	ビタミン B_1，ビオチン，コンドロイチン硫酸の構成成分	含硫アミノ酸欠乏
Cr	インスリン作用増強，コレステロール代謝，結合組織形成	インスリン抵抗性，角膜疾患，動脈硬化，高コレステロール血症，成長抑制
Mo	モリブデン補酵素の構成成分（プリン代謝，エネルギー代謝）	プリン代謝異常，繁殖性低下，成長抑制

(1) カルシウム

Ca の 99 ％は，骨や歯など硬組織で，結晶型のヒドロキシアパタイト $Ca_{10}(PO_4)_6(OH)_2$ や無定形のリン酸水素カルシウムとして存在する．血中カルシウムイオン（Ca^{2+}）濃度が低下傾向を示すと，副甲状腺ホルモン（PTH）の分泌が増加し，その働きにより腎臓で活性型ビタミン D である 1,25-$(OH)_2$D の合成が促進される．また，同時にカルシトニン（CT）の分泌が減少する．これらカルシウム代謝調節ホルモンの変化により，骨からの Ca 放出と腸管からの Ca 吸収が増加し，尿中 Ca 排泄が減少する．血中 Ca^{2+} 濃度が上昇傾向を示すと，PTH 分泌抑制，CT 分泌促進，1,25-$(OH)_2$D 合成抑制が生じ，骨からの Ca 放出が低下するとともに，腸管からの Ca 吸収減少，尿中 Ca 排泄増加が生じる．このようにして，血中 Ca^{2+} 濃度は狭い範囲で厳密に制御されている．

Ca はいくつかの酵素の活性に必要な成分であるとともに，セカンドメッセンジャーとしてホルモンなどのさまざまな情報を細胞内で伝達しており，血液凝固，筋収縮，神経活動の維持，細胞分裂と分化などに関与している．Ca が不足すると，幼畜では骨が脆弱化するとともに骨格の奇形を生じるくる病，成畜では骨が脆弱化する骨軟化症，その他，関節部腫脹，成長遅延，食欲低下，乳量・産卵率低下などが生じる．

Ca の摂取が多いと P の利用を阻害し，逆に P の摂取が多いと Ca の利用を阻害するので，飼料中 Ca と P の比は重要である．また，Ca の過剰摂取は，Mg，Fe，Mn，Zn などの吸収も阻害する．

(2) リ　　ン

P は体内でリン酸またはリン酸化合物として存在している．P は Ca に次いで体内含量が多く，その 85 ％は Ca とともに硬組織を構成している．また，P は核酸，リン脂質，アデノシン三リン酸（ATP），セカンドメッセンジャーであるサイクリック AMP（cAMP）などの構成成分である．さらに，細胞内で情報伝達を担っているタンパク質の特定のセリン，スレオニン，チロシン残基がリン酸化される場合があり，リン酸化によりタンパク質の活性が調節されている．P は，これらを介して細胞分裂と分化，脳や神経の機能維持，糖代謝，エネルギー代謝などに関与

している．また，リン酸イオンとして pH や浸透圧調節にも関与している．

　P が不足すると，幼畜ではくる病，成畜では骨軟化症，被毛粗化，食欲低下，繁殖性低下などが生じる．P 欠乏は，放牧している反芻動物で頻繁に生じる無機質欠乏であり，反芻胃内の繊維消化低下，木や石を摂取する異食症を生じる．

　P は代謝に際して Ca と挙動をともにする場合が多く，$1,25\text{-}(OH)_2D$ は P 吸収も促進し，CT は P の尿中排泄を促進する．一方，P の過剰摂取や血中 $1,25\text{-}(OH)_2D$ 濃度の上昇は，骨からの線維芽細胞成長因子 23（FGF23）の分泌を促進する．FGF23 は $1,25\text{-}(OH)_2D$ 合成を抑制するとともに，直接腎臓に作用し尿中への P 排泄を促進する．このように，動物は Ca 代謝と P 代謝を個別に調節している．

　穀実や糠類など植物性飼料には，リン酸化合物であるフィチン酸が K や Mg などの混合塩（フィチン）として多く含まれている．フィチン酸は Ca，Mg，Fe，Zn 吸収を抑制する．また，フィチンに含まれる P（フィチン態 P）の利用性は，単胃動物では低い．

（3）マグネシウム

　Mg は硬組織の構成成分であるのみならず，解糖系におけるブドウ糖のリン酸化，TCA 回路中のイソクエン酸デヒドロゲナーゼによる酸化的脱炭酸，核酸代謝などに関わる酵素，ATP アーゼなどを含め約300種の酵素の活性に必須である．また，タンパク質合成の調節，体温と血圧の調節，神経の興奮，筋肉の収縮などにも関与している．反芻動物では K の多量摂取により反芻胃からの Mg 吸収が減少する．また，反芻胃内で合成される短鎖脂肪酸は反芻胃からの Mg 吸収を増加させる．

　欠乏症としては，痛みを感じやすくなるなどの神経過敏，運動失調，軟組織石灰化，インスリン抵抗性，うつ，食欲低下などが知られている．家畜における Mg 欠乏はまれだが，放牧しているウシ，ヒツジ，ウマでは Mg 欠乏により興奮，痙攣，運動失調，起立不能など神経症状を示す．グラステタニーを生じることがある．また，ウマでは多汗症を生じる場合もある．尿の pH が高く，かつ尿中の Mg と P 濃度が上昇すると，ウシやネコでは尿石症が生じやすくなる．

(4) ナトリウム

　Na は細胞外液の主な陽イオンであり，細胞外液の浸透圧，pH，水分の調節などに重要な役割を果たしている．また，腸管上皮細胞を含め細胞は，ナトリウムポンプ（Na^+，K^+-ATP アーゼ）の働きにより発生する細胞内外の Na^+ 濃度差を利用した共輸送や対向輸送でさまざまな物質を取り込み，放出している．興奮刺激による神経の脱分極は，神経細胞内への Na^+ の流入に起因する．飼料に含まれる Na のほとんどが吸収されるが，体内貯蔵量は少ないので常に摂取する必要がある．Na の恒常性は，中枢（食塩摂取欲と口渇）やホルモン（レニン - アンギオテンシン - アルドステロン系や心房性ナトリウム利用ペプチド）により保たれている．欠乏症としては，痙攣，食欲低下，成長遅延，産卵率低下，ウマでは発汗低下が知られている．一般的に飼料原料中の Na 含量は低く，家畜には食塩またはミネラルブロックとして Na を補給する必要がある．

(5) カリウム

　K は細胞内液の主な陽イオンであり，細胞内液の pH と浸透圧の調節，神経興奮性の維持，筋肉の収縮などに関与している．K が過剰になると，副腎からの鉱質コルチコイドであるアルドステロン分泌が増加し，尿中への K 排泄が増加する．飼料原料には多くの K が含まれており，飼料に含まれる K のほとんどが吸収されるので，一般的に欠乏は生じない．実験的な欠乏症としては筋肉麻痺，成長遅延や下痢が知られている．家畜排泄物由来の K 含量の高い堆肥を過剰に施肥すると，牧草中 K 濃度が上昇する．このような牧草を多量に摂取した反芻動物では尿の pH が上昇するとともに飲水量と尿量が増加する．

(6) 塩　　素

　Cl は細胞外液の主な陰イオンである．Cl は胃液中に塩酸として分泌され，胃内においてペプシンの活性化と最適 pH の維持，殺菌などを行っている．骨からの Ca や P 放出にも塩酸として働いている．また，体内の pH と浸透圧調節にも関与している．Cl の体内貯蔵量は少ないので常に摂取する必要があるが，過剰に摂取した場合には容易に尿や汗に排泄される．Cl が欠乏すると食欲低下，成

長遅延，産卵率低下，筋脆弱化などが生じる．家畜に対しては，食塩やミネラルブロックとして Na とともに補給される．

(7) 鉄

体内に存在する Fe の 60 〜 70 ％は，赤血球のヘモグロビン中にヘム鉄の形で含まれており，これが血液中の酸素と結び付き，体内で酸素を運搬している．ヘム鉄はヘモグロビンの他に筋肉のミオグロビン，ミトコンドリアのシトクロム類，シトクロム P-450，カタラーゼ，ペルオキシダーゼ，一酸化窒素合成酵素，トリプトファンジオキシゲナーゼなどにも含まれており，酸化と還元，解毒，情報伝達，トリプトファンからのナイアシン合成などに関与している．また，非ヘム鉄はコハク酸デヒドロゲナーゼ，キサンチンオキシダーゼの活性に必要であり，TCA回路，電子伝達系，核酸代謝などに関与している．これらを合わせて機能鉄という．Fe が不足すると，肝臓，骨髄，脾臓中でフェリチンと結合している貯蔵鉄が，不足を補うために血液中に放出される．

ヘモグロビンは絶えず骨髄で作られ，破壊されているが，Fe の大部分は再びヘモグロビンの合成に用いられるので，健康な動物では Fe の要求量は少ない．Fe は体内で遷移し，Ⅱ価またはⅢ価の形態となる．この性質は Fe の酸化還元能の根源であるが，Fe が過剰になると酸化ストレスを引き起こす．Fe には調節性の排泄機構はない．肝臓中の Fe が増加すると，Fe 代謝調節ホルモンであるヘプシジン分泌が促進され，ヘプシジンが小腸からの Fe 吸収を抑制することによって恒常性が保たれる．

多くの場合，飼料中 Fe 含量は低くなく，成畜における Fe 欠乏はまれである．しかし，ミルク中の Fe 含量は低いので，哺乳中の幼畜では Fe 欠乏が生じやすい．典型的な欠乏症は貧血であり，その他，成長遅延，倦怠感，下痢を生じる．ビタミン C は非ヘム鉄（無機鉄）の吸収を促進し，フィチン酸やリン酸などは吸収を阻害する．

(8) 亜　　鉛

Zn は炭酸脱水酵素，アルカリホスファターゼ，カルボキシペプチダーゼ，DNA ポリメラーゼなど種々の酵素の活性に必要である．多くの転写因子は，そ

のDNA結合領域にジンクフィンガーと呼ばれるZnを含む構造を有している．このような働きによって，Znは炭水化物，タンパク質，脂質，核酸の代謝や，味覚，免疫機能，骨代謝，抗酸化酵素の活性に関与している．

　小腸上皮細胞ではZnを取り込む輸送タンパク質（ZIP4）が発現している．Znが不足すると，ZIP4の発現の増加と刷子縁膜への移動によって，Zn吸収が促進される．フィチン酸は，Zn吸収を強く抑制する．

　Znが欠乏すると，皮膚上皮細胞の細胞核が消失せず残ってしまう不完全な角化（錯角化症），脱毛，生殖機能低下，骨格奇形，免疫不全，インスリン抵抗性，味覚障害，採食低下，IGF-1分泌抑制などによる成長遅延，飼料効率低下が生じる．一部の犬種では先天的なZn吸収不良が認められる場合があり，重篤な皮膚炎を生じる．

(9) 銅

　Cuはシトクロムオキシダーゼ，チロシナーゼなどの活性に必要であり，エネルギー生成，メラニン色素産生，骨の形成，細胞外基質の成熟，髄鞘形成，神経伝達物質の産生，抗酸化酵素の活性に関与している．欠乏症としては，被毛の脱色，骨異常，子馬の骨軟骨症，動脈瘤，結合組織異常，中枢神経系障害などがある．ヒツジでは，羊毛繊維の巻縮であるクリンプが消失するため「針金」状となる．また，CuはFe代謝に関連するフェロキシダーゼであるセルロプラスミンの活性に必要であり，Cu欠乏時にはセルロプラスミンなどのフェロキシダーゼ活性低下により，Feの輸送が抑制される．この結果，二次的なFe欠乏となり，ヘモグロビン合成が低下し貧血を生じる．

　胆汁を介したCu排泄調節により恒常性が保たれているが，反芻動物，特にヒツジはこの排泄能力が低いため，Cu過剰症が発生しやすい．一部の犬種では先天的な肝臓内Cu輸送タンパク質の欠損のため，胆汁中Cu排泄不良が認められる場合があり，重篤な肝臓障害を生じる．

(10) ヨ ウ 素

　Iは甲状腺ホルモンの構成成分である．甲状腺はサイログロブリンのチロシン残基とIから甲状腺ホルモンであるトリヨードサイロニンやサイロキシンを合成

し，必要に応じて甲状腺ホルモンを放出して，代謝を調節する．Ⅰが欠乏すると，低体温や倦怠感などの甲状腺機能低下症，甲状腺肥大症，被毛粗化，繁殖障害が生じる．

(11) セ　レ　ン

体内で Se は，含硫アミノ酸に含まれている S が Se になっているセレノメチオニンやセレノシステインとして存在している．抗酸化酵素であるグルタチオンペルオキシダーゼやサイロキシンをトリヨードサイロニンに変化するヨードチロニン脱ヨウ素化酵素などの活性に必要である．これら酵素では，遺伝情報に従ってアミノ酸配列の特定の位置にセレノシステインが組み込まれている．不足すると，酸化ストレスが増加し，栄養性筋ジストロフィー，ニワトリでは滲出性素質，産卵や孵化率の低下，ブタの肝臓壊死，後産停滞が生じる．特に，子牛，子羊や子馬などで生じる栄養性筋ジストロフィーは白筋症と呼ばれる．

Se 欠乏土壌や過剰土壌地帯が存在し，欠乏や過剰の危険性がある．アルカリ性の Se 過剰土壌で栽培するとブロッコリーやミルクベッチなどは多量の Se を蓄積し，ヒマワリやコムギも Se を多く蓄積する傾向がある．Se 過剰地帯で放牧されているウシやウマでは，アルカリ病と呼ばれる慢性的な Se 過剰症が生じ，倦怠感，衰弱，脱毛，蹄の痛みや剥離，関節傷害を生じる．また，急性の Se 過剰症である旋回病も生じることがあり，突然に倒れ，死亡する場合がある．

(12) そ　の　他

体内の S の大部分は含硫アミノ酸に含まれている．含硫アミノ酸が充足しているならば，S 欠乏は生じない．ビタミン B_1，ビオチン，結合組織に多く含まれるコンドロイチン硫酸などの構成成分でもある．

Mn は各組織に広く分布し，タンパク質，糖質，脂質の代謝反応における多くの酵素や抗酸化酵素の活性に必要である．Mn が欠乏すると，正常な成長と繁殖が行われなくなり，関節腫脹，特にニワトリでは脚弱や軟骨ジストロフィーが生じる．

7. 食物繊維

1）食物繊維とは

　食物繊維（食餌性繊維，dietary fiber）の定義や食物繊維に属する物質の分類などはまだ完全に国際的な合意が得られていない．食物繊維の定義の1つは，植物成分を化学成分からとらえる立場，すなわち食物繊維を非デンプン性多糖類とリグニンと見なす考え方である．もう1つは性質や機能を中心とした面からとらえる立場で，わが国ではこの立場に立って，食物繊維を「人の消化酵素で消化されない食品中の難消化成分の総体」とした広義の定義とし，「食物繊維」に対して「ルミナコイド（luminacoids）」という呼称が受け入れられている．ルミナコイドとは，種々栄養素の消化過程や消化管の生理機能に影響し，結果として体内代謝過程にも影響を及ぼす食物成分という意味を表したものである．いずれにしても食物繊維は，近年さまざまな生理効果を持つことが明らかにされ，食餌中必須成分と見なされるようになった．

　食物繊維の定義を植物成分に限定しないで広くとらえると，非デンプン性多糖類とリグニン，難消化性デンプンおよびその関連化合物だけでなく，植物細胞壁と結び付いているクチン，ワックス，葉緑素などの色素，炭水化物修飾物，褐変物質，ガム質，オリゴ糖，糖アルコール，昆虫と甲殻類のキチン，動物結合組織のムコ多糖類などの非消化物も食物繊維と見なすことができる．

2）食物繊維の定量法

　反芻動物などの草食動物では，繊維は重要な栄養源でもあるが，飼料の栄養価は繊維含量によって左右されることから，飼料中の繊維の評価は飼料分析の重要な対象になっている．飼料中の繊維成分の定量法でこれまで用いられてきた方法には，希硫酸と希苛性ソーダで煮沸した残渣を粗繊維とするものであったが，これによる繊維の測定値は繊維成分を個別に測定した総量よりも低いので，繊維の評価には適当ではない．そこで，デタージェントによって抽出した残渣を繊維成分とする方法（中性デタージェント繊維（NDF），酸性デタージェント繊維（ADF））

（デタージェント法）や，酵素処理によって有機細胞壁物質（OCW）を回収し，さらにセルロース分解酵素によって処理し高消化性繊維と低消化性繊維に分画する方法（酵素法）が考案されている（図 2-21）.

　NDF には植物の細胞壁物質であるセルロース，ヘミセルロース，リグニンが含まれ，ADF には結晶化の進んだセルロース，リグニン，ケイ酸が含まれる.粗繊維に含まれる成分は ADF 中の成分からリグニンを除いた残分である. 酵素法では，デンプンやタンパク質を酵素によって分解し不溶性部分から灰分を除いて有機細胞壁物質（OCW）とし，さらにセルロース分解酵素によって処理した不溶部分を低消化性繊維画分としている.

　ヒトの食物を対象として現在国際的に用いられている食物繊維定量法には，デンプンやタンパク質を分解する酵素処理とエタノール処理により非消化性画分を測定する酵素・重量法（Prosky・AOAC 法）がある. 近年わが国では，前述したルミナコイドの定義を反映する成分として，低分子水溶性食物繊維類（ポリデキストロース，難消化性デキストリン，イヌリンなど），難消化性オリゴ糖類，糖アルコール類を含めて測定する方法が実用化されている. すなわち，酵素処理後の可溶画分に含まれる成分を高速液体クロマトグラフ法で測定し，酵素処理不溶物と合わせて食物繊維画分とする方法（酵素-HPLC 法）である.

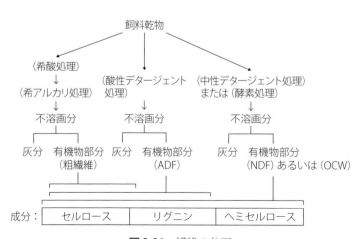

図 2-21　繊維の分画
ADF：酸性デタージェント繊維, NDF：中性デタージェント繊維, OCW：有機細胞壁物質.

3）食物繊維の利用と栄養生理機能

（1）利　　用

　草食家畜特に反芻動物では，植物組織中のリグニン以外の成分は消化性が高くエネルギー源としての評価が重要である．セルロースの消化は微生物発酵によって行われ，構成単糖のグルコースはピルビン酸を経由して酢酸，プロピオン酸，酪酸などの短鎖脂肪酸（SCFA）へと転換され吸収される．吸収された SCFA はエネルギー源や体成分合成に利用される．

　単胃動物では，食物繊維の消化は大腸の微生物によって行われる．消化の程度は動物種により異なるが，反芻動物に比べると低い．

（2）栄養生理機能

　現在までよく知られている食物繊維の機能を表 2-7 にまとめている．これらの機能を食物繊維のすべてが一様に発現するのではなく，食物繊維個々に備わった物理化学的性質，微生物による発酵性などによって作用発現の有無や程度は異なる．

　食物繊維の摂取は単胃動物では一般に糞中への窒素の排泄を増加させる．これ

表 2-7　単胃動物における食物繊維の生理作用		
	分　類	作　用
消化管とその機能に対する作用	小腸上皮細胞	絨毛の長さ，陰窩の深さの変化，杯細胞数の増加，ムチン産生量の増加，バリア機能や腸管感染の改善，消化管萎縮の予防および改善
	小腸酵素活性	管腔内消化酵素活性の阻害，刷子縁膜酵素活性の変化，膵臓酵素分泌量の変化
	消化管ホルモン	GIP，GLP-1，コレシストキニン，エンテログルカゴンなどの産生刺激
	大　腸	細菌叢の改善，感染抵抗作用，免疫調節作用（増強効果），アレルギー疾患予防，炎症性腸疾患予防，運動の高進，内容物の排泄促進，上皮組織の形態的・機能的変化，糞便の軟化と便容量増大，Ca，Mg の吸収促進
体内代謝に対する作用	脂質代謝	血清コレステロール，冠動脈性心疾患リスクの低減
	糖質代謝	血糖値上昇抑制，インスリン分泌軽減，インスリン抵抗性
	食餌性有害物質	食用色素，界面活性剤などの毒性阻止，PCB とダイオキシンの排泄促進，環境汚染物質の体内蓄積低下

は，食物繊維の摂取が大腸内の微生物に対するエネルギー源となり，これが微生物増殖を促す結果，糞への微生物体の排泄量が増加するためと見なされる．このときの窒素源の供給は，主に血液循環から消化管内への尿素の流入による．

　食物繊維の無機質（カルシウム，鉄，亜鉛，リン，クロム，コバルトなど）吸収阻害作用は古くから知られている．これは食物繊維のイオン交換能による無機質との結合，容量増大効果（bulk effect）による無機質の希釈，ゲル形成能による無機質の拡散抑制，消化管内容物通過時間短縮に伴う吸収時間の減少，食物繊維による内因性無機質分泌増加などが原因とされている．しかし，このような効果は食物繊維の性質や種類によって異なる．例えば，前述した難消化性オリゴ糖類は大腸で発酵され短鎖脂肪酸へと代謝されるが，大腸での無機質の吸収を促進し，消化管全体での無機質の消化率を向上させる．

◇◇◇◇◇◇◇◇◇◇◇◇◇◇◇◇◇◇ 練習問題 ◇◇◇◇◇◇◇◇◇◇◇◇◇◇◇◇◇◇

2-1. 飼料からの摂取が必要とされる n-6 系と n-3 系の必須脂肪酸の名称を書きなさい．
2-2. 魚油の脂肪酸組成の特徴を説明しなさい．
2-3. 水は必須の栄養素である．体内における水の働きを 6 つあげて説明しなさい．
2-4. 動物における必須の無機質のうち，多量元素を 7 つ，必須微量元素を 9 つあげなさい．
2-5. 血中カルシウムイオン濃度の恒常性は厳密に調節されている．この機作を説明しなさい．
2-6 鉄の恒常性を維持している機作を次の語句（排泄,肝臓,小腸）を用いて説明しなさい．
2-7. 機能鉄と貯蔵鉄を説明しなさい．
2-8. 反芻動物，特にヒツジでは銅過剰症が発生しやすい．その理由を説明しなさい．
2-9. 主な亜鉛欠乏の症状をあげなさい．
2-10. 食物繊維とはどのような栄養素で，どのような機能があり，その機能はどのようにして発現するのか説明しなさい．
2-11. 脂溶性ビタミンと水溶性ビタミンではどちらが欠乏症を発症しやすいか，説明しなさい．
2-12. β - カロテンからレチノールへの転換率はウシとブタではどちらか大きいか．
2-13. カルシフェロールと最も関係の強いミネラルは何か．
2-14. コバラミンの吸収において必要な条件は何か．
2-15. アスコルビン酸を体内合成できない動物は何か．
2-16. 第一胃の発達したウシと未発達のウシでは体内のビタミン供給に差がある．第一胃の未発達なウシの飼料に添加する必要が認められるビタミン類について説明しなさい．
2-17. α - アミノ酸の構造を説明しなさい．
2-18. アミノ酸の両性イオンとしての性質について説明しなさい．
2-19. タンパク質の二次構造の具体例をあげなさい．
2-20. タンパク質とアミノ酸の定義をそれぞれ述べなさい．さらにアミノ酸の基本構造を示しなさい．

2-21. タンパク質を構成するアミノ酸 20 種をあげなさい.
2-22. タンパク質の構造を一次から四次構造まで説明しなさい.

第3章

摂食の調節

　摂食の最も大切な役割は，体の生存と機能に必要なエネルギーを獲得すること
にある．さらに，家畜が本来の生産能力（肉，卵，乳など）を発揮するには，栄
養バランスのとれた飼料を十分に摂取する必要がある．例えば，泌乳期になると
動物の飼料摂取量が倍以上に増えることは珍しいことではない．また，育種改良
の進んだブロイラーの急速な成長は，旺盛な摂食行動に支えられている．家畜生
産において摂食の持つ意義は大きい．

　摂食の調節機構は多くの動物種においてかなり共通しているが，消化管の形態
と機能が異なる単胃動物と反芻動物では，その調節機構に違いが認められる．例
えば，ヒツジやウシなどの反芻動物では，飼料の消化と分解，内容物の通過性な
どの物理的要因が摂食調節の要因の一部をなしている．また，同じ単胃動物でも，
哺乳類と鳥類の間には違いが認められる．

　摂食は，食欲の発現，食物の探索，食物の摂取，咀嚼と嚥下，消化および吸収
を含む複雑な過程である．そのため，摂食行動には，報酬系，覚醒系，行動選択
など多面的なシステムが動員される．摂食を調節する中枢は脳，特に視床下部に
存在する．さらに，視床下部が，前頭葉，脳幹，大脳基底核などと情報を相互に
交換することにより，摂食行動は調節される．

　摂食の調節は，3つのレベルで捉えることができる．1つ目は代謝レベルである．
血中の栄養素，代謝産物，ホルモンが神経系に作用し，摂食を開始あるいは停止
させる．2つ目は消化管レベルである．消化管内容物の量的および質的な変化が
摂食に影響する．3つ目は環境因子による影響である．しかし，これらは互いに
独立しているわけではなく，血中の代謝物質やホルモンを介する体液性情報，内
臓に分布する求心性の迷走神経を介する神経性情報として脳に伝達され，摂食が
調節される．

1．摂食中枢—脳

　1938年，Lashley は，食欲を含む本能行動が脳において制御される可能性を示唆した．当時，食欲は内臓で調節されるという説が一般的であった．例えば，空腹時に胃が収縮すると食欲が生じるという胃収縮説はその代表である．しかし，胃を支配する神経あるいは胃そのものを除去しても食欲が生じることから，胃壁の伸展だけでは摂食の調節を説明することはできない．

　脳には，神経核と呼ばれる神経細胞の集合領域がある．神経核を電気的に刺激あるいは破壊して行動を観察すると，その神経核の機能がわかる．脳の特定部位へ電極を埋め込む方法を応用して，ラットの視床下部における腹内側核という神経核を電気的に破壊すると，過食による肥満が誘発された．さらに，同様の方法を用いてラットやネコの視床下部における外側野を破壊すると，採食量が著しく減少して餓死する個体が出た．これらの実験から，摂食は視床下部の2つの相反する機能を持つ中枢によって調節されるという二重中枢説が提唱され，腹内側核は満腹中枢，外側野は摂食中枢と呼ばれるようになった．現在，視床下部では，腹内側核と外側野に加え，室傍核と弓状核が摂食の調節に重要な神経核とされている．さらに，視床下部を中心として，大脳新皮質，大脳辺縁系，脳幹，大脳基底核などを含む広い脳領域が連携して摂食を調節する．

　視床下部では，弓状核，室傍核，外側野，腹内側核が摂食調節に関与している（図3-1）．弓状核には，摂食に対してアクセル役をする NPY/AGRP/GABA ニューロンと，摂食に対してブレーキ役をする POMC/CART ニューロンがある．NPY/AGRP/GABA ニューロンでは，ニューロペプチド Y（NPY），アグーチ関連ペプチド（AGRP）および γ-アミノ酪酸（GABA）が合成される．POMC/CART ニューロンでは，プロオピオメラノコルチン（POMC）から α-メラニン細胞刺激ホルモン（α-MSH）が合成される他，コカイン・アンフェタミン誘導転写産物（CART）が合成される．これら弓状核ニューロンは主に視床下部の室傍核に投射している．室傍核のニューロンは，副腎皮質刺激ホルモン放出ホルモン（CRH），甲状腺刺激ホルモン放出ホルモン（TRH），オキシトシンを放出し，これらは摂食を抑制的に調節する．外側野のニューロンは脳全体に神経線維を送っている．外

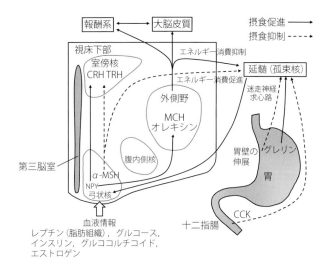

図 3-1 視床下部を中心とする摂食調節機構
視床下部については，中心の第三脳室の片側のみを示す．（川野　仁，2010 を参考に作図）

側野のニューロンは，オレキシン（orexin），メラニン凝集ホルモン（MCH），Polyglutamylated arginine-phenylalanineamide peptide（QRFP）を発現し，これらは摂食を促進する．視床下部の神経核は，モノアミン（ノルアドレナリン，セロトニン，ヒスタミン，ドーパミン）に対する受容体を発現している．これらの受容体を介して，摂食は促進的あるいは抑制的に調節される（表 3-1）．

　摂食行動には，報酬系，覚醒系，行動選択など多面的なシステムが動員される．摂食行動は，食欲が引き金となって引き起こされる．食欲は，食という報酬を得るための行動に対する本能的欲求である．大脳皮質の前頭前野で報酬が認知されると，その情報は中脳の腹側被蓋野に送られ，腹側被蓋野から側坐核に投射するドーパミン作動性ニューロンが興奮する．これらの腹側被蓋野と側坐核を中心とする報酬系によって，その報酬を得ることにつながる行動が強化される．さらに，視床下部の外側野から腹側被蓋野と側坐核に向け，オレキシンニューロンと MCH ニューロンがそれぞれ投射していることは，摂食中枢と報酬系の緊密な関係を示す．

　摂食行動には覚醒状態の維持が不可欠である．オレキシンニューロンは，脳幹のモノアミン（ノルアドレナリン，ドーパミン，セロトニン，ヒスタミン）作動

表 3-1　代表的な摂食調節因子				
	摂食促進因子		摂食抑制因子	
	物質名	産生部位	物質名	産生部位
代謝産物	遊離脂肪酸	脂肪組織	グルコース	小腸，肝臓
ペプチド	NPY	弓状核	α-MSH	弓状核
	AGRP	弓状核	CRH	室傍核
	MCH	外側野	TRH	室傍核
	オレキシン	外側野	ウロコルチン	室傍核
モノアミン	ノルアドレナリン	下位脳幹	セロトニン	下位脳幹
			ヒスタミン	結節乳頭核
			ドーパミン	中　脳
ホルモン	グレリン	胃	レプチン	脂肪組織
			インスリン	膵島 β 細胞
			アミリン	膵島 β 細胞
			PP	膵島 F 細胞
			CCK	十二指腸
			GLP-1	小　腸
			オキシントモジュリン	小　腸
			PYY	小　腸
	グルココルチコイド	副腎皮質	エストロゲン	卵　巣

性ニューロンを介して覚醒状態を高め，摂食行動を促進する.

　摂食行動には運動の制御が不可欠である．大脳基底核（線条体，淡蒼球，視床下核，黒質）という運動と行動に関わる構造が，大脳皮質からの入力を処理し，摂食行動に最適な出力を運動神経へ送る.

　摂食行動には食物の価値判断が重要である．大脳辺縁系の一部である扁桃体は，食物の価値判断に関係する．扁桃体は，視床下部，高次中枢の連合野，記憶に関係のある海馬などと密接な神経連絡がある．扁桃体を破壊すると，味覚と嗅覚の応答が変化し，食物と非食物の見分けがつかなくなるため，非食物でも口にするようになる.

2．摂食の調節とその要因

1）脳の栄養感知システム

脳は，全身の栄養状態あるいはエネルギー状態をどのように感知し，摂食の調

節につなげるのだろうか．体のエネルギー状態は，血中の代謝産物やホルモンの濃度に反映する．例えば，絶食状態では中性脂肪が分解され，血中の遊離脂肪酸濃度が上昇する．血中成分の変化に対して脳の化学感受性ニューロンが応答し，摂食が刺激される．食物が消化管に入ると，胃の伸展などの内臓感覚，食物由来成分の刺激によるホルモン放出などによって求心性迷走神経が興奮する．求心性迷走神経を介して脳に伝わったシグナルが，高次の脳領域からきた神経情報および血液を介して脳に伝達された液性情報と統合され，摂食は停止する．

　脳には，グルコースや遊離脂肪酸といった代謝産物，ホルモン，血中の化学成分などに対するセンサー機能を持つ化学感受性ニューロンが存在する．視床下部の腹内側核にはグルコース受容ニューロンが存在し，外側野にはグルコース感受性ニューロンが存在する．両ニューロンは，室傍核や延髄の孤束核および最後野などにも存在する．グルコースによる刺激に対して，グルコース受容ニューロンは興奮し，グルコース感受性ニューロンは不活化する．さらに，両ニューロンは，遊離脂肪酸などの代謝物質，ホルモンや神経ペプチド，モノアミン類などの神経伝達物質，サイトカインなどの刺激に対しても応答する．

　脳神経細胞に化学感受性があるとはいえ，すべての血液成分が自由に脳神経細胞に到達できるわけではない．成熟後の脳は，血液から物質を取り込む際に選択的に通過させる機能を持っている．これを血液脳関門という．血液脳関門を形成する毛細血管の内皮細胞間には隙間がない．さらに，毛細血管とニューロン膜の間に星状グリア細胞が介在するため，毛細血管は直接ニューロン膜に接触していない．そのため，脂溶性の酸素，二酸化炭素，一酸化炭素，アルコールなどは血液関門を通過できるが，非脂溶性の無機イオン，アミノ酸，色素などはほとんど通過できない．ドーパミン，ノルアドレナリン，セロトニンなどのモノアミン類も難脂溶性のため，血液脳関門を通過できない．生理活性ペプチドも一般的に血液脳関門を通過できない．しかしながら，脳に必要な物質については，血液脳関門を通過させる仕組みが備わっている．脳はエネルギー源として多量のグルコースを消費するため，内皮細胞の輸送担体を介してグルコースを通過させる．インスリンやレプチン（leptin）などのペプチドホルモンは，特異的受容体と結合して脳内に入る．トリプトファン，フェニルアラニン，チロシン，ヒスチジン，ロイシンなど大分子の中性アミノ酸は，内皮細胞のアミノ酸促進輸送系を介して脳

内に入る．一方，脳には室傍核，正中隆起，最後野など血液脳関門を欠く部位も
ある．血液脳関門を欠く部位に化学感受性ニューロンが存在することは，脳が血
液成分から栄養状態を感知するという意味で合理的である．

　消化管は摂食調節において重要である．なぜなら，消化管は食物の消化および
吸収を行うため，食物摂取，栄養素の吸収状態などの情報を最も的確に感知する
場であるからである．腸には味覚受容体を持つ腸内分泌細胞が存在する．腸内分
泌細胞は，味覚受容体によって栄養素を感知すると，細胞に特異的なホルモンを
放出する．細胞外液に拡散したホルモンは，付近の神経線維に対する作用および
血液循環を介して摂食抑制シグナルを脳に伝達する．ほとんどの末梢由来ホルモ
ンは摂食抑制シグナルであるが，胃でグレリンが発見されたことにより，末梢由
来の摂食促進ホルモンの実体が明らかとなった．

2）末梢由来の摂食調節ホルモン

（1）消化管由来の摂食抑制ホルモン

　腸由来の満腹シグナルには，コレシストキニン（CCK），グルカゴン様ペプチ
ド-1（GLP-1），オキシントモジュリン（oxyntomodulin），ペプチドYY（PYY），
アポリポタンパク質A-Ⅳ（APO-AⅣ）などがある．CCKは，管腔内の栄養素，
とりわけ脂質とタンパク質の刺激によって十二指腸と空腸のⅠ細胞から分泌され
る．CCKによる満腹シグナルは，求心性迷走神経を通って脳に伝達される．CCK
による摂食抑制作用の一部は胃内容物排出の抑制による．

　GLP-1は，主に遠位小腸と結腸のL細胞から分泌される．さらに，GLP-1と共
通の前駆体に由来するオキシントモジュリンとPYYは，遠位小腸と結腸におい
てGLP-1と共存する．摂取した栄養素，とりわけ脂肪と炭水化物がGLP-1分泌
を刺激する．GLP-1による満腹シグナルは，求心性迷走神経および血液循環を介
して脳に伝達される．オキシントモジュリンは，カロリー摂取量に応じて遠位
小腸のL細胞から分泌される．オキシントモジュリンによる摂食抑制作用には
GLP-1受容体が介在すると考えられている．PYYは主に脂質が刺激となって遠
位小腸から分泌される．PYYの満腹シグナルも，迷走神経と血液循環を介して
脳に伝達される．

　APO-AⅣは，脂肪吸収とカイロミクロン形成が刺激となって小腸から分泌さ

れる．APO-A IVをラットに投与すると摂食が抑制される．APO-A IVは，脂質関連のエネルギー平衡の短期および長期的な調節を結び付けると考えられている．

(2) 消化管由来の摂食促進ホルモン

グレリン（ghrelin）は，成長ホルモン放出促進因子受容体の内因性リガンドとして発見された．さらに，ラットなど一部の哺乳類において，中枢および末梢投与のどちらによっても摂食亢進作用を示す．グレリンの主な合成部位は胃である．その血中濃度は絶食によって上昇し，摂食やグルコース投与によって低下する．飲水によって胃を拡張させても血中グレリン濃度は変化しないことから，単なる胃の伸展刺激ではグレリンの分泌は起こらない．胃の細胞から放出されたグレリンが迷走神経末端の受容体と結合すると，摂食抑制ペプチドとは逆に，求心性迷走神経の活動が抑制され摂食が刺激される．さらに，脳内にはグレリン陽性細胞が認められる．グレリンは弓状核のNPY/AGRP/GABAニューロンを活性化して摂食を刺激する．

(3) 膵臓由来の摂食抑制ホルモン

末梢におけるインスリン作用は，血中の代謝産物やホルモンの濃度変化を伴うため複雑である．インスリンは受容体を介して血液脳関門を通過し，脳内に取り込まれる．脳内にはインスリン受容体が存在し，中枢インスリン作用は摂食抑制的である．グルカゴンによるシグナルは，肝臓の受容体と求心性迷走神経を介して脳に伝達され，摂食が抑制される．エンテロスタチンは，脂肪摂取によって膵臓から外分泌され，脂肪の消化を助ける．エンテロスタチンを末梢および中枢に投与すると脂肪摂取量が抑制される．膵臓ポリペプチド（PP）は，迷走神経支配下にある膵島細胞で産生され，その分泌は，摂取カロリー量に応じて刺激される．PPの末梢投与によって摂食は抑制されるが，中枢投与では作用部位によって摂食が刺激されることがある．アミリン（amylin）は，インスリンとともに膵島 β 細胞から分泌され，胃内容物排出を抑制する．アミリンの末梢および中枢投与は摂食を抑制する．多くの消化管ホルモンとは異なり，アミリンは主に延髄の最後野に作用する．

（4）脂肪組織由来の摂食調節ホルモン

　摂食量は短期的に見ると変動している．それにもかかわらず，体重は驚くほど安定的に維持されている．なぜなら，全体的なエネルギー摂取および消費は，長期的には厳密に調節されているからである．さらに，絶食あるいは過食によって一時的に体重が変動したとしても，体重を元に戻そうとする力が働く．例えば，実験動物を強制的に過剰摂食させ肥満にしたのち自由に食べさせると，自発的に摂食量が減少し体重は元に戻る．逆に，絶食によって体重を減少させたのち自由に食べさせると，体重が元に戻るまでの間，自発的摂食量が増加する．すなわち，体重が決められた値（セットポイント）になるように，摂食やエネルギー代謝が調節される．

　では，体重のセットポイントは何によって定められるのだろうか．当初，体温によるという説，血糖によるという説などがあった．しかし，体重の増減に最も影響するのが脂肪組織であることから，脂肪組織の増減と比例して脂肪細胞から分泌される因子が有力な候補と考えられた．脳は，この脂肪細胞由来の因子を介して摂食とエネルギー消費を制御し，体重を一定に維持する．これが脂肪定常説である．当初，この脂肪細胞由来の因子として，中性脂肪の分解産物である遊離脂肪酸が考えられた．

　1994年に，Friedmanのグループは，肥満マウスのある遺伝子に異常があることを突きとめた．そして，この遺伝子の異常により，肥満を抑える正常な物質が生産できなくなっていることを発見した．この物質は，摂食抑制作用とエネルギー消費亢進作用を有することから，ギリシャ語の「やせ」を意味するleptosにちなんでレプチンと命名された．レプチンは主に白色脂肪細胞において合成され血中に分泌される．視床下部の弓状核はレプチン受容体を最も強く発現している部位であり，レプチンは，弓状核のNPY/AGRP/GABAニューロンを抑制し，POMC/CARTニューロンを刺激することによって摂食を抑制する．また，レプチンは受容体を介して血液脳関門を通過するため，弓状核以外の部位にも作用する．レプチンの分泌量は，基本的に脂肪組織の量に比例することから，現在，脂肪細胞と摂食およびエネルギー代謝調節を結び付ける最も有力な候補と見なされている．

(5) その他の末梢由来の摂食調節ホルモン

　ステロイドホルモンの受容体は，視床下部の弓状核や室傍核に豊富に存在する．弓状核にはエストロゲン受容体が豊富に発現し，エストロゲンによって摂食が抑制的に調節される．視床下部室傍核にはグルココルチコイド受容体が豊富に発現し，グルココルチコイドによって摂食が促進的に調節される．

3．鳥類の特徴

　鳥類の摂食行動は，哺乳類と同様に中枢メラノコルチンシステムがその調節に重要な役割を担っており，そのシステムに関係する入力・出力信号経路についても多くの点で相同性が認められる．しかし，哺乳類での知見がすべて鳥類に当てはまるわけではなく，摂食亢進に働くホルモンについては，とりわけ哺乳類との違いが顕著である（表3-2）．以下に，鳥類の特徴としてこれらの摂食調節因子についてニワトリを中心として述べる．

　①**グレリン**…末梢でのグレリンの産生および分泌は，哺乳類同様に空腹によって高まり，摂食後に低下する．また，その受容体（GHS-R1a）の発現も絶食および再給餌によって腺胃や肝臓において変化し消化管運動においては促進系として働くことが示唆されている．このように，グレリンは負のエネルギーバランス状態を反映した産生・分泌活動を示すものの，摂食の調節においては，その中枢投与では強力な摂食抑制効果を示し，末梢投与においては摂食抑制あるいは無反

表 3-2　中枢における摂食調節に関与するペプチドシグナルの比較					
	哺乳類	鳥　類		哺乳類	鳥　類
NPY	↑	↑	α-MSH	↓	↓
AGRP	↑	↑	CART	↓	↓
グレリン	↑	↓	レプチン	↓	↓，—
GHRH	↑	↓	CRH	↓	↓
モチリン	↑	—	CCK	↓	↓
オレキシン A，B	↑	—	ガストリン	↓	↓
MCH	↑	—	GLP-1	↓	↓
ガラニン	↑	↑，—	アミリン	↓	↓
ビスファチン	↑	↑	オベスタチン	↓，—	？

応である（ただし，ウズラでは低濃度末梢投与では摂食は亢進するが，高濃度では抑制）．哺乳類では，グレリンの摂食亢進作用が迷走神経を介し，最終的にはNPYやオレキシン系の働きで生じるが，ニワトリでは，グレリン投与が視床下部 NPY 遺伝子発現に影響しないうえ，NPY による摂食亢進作用を阻害する．ニワトリにおけるグレリンの摂食抑制作用は，中枢投与後の血漿コルチコステロン（CORT）濃度の上昇や，その摂食抑制効果が CRH 受容体拮抗剤の同時投与によって緩和されることから，CRH の関与が示唆されている．しかし，末梢グレリンは視床下部 CRH の含量や遺伝子発現に影響しないこと，すなわち直接下垂体や副腎に作用して CORT 分泌を促すことも明らかになっており，グレリンが生理的に摂食の調節にどのように関わっているのか解明されていない．

②**モチリン**…モチリン（motilin）はグレリンと相同性が高く，その受容体はグレリンと同じ受容体ファミリーを形成し，哺乳類同様に消化管運動の調節に関与している．絶食および飽食など栄養状態にかかわらず，その中枢投与はニワトリの摂食行動に影響しないため，中枢性摂食調節に関与していない．このことは，ニワトリ中枢にその陽性細胞は確認されていないことからも支持される．

③**オレキシン**…哺乳類同様にニワトリ中枢，特に視床下部領域で発現しているペプチドであるが，その中枢投与によって摂食亢進作用は示されない（ニワトリ，ハト）．絶食下においてその発現は，卵用鶏では変化は認められないが，肉用鶏では増加する．したがって，鳥類の摂食調節においては補完的な働きを担っている可能性が示唆される．

④ **MCH**…オレキシン同様に，中枢投与では哺乳類同様の摂食亢進作用は示されないが，絶食下では，視床下部においてその発現が増加する．

⑤**レプチン**…哺乳類においては，グレリン同様に末梢組織から分泌され，摂食調節に重要なホルモンである．ニワトリにおいても，その受容体は確認されており，栄養状態，あるいはインスリンによって受容体の発現が変化することが示されている．レプチンの作用については，週齢や品種によって異なる．例えば，初生雛への中枢投与では全く影響は認められないが，成長後では摂食を抑制すること，末梢投与の場合，産卵鶏では効果はあるが，肉用鶏では無反応である．他の摂食調節因子との関係では，視床下部での NPY やビスファチン（visfatin），あるいは一酸化窒素を減少させることも示されており，これらがレプチンの摂食抑

制効果に関与していることが示唆される.

　⑥**オベスタチン**…オベスタチン（obestatin）は，マウスにおいてグレリンに拮抗する摂食抑制ペプチドとしてグレリン前駆体遺伝子から同定され，鳥類においても同様な部位に類似の配列が確認された．オベスタチン末梢投与はニワトリの摂食あるいはそ嚢や腺胃などの消化管運動に影響はないものの，視床下部グレリンの遺伝子発現を増加させることが示された.

　鳥類の場合，哺乳類よりも血糖値が高いことや消化管が短いことなどの代謝生理での相違が，摂食調節機構における違いとなっている.

◇◇◇◇◇◇◇◇◇◇◇◇◇◇◇◇◇◇◇◇◇ **練 習 問 題** ◇◇◇◇◇◇◇◇◇◇◇◇◇◇◇◇◇◇◇◇◇

　3-1.　グルコースによる摂食調節機構について説明しなさい.
　3-2.　血液脳関門の特徴と役割について説明しなさい.
　3-3.　体重の長期的な調節と摂食調節を結び付ける仕組みについて説明しなさい.

第4章

消化と吸収

　動物は自ら栄養素を作り出すことができないので，維持，成長および生産のために外界から栄養素を取り込まなければならない．一般に，動物は栄養素を飼料として経口的に摂取するが，飼料中の栄養素は多くの場合巨大な分子として存在するので，そのままの形では生体内に取り込むことができない．そこで，動物は消化管の中で飼料を事前に分解してから取り込むというシステムを持つことになった．この分解過程を消化（digestion），取り込む過程を吸収（absorption）と呼んでいる．

　消化は以下の3つに大別される．第1は機械的消化（物理的消化）と呼ばれるもので，これは飼料を歯などで噛み砕いて表面積を増加させ，消化酵素（digestive enzyme）の作用を受けやすくさせること，および消化管運動によって食塊（消化中の飼料）の運搬や食塊と消化液との混合を行うことである．第2は化学的消化と呼ばれ，これは消化酵素によって食塊を加水分解することである．第3は微生物的消化と呼ばれ，これはウシの第一胃（ルーメン）やウサギの盲腸など消化管内微生物が多く生息する部位で，飼料中の難消化性成分（主としてセルロースなどの難消化性炭水化物）が微生物分解されることである（表 4-1）．消化は以上の3者の共同作業によって効率よく行われる．本章では化学的消化を中心に説明し，必要に応じて機械的，微生物的消化についても触れることにする．

1．栄養素の消化

　一般的に栄養素とは，タンパク質，炭水化物，脂質，ビタミンおよびミネラルを指す．これらはいずれも動物にとって不可欠であるが，ビタミンやミネラルは量的にごく少なく，また消化の必要も特にないので，ここでは前3者について

表 4-1　主な消化酵素				
酵素名	分泌臓器または存在部位	基　質	作　　用	消化産物
タンパク質消化酵素				
ペプシン （エンドペプチダーゼ）	胃	タンパク質	ポリペプチド鎖中の芳香族アミノ酸に隣接したペプチド結合を切断	ポリペプチド
トリプシン （エンドペプチダーゼ）	膵　臓	タンパク質，ポリペプチド	ポリペプチド鎖中の lys や Arg 残基のカルボキシル基側を切断	ポリペプチド，オリゴペプチド
キモトリプシン （エンドペプチダーゼ）	膵　臓	タンパク質，ポリペプチド	ポリペプチド鎖中の芳香族アミノ酸残基のカルボキシル基側を切断	ポリペプチド，オリゴペプチド
カルボキシペプチダーゼ （エキソペプチダーゼ）	膵　臓	ポリペプチド	ポリペプチド鎖中のカルボキシル末端のアミノ酸残基を切断	オリゴペプチド，アミノ酸
アミノペプチダーゼ （エキソペプチダーゼ）	小腸刷子縁膜	ポリペプチド	ポリペプチド鎖のアミノ基末端のアミノ酸を切断	アミノ酸
炭水化物消化酵素				
α-アミラーゼ	唾液腺	デンプン	デンプンの α-1,4 結合を切断	マルトース，マルトトリオース，α-限界デキストリン
膵 α-アミラーゼ	膵　臓	デンプン	同　上	同　上
グルコアミラーゼ	小腸刷子縁膜	マルトース，マルトトリオース	マルトース，マルトトリオースの α-1,4 結合を切断	グルコース
α-限界デキストリナーゼ	小腸刷子縁膜	α-限界デキストリン	α-限界デキストリンをグルコースになるまで分解	グルコース
ラクターゼ	小腸刷子縁膜	ラクトース	ラクトースの β-ガラクトシド結合を切断	グルコース，ガラクトース
スクラーゼ	小腸刷子縁膜	スクロース	スクロースの α-1,2 結合を切断	グルコース，フルクトース
脂質消化酵素				
膵リパーゼ	膵　臓	トリアシルグリセロール	トリアシルグリセロールの1と3位の脂肪酸エステル結合を切断	モノアシルグリセロール，脂肪酸

説明する.

1）タンパク質の消化

（1）胃における消化

　タンパク質の消化は口腔では行われないから，胃で初めて開始されることになる．胃は噴門部，胃底腺部および幽門部からなり，内壁はひだ状になっている．

反芻動物では第一胃で微生物的消化を行うが，その概要については後述する．食塊が胃に入ると幽門腺から消化管ホルモンのガストリンが分泌され，胃底腺からの塩酸分泌を刺激する．塩酸は強い酸性のために，①飼料に混入した雑菌を減少させて生体を防御する，②飼料中タンパク質を変性して消化しやすくする，③ペプシン（pepsin）（後述）の前酵素（ペプシノーゲン，pepsinogen）を活性化するなどの役割を担っている．ガストリン分泌は胃の pH が 2.5 に低下すると抑制され，pH を一定に保つように調節されている．

　胃液中には不活性な前酵素であるペプシノーゲンが含まれており，これは塩酸および既存のペプシン自体によって活性化されてペプシンになる．ペプシンは代表的なエンドペプチダーゼであり，最適 pH は約 2（変性タンパク質の場合は約 3.5）と低い．ペプシンはポリペプチド鎖の芳香族アミノ酸の α-アミノ基とそれに隣接するアミノ酸との間のペプチド結合を切断するので，基質特異性は広いものの消化作用は完全ではなく，大部分のタンパク質はポリペプチド（polypeptide）までしか分解されない（表 4-1）．

　幼動物の胃ではレンニン（rennin）と呼ばれる消化酵素が分泌される．これはキモシン（chymosin）とも呼ばれ，ペプシンとよく似た酵素であるが，乳汁中

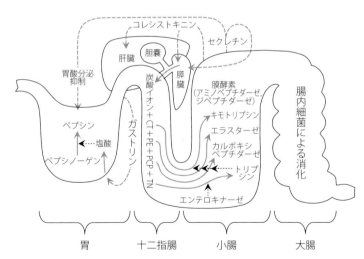

図 4-1　タンパク質の消化に関わる酵素など
CT：キモトリプシノーゲン，PE：プロエラスターゼ，PCP：プロカルボキシペプチダーゼ，
TN：トリプシノーゲン．

のカゼインを凝固させる作用が強く，最適 pH はペプシンより高い 4 前後である．レンニンは乳汁を胃で凝固させることによって滞留時間を延ばし，乳タンパク質の消化性向上に寄与している．以上のように，胃ではタンパク質消化はある程度進むが，消化産物（主としてポリペプチド）は吸収されず，幽門部から小腸（十二指腸）へと送られる．

(2) 小腸における消化

　小腸の内壁にはひだがあり，腸粘膜表面には絨毛と呼ばれる突起が密生している．この絨毛は単層の上皮細胞で覆われ，この上皮細胞の表面には微絨毛と呼ばれる微細な突起が存在している（図 4-2）．そのために腸内壁の表面積は著しく広く，吸収に適した形をしている．

　胃酸および胃で生成されたタンパク質消化産物が十二指腸に入ると，消化管ホルモンのセクレチンが小腸の内分泌細胞から血液中に分泌され，これは胃酸分泌を抑制し，膵臓からのアルカリ性膵液（主として炭酸イオン）の分泌を促す．このアルカリ性膵液は，十二指腸内の胃酸を中和して腸管壁を保護するとともに，小腸で作用する最適 pH の高い消化酵素（後述）の作用を助ける．この pH の上昇のためにペプシンは十二指腸ではほとんど作用できなくなる．また，タンパク質消化産物や中鎖，長鎖脂肪酸が十二指腸に入ると消化管ホルモンのコレシストキニン（CCK）が小腸の内分泌細胞から血液中に分泌され，タンパク質消化酵素を含む膵液や胆汁の分泌を刺激してタンパク質や脂質の消化を促進する．

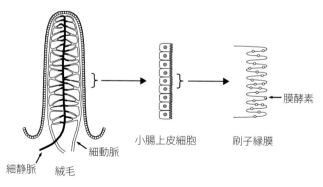

図4-2　小腸の絨毛と上皮の構造

　膵液は不活性の前酵素トリプシノーゲン（trypsinogen）を含んでおり，これは腸粘膜のエンテロキナーゼによってトリプシン（trypsin）になり，タンパク質分解活性を示すようになる．また，トリプシン自体も自己触媒的にトリプシノーゲンを活性化させる．さらに，膵液はキモトリプシノーゲン（chymotrypsinogen），プロエラスターゼ（proelastase）およびプロカルボキシペプチダーゼ（procarboxypeptidase）も含んでおり，これらの前酵素はトリプシンによって活性化され，それぞれキモトリプシン（chymotrypsin），エラスターゼ（elastase）およびカルボキシペプチダーゼ（carboxypeptidase）になる（図4-1）．トリプシン，キモトリプシンおよびエラスターゼはポリペプチド分子内部のペプチド結合を切り離すのでエンドペプチダーゼと呼ばれ，一方，カルボキシペプチダーゼはペプチドの末端から切り離すのでエキソペプチダーゼと呼ばれる．以上の酵素による消化は小腸管腔内で行われ，ポリペプチドをより小さい分子のペプチドへと加水分解していくが，この過程で生成する遊離アミノ酸量は比較的少ない．

　遊離アミノ酸の多くはペプチドが小腸上皮細胞の刷子縁膜に接触したとき，刷子縁膜に存在するアミノペプチダーゼやジペプチダーゼによって生成され，生成されたアミノ酸は上皮細胞内に速やかに吸収される．そのため，腸内細菌によって栄養素が「横取り」され難く，動物にとって有利になっている．また，ジペプチドおよびトリペプチドの一部は刷子縁膜の酵素によって分解されずに上皮細胞内に取り込まれ，細胞内で消化されることも認められている．以上のように，小腸でのタンパク質消化は小腸管腔内だけでなく，上皮細胞刷子縁膜および上皮細胞内でも行われる．なお，小腸では腸液も分泌されるが，これには消化酵素は含まれていないと考えられている．

（3）大腸における消化

　大腸ではタンパク質消化酵素は分泌されない．小腸で消化されず大腸に送られたタンパク質やペプチドは腸内細菌によって分解され，アンモニアやアミン類が生成される．これらの多くは生体にとって有害である．細菌分解産物のうち，アンモニアは吸収されて尿素（鳥類では尿酸）に合成され尿中に排泄されるが，タンパク質の栄養状態が悪いときなどは一部が可欠アミノ酸合成に利用されることがある．

2）炭水化物の消化

（1）口腔における消化

　炭水化物の消化は口腔から始まる．唾液には飼料中のデンプンをマルトース（maltose, 麦芽糖）にまで分解する α-アミラーゼ（α-amylase）が含まれているが，飼料が口腔内に留まる時間は短いため，消化はあまり進行しない．ニワトリの唾液には酵素がほとんど含まれていないので，デンプン分解は期待できない．

（2）胃における消化

　炭水化物消化酵素は胃では分泌されないため，胃における炭水化物の消化は，食道から食塊が胃に入って塩酸分泌による pH の低下が起こるまでの間，唾液アミラーゼによって行われる．

（3）小腸における消化

　胃から小腸へ輸送された食塊中のデンプンは膵臓から分泌される α-アミラーゼによって消化される．この酵素は α-1,4 結合に作用するが，α-1,6 結合には作用しないので，消化産物は二糖類のマルトース（グルコース＋グルコース），三糖類のマルトトリオース（maltotriose, グルコース＋グルコース＋グルコース）および α-限界デキストリン（α-limit dextrin，グルコース 8 個からなる分岐性重合体）である．これらはそのままの形では吸収されず，上皮細胞刷子縁膜のグルコアミラーゼや α-限界デキストリナーゼの作用によって，さらにグルコースへ分解されてから，上皮細胞内に吸収される．

　二糖類のスクロース（sucrose，ショ糖，グルコース＋フルクトース）は植物中に多く含まれ，刷子縁膜のスクラーゼによってグルコースとフルクトース（fructose）に分解されてから吸収される．また，二糖類のラクトース（lactose，乳糖，ガラクトース＋グルコース）は乳汁中に多く含まれる糖で，哺乳期の哺乳類の子はこれを多く摂取する．ラクトースもそのままの形では吸収されず，刷子縁膜のラクターゼによってガラクトースとグルコースに分解されてから吸収される．

（4）大腸における消化

　飼料中のセルロース（cellulose）やヘミセルロース（hemicellulose）などの構造性炭水化物，およびペクチン（pectin）やマンナン（mannan）などの難消化性炭水化物は，反芻動物以外の動物では小腸を通過するまでの間に消化作用を受けない．これらは大腸に入ってから腸内細菌の働きで初めて分解され，酢酸，プロピオン酸，酪酸などの揮発性脂肪酸（VFA）を生ずる．揮発性脂肪酸は生体に吸収されてエネルギー源として利用されるが，単胃の動物ではその寄与率はあまり高くなく，維持エネルギーの $10 \sim 20\%$ 程度と見積もられている．

3）脂質の消化

（1）胃における消化

　飼料に含まれる脂質は炭素数 12 以上の長鎖脂肪酸で，中鎖脂肪酸は比較的少ない．脂質は口腔では消化されず，胃のリパーゼ（lipase）によって若干消化されるが，主たる消化は小腸で行われる．脂質は胃で撹拌されることによって若干乳化される．

（2）小腸における消化

　胃で若干乳化された脂質は，十二指腸で胆汁と混和してさらに完全に乳化される．脂質消化において最も重要な消化酵素膵リパーゼは，乳化されている脂質と水との境界面で作用するので，脂質の加水分解は脂肪滴の表面積が広いほど（乳化が進行しているほど）進む．膵液にはリパーゼの他にコリパーゼ（colipase）が含まれていて，この酵素はリパーゼと複合体を形成することにより，過剰な胆汁酸によって起こるリパーゼ活性の阻害を抑制し，またリパーゼと基質との接触を仲介することによって消化を促進するといわれている．

　飼料中のトリアシルグリセロール（トリグリセリド）は，リパーゼの働きによって 1 位と 3 位のエステル結合が切断され，2- モノアシルグリセロールと脂肪酸に分解される．飼料中のコレステロールは，遊離の形よりもエステルの形で存在するものが多く，コレステロールエステルは膵液中のコレステロールエステラーゼによって遊離コレステロールと脂肪酸に加水分解される．飼料中のリン脂質は

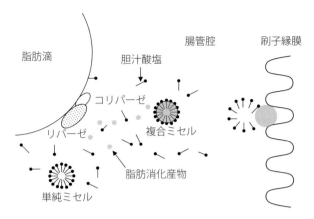

図 4-3　ミセルの形成と脂肪の輸送

膵液中のホスホリパーゼ A_2 によって 2 位の脂肪酸エステル結合が切断されて，リゾリン脂質と脂肪酸に分解される.

　胆汁は肝臓で合成され，普段は胆囊に貯蔵されているが，消化が始まると十二指腸内に分泌される. なお，ウマ，シカ，ゾウなどには胆囊がないので，胆汁は肝臓から十二指腸内に直接分泌される. 胆汁はタウロコール酸やグリココール酸などの胆汁酸塩を多く含んでいる. 胆汁酸塩は分子内に極性部分と非極性部分を持っているので，水溶液中で一定濃度（限界ミセル濃度）以上になると極性部分を外側，非極性部分を内側に向けたミセル（micelle）と呼ばれる集合体を形成する（図 4-3）. ミセルはモノアシルグリセロール，脂肪酸，遊離コレステロールおよびリゾリン脂質を抱合して複合ミセルを形成する. 脂質の消化産物を高濃度で含んだ複合ミセルは小腸管腔内で拡散し，上皮細胞刷子縁膜に到達すると崩壊してミセル中の消化産物を放出する. 放出された脂質の消化物は遊離の形で速やかに上皮細胞に吸収される. その後，ミセルを形成していた胆汁酸塩は管腔内に戻り，再び新たなミセル形成に利用される.

(3) 大腸における消化

　ここでは脂質の顕著な消化は行われない. 脂質の消化が終わって大腸に輸送された胆汁酸塩は，能動的に吸収されて腸肝循環系に入り肝臓に戻る.

4）反芻家畜におけるタンパク質と炭水化物の消化

　ウシ，ヤギ，ヒツジなどの反芻家畜は 4 つの胃を持っている．第一胃は第二胃よりもはるかに大きいが，両者間に機能的な差異はないので，合わせて反芻胃と呼ばれている．反芻胃内には細菌やプロトゾアが多数生息しており，飼料中栄養素の分解や合成を行っている．第三胃は食塊の輸送量調節や微生物消化を行っている．第四胃は単胃動物の胃に相当する器官であり，これより下部の消化管における消化は単胃家畜の消化と大差ない．

（1）反芻胃におけるタンパク質の消化

　反芻胃ではタンパク質分解酵素は分泌されないが，微生物の作用によって，飼料中のタンパク質はペプチド，アミノ酸，アンモニアに，尿素などの非タンパク態窒素はアンモニアに分解される．微生物分解によって生じた窒素化合物は微生物に取り込まれ，微生物体タンパク質に合成されてから，第四胃や小腸に送られて消化される．微生物に取り込まれなかった窒素化合物のうち，アンモニアは反芻胃壁から吸収される．なお，飼料中タンパク質や窒素化合物の一部は微生物の作用を受けずに，そのままの形で第四胃に送られる．

（2）反芻胃における炭水化物の消化

　反芻家畜の口腔では，デンプン消化酵素はあまり分泌されないので，飼料中炭水化物はほとんど分解されないまま反芻胃に送られる．反芻胃では炭水化物消化酵素は分泌されないが，微生物の作用によってデンプン，糖，繊維質が分解されて酢酸，プロピオン酸，酪酸などの揮発性脂肪酸が生成され，反芻胃壁から速やかに吸収される．反芻胃での消化を免れたデンプンは第四胃や小腸で消化される．なお，脂質も反芻胃内で微生物の働きによって分解され，生成された脂肪酸のうち不飽和のものは水素添加されて飽和脂肪酸になる．

２．栄養素の吸収

１）吸収の機構

　消化の結果生成された栄養素は拡散，促進拡散，能動輸送および飲作用の4つの機構によって消化管上皮を通過する．

（1）単 純 拡 散

　上皮細胞の細胞膜をはさんで両側（管腔と上皮細胞内）に濃度の異なる物質が存在するとき，その物質は両側の濃度が等しくなるまで，濃度の高い方から低い方へと移動する．これが単純拡散（simple diffusion）である．この吸収機構では膜を通過するためのエネルギーを必要とせず，吸収速度は濃度差に比例し，濃度勾配に逆らって吸収は起こらない．有機酸などは単純拡散によって輸送される．物質は細胞膜の細孔を通過するので，基本的に低分子の物質しか通過できないが，脂溶性の物質は細胞膜の脂質層に溶けることから比較的大きい分子でも通過することができる．

（2）促 進 拡 散

　促進拡散（facilitated diffusion）は，単純拡散では通過しない物質をトランスポーター（transporter，上皮細胞刷子縁膜のタンパク質）の仲介によって細胞膜を通過しやすくさせた輸送方法である．単純拡散と同じく濃度勾配に従った方向で輸送されるので，輸送のためのエネルギーを必要としない．トランスポーターを介するので，類似構造を持つ物質の吸収時に競合抑制が生じる，単純拡散よりも吸収速度が速い，基質特異性があるなどの特徴がある．フルクトースはGLUT5というトランスポーターを介して促進拡散で輸送される．

（3）能 動 輸 送

　能動輸送（active transport）は，促進拡散と同じくトランスポーターを介する輸送であるが，濃度勾配に逆らって物質の濃度が低い方から高い方へと輸送する

から，ATP のエネルギーを必要とする．能動輸送には一次性能動輸送（primary active transport）と二次性能動輸送（secondary active transport）の 2 通りの様式があり，前者は ATP のエネルギーを直接利用して目的物質を輸送する様式，後者は Na^+ などの濃度勾配を利用して目的物質を共輸送（cotransport）する様式である．なお，このとき共輸送された Na^+ は ATP のエネルギーを利用して細胞外に排出されるので細胞内 Na^+ 濃度は常に低く保たれ，その結果として上皮細胞は濃度勾配に逆らって目的物質を取り込むことができる．二次性能動輸送の二次性とは，このように ATP を間接的に利用することを意味している．グルコースや L- アミノ酸がこれによって輸送される．

（4）飲 作 用

飲作用（pinocytosis）は，細胞膜を通過し得ない巨大な分子などが細胞膜の運動を伴って取り込まれる現象である．飲作用は①細胞膜が物質を認識する，②細胞膜が陥入して物質を包み込む，③包み込んだ膜が細胞膜から分離する，④物質を内包する小胞を形成する，⑤ 1 次ライソゾームと融合して物質を細胞内消化するという順序で進行する．飲作用は高等動物における栄養素の取込みにはそれほど寄与していないが，幼哺乳動物において初乳を介した免疫抗体の吸収には重要な役割を果たしている．

2）アミノ酸の吸収

L- アミノ酸は，そのままの形では細胞膜を通過できないので，上皮細胞刷子縁膜に存在するトランスポーターを介して，二次性能動輸送によって細胞内に取り込まれる（図 4-4）．このとき，細胞内外の Na^+ の濃度勾配を利用するもの（Na^+ 依存型）と，Na^+ 以外の物質の濃度勾配を利用するもの（Na^+ 非依存型）の 2 つのグループがある．また，アミノ酸は性質によって，中性アミノ酸，塩基性アミノ酸，酸性アミノ酸に分けられ，それぞれについて，Na^+ 依存型と Na^+ 非依存型が存在するので，輸送系は合計 6 グループになる．さらに，各輸送系には 1 個あるいは複数個のトランスポーターが存在しており，このような複雑なシステムは，基質となるアミノ酸の種類と性質の多様さを反映したものといえる．ただし，トランスポーターとアミノ酸は必ずしも 1 対 1 対応ではなく，オーバーラッ

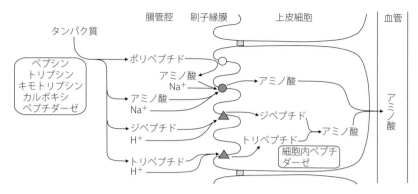

図 4-4　タンパク質の消化吸収過程
○：アミノペプチダーゼ，●：アミノ酸トランスポーター，▲：ペプチドトランスポーター．

プも見られる．なお，D- アミノ酸は受動輸送（passive transport）で吸収される
ことから，同じ種類のアミノ酸でも，L 型は D 型よりもはるかに速く吸収される．

　上皮細胞内に吸収されたアミノ酸は，単純拡散や促進拡散によって門脈血中へ
輸送される．上皮細胞内でアミノ酸が代謝されるため，可欠アミノ酸は，飼料中
アミノ酸の組成と門脈血中のアミノ酸組成が大きく異なることがある．また，小
腸上皮細胞の刷子縁膜には，アミノ酸トランスポーターだけでなくペプチドトラ
ンスポーター（消化管には PEPT1 が存在）も存在している．これはジペプチド
とトリペプチドを能動輸送するが，アミノ酸吸収と異なって駆動力として H$^+$ の
濃度勾配を利用している．ペプチドトランスポーターはペプチド構成アミノ酸に
よる基質選択性が低いことが知られている（アミノ酸を 20 種類とするとジペプ
チドの種類は 20 × 20 種類になり，もし基質選択性が高いと 400 種類のトラン
スポーターが必要になる）．吸収されたペプチドは細胞内ペプチダーゼによって
アミノ酸に分解され，単純拡散や促進拡散によって門脈血中に輸送されるが，一
部は加水分解されずにペプチド態のまま門脈血中に入る．ペプチドはそれを構成
するアミノ酸の混合物よりも速い速度で吸収されること，ペプチド輸送はアミノ
酸輸送よりもアミノ酸残基当たりの輸送エネルギーが少ないこと，およびカルシ
ウム吸収促進や血中コレステロール低下などの生理作用を持つことから，近年ペ
プチド吸収に関する研究が活発に行われている．

　以上のように，タンパク質消化産物の吸収はアミノ酸輸送系とペプチド輸送系

の 2 つによって行われるが，なぜこの 2 つが併存するかについて明確な説明はされていない．現時点で提出されている仮説は，1 つめは，アミノ酸輸送系とペプチド輸送系はアミノ酸吸収に相補的に働いている，というものである．例えば，中性アミノ酸担体には疎水性アミノ酸の優先性があるので選択性が生じるが，中性ペプチド担体にはそれがないから多種のアミノ酸を効率的に吸収することが可能である．2 つめは，アミノ酸と糖との吸収競合を避ける意味があるというものである．多くの場合，タンパク質と炭水化物は同時に摂取され，その消化産物のアミノ酸と糖の吸収は共通の駆動力[注]を利用しているため，互いに吸収を競合することになるが，ペプチド吸収は糖吸収と異なった吸収様式を持つのでお互いの吸収が競合しない．

3）糖 の 吸 収

　α - アミラーゼによるデンプン加水分解物であるマルトースとマルトトリオースは刷子縁膜のグルコアミラーゼ（glucoamylase），α - 限界デキストリンは刷子縁膜の α - 限界デキストリナーゼ（α -limit dextrinase）の作用によってさらに分解されて，単糖のグルコースになる（図 4-5）．また，ラクトースは刷子縁膜のラクターゼによって加水分解されてガラクトースを生成する（このときグルコースも生成される）．しかし，このようにして生成されたグルコースとガラクトースは，そのままの形では細胞膜を通過できない．そこで，グルコース（ガラクトース）は刷子縁膜に存在するナトリウム依存性グルコース共輸送体（sodium-dependent glucose transporter 1，SGLT1）を介して，細胞内外の Na^+ の濃度差を利用して細胞膜を通過する．吸収後，グルコース（ガラクトース）と Na^+ は担体を離れて細胞内に拡散し，グルコース（ガラクトース）は単純拡散または促進拡散によって小腸の毛細血管に入るが，Na^+ はナトリウムポンプ（ATP 利用）の作用によって速やかに細胞外へと排出される．

　一方，刷子縁膜のスクラーゼによってスクロースから生成されたフルクトース（このときグルコースも生成される）は，グルコースやガラクトースと異なった様式，すなわち腸上皮細胞に存在する GLUT5（glucose transporter 5）というト

　注）共通の駆動力…グルコースとガラクトースは一部の L- アミノ酸と同じく，細胞内外の Na^+ の濃度勾配を利用した二次性能動輸送によって取り込まれる．

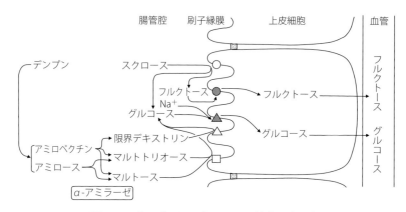

図 4-5　デンプンとスクロースの消化吸収過程
○：スクラーゼ, ●：フルクトーストランスポーター (GLUT5), ▲：グルコーストランスポーター (SGLT1), △：限界デキストリナーゼ, □：グルコアミラーゼ.

ランスポーターにより, 促進拡散で吸収される. したがって, 消化管腔からの吸収速度はグルコースよりフルクトースの方がはるかに遅く, グルコースの半分以下といわれる.

4）脂質の吸収

　小腸刷子縁膜で複合ミセルから放出された脂質消化産物（脂肪酸と 2- モノアシルグリセロール）は, 遊離の形で上皮細胞に吸収される（図 4-6）. この吸収は, エネルギーを必要としない受動輸送と見なされている. 上皮細胞内へ吸収された脂肪酸とモノアシルグリセロールは滑面小胞体でトリアシルグリセロールに再合成される. この合成経路は, 2- モノアシルグリセロールにアシル CoA がエステル化され, ジアシルグリセロールを経てトリアシルグリセロールになるというものである. これとは別に, 粗面小胞体においてグリセロリン酸からホスファチジン酸, ジアシルグリセロールを経てトリアシルグリセロールになるという経路も存在するが, これは脂質吸収においてはあまり重要ではないと考えられている.

　再合成されたトリアシルグリセロールはリン脂質, コレステロールおよびタンパク質とともに, リポタンパク質の一種であるキロミクロンへと合成され, リンパ管へと放出される. ニワトリはリンパ系の発達が悪いので, トリアシルグリセロールを多く含むキロミクロン類似のリポタンパク質に合成されたのち, 門脈血

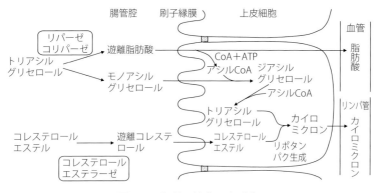

図 4-6　脂質の消化吸収過程

へ放出される．中鎖脂肪酸はそのまま門脈血中に輸送される．上皮細胞内におけるトリアシルグリセロールの再合成と放出は速やかに進行するので，細胞内の脂質濃度は管腔のそれよりも低く保たれ，受動輸送のために必要とされる濃度勾配は常に維持されている．

5）ビタミンとミネラルの吸収

　水溶性ビタミンは主として小腸上部で拡散によって速やかに吸収される．一方，脂溶性ビタミンは基本的に脂質と同じ仕組みで吸収されるために，脂質吸収の変動に伴って変化する．

　ミネラルのうち，カルシウムは小腸上部で能動輸送によって吸収され，この能動輸送は 1,25-ジヒドロキシビタミン D（活性型ビタミン D）によって促進される．カルシウムの吸収は体内でカルシウムが欠乏したときに増加し，過剰なときに減少するように調節されている．

　リンは十二指腸と小腸で能動輸送と単純拡散によって吸収され，その吸収活性はカルシウムの吸収活性と並行的に変動する．飼料中のリンとカルシウムのどちらか一方が過剰であるとき，消化管中で不溶性の塩を形成するために他方の吸収が悪くなる．したがって，飼料中のカルシウム：リンの比率は 2 ～ 1：1 に設定する必要がある．植物中のリンの多くはフィチン態で存在している．動物の消化管ではフィチン分解酵素（フィターゼ，phytase）の活性が低く，フィチンが完全に分解されないために，フィチン態リンは無機態リンよりも吸収が劣る．

　鉄は2価の状態でよく吸収されるが，3価の状態ではあまり吸収されない．飼料(特に植物飼料)中の3価の鉄イオンは胃でアスコルビン酸のような物質によって2価に還元されたのちに小腸上部で吸収され，トランスフェリンの形で輸送される．

3．消化と吸収に影響する要因

1）消化酵素阻害物質

　よく知られた消化酵素阻害物質は，トリプシン阻害物質（trypsin inhibitor）である．この物質はトリプシンの作用を阻害することによって，飼料タンパク質の消化阻害，栄養障害ならびに膵臓肥大を引き起こす．動物の飼料原料の中でトリプシン阻害物質が最も問題になるのは大豆である．トリプシン阻害物質は熱によって容易に不活性化するので，飼料原料を加熱処理すれば問題はないが，加熱するときの温度や時間が不適切であれば飼料価値を損なうので注意を要する．

2）食餌性要因

　多くの消化酵素の活性は，飼料中の栄養成分の変化に伴って変動することが知られている．炭水化物消化酵素の活性は絶食あるいは無炭水化物飼料給与によって抑制され，炭水化物再給餌によって回復する．また，タンパク質分解酵素の活性は飼料中のタンパク質含量の増加に伴って高くなることが認められている．しかしながら，このような酵素活性の変化は必ずしも消化率の変化に連動しないようである．栄養素の輸送活性も，飼料中栄養成分の影響を受ける場合がある．例えば，小腸におけるアミノ酸の輸送活性は絶食によって増加する．しかし，この活性の変化は，動物種によっては逆になることがある．

3）日 内 変 動

　小腸の消化吸収機能には動物の摂食行動に同調した日内変動があり，この変動は前述の食餌性誘導と異なったものである．例えば，ラットの二糖類消化酵素は昼間低く夜間に高くなり，このとき酵素は比活性だけでなく総活性も変動する．

この現象は酵素分子の合成速度ではなく，崩壊速度が変化することによって生じる．また，アミノ酸やペプチドの輸送活性も明確な日内リズムを示すことが認められており，これは輸送に関わるタンパク質の量が変化することによって引き起こされると考えられている．

4）日　　齢

　主要な食餌性の糖は，離乳期においてラクトースからデンプンおよびショ糖へと変化する．このときラクターゼ活性は低下し，マルターゼやスクラーゼ活性は増加するが，この酵素活性変化は食餌性要因による誘導ではなく，ホルモン制御であることがわかっている．離乳期に低下したラクターゼ活性はその後も低い値を維持するので，ラクトースを摂取しても吸収されずに腸内に滞留し，不快感や下痢などを引き起こす．この酵素の活性変化が離乳につながるといえる．成人が牛乳を飲んだあとに下痢などの症状を引き起こすこと（乳糖不耐症，lactose intolerance）があるが，これもラクターゼ活性の低下によるものである．

5）吸 収 競 合

　前述のように，アミノ酸と糖は共通の駆動力によって吸収されるので，両者が共存すると互いに吸収競合が起こる．

6）不溶性化合物の形成

　不溶性化合物の形成は，主としてミネラルの吸収において起こる．例えば，リン酸やシュウ酸はカルシウムイオンや鉄イオンと結合して不溶性化合物を形成するので，カルシウムや鉄の吸収が阻害される．また，植物に多く含まれるフィチン酸やタンニンも不溶性化合物の形成によって鉄イオンの吸収を妨げる．

◇◇◇◇◇◇◇◇◇◇◇◇◇◇◇◇◇◇◇◇ **練 習 問 題** ◇◇◇◇◇◇◇◇◇◇◇◇◇◇◇◇◇◇◇◇

　4-1．小腸におけるタンパク質や炭水化物の消化は管腔だけでなく，上皮細胞刷子縁膜でも行われる．この事象の生物学的意義について説明しなさい．
　4-2．脂質の消化において，胆汁酸塩はどのように機能するか説明しなさい．
　4-3．物質の輸送速度は，単純拡散では物質の濃度に比例するが，促進拡散では上限があり，一定以上の濃度になると上がらなくなる．その理由を説明しなさい．

第5章

栄養素の代謝

1. タンパク質の代謝

　動物の体には第2章1.「タンパク質とアミノ酸」で述べたように多様なタンパク質が存在する．体タンパク質の体重に占める割合は 15 〜 18 ％であり，それは合成される一方で分解され（代謝回転），機能が維持されている．体タンパク質と飼料（食餌）のタンパク質がどのように関連しているのかは 19 世紀から研究され，20 世紀前半に Schoenheimer, R. により成熟ラットでも体タンパク質は分解と合成を繰り返し，体タンパク質量を一定に保つためには飼料のタンパク質で補う必要があることが実験的に示された．

　飼料のタンパク質は消化管でアミノ酸またはオリゴペプチドとして吸収され，門脈血中に移行し，肝臓や骨格筋などの体組織でアミノ酸からタンパク質に再合成される．体タンパク質は分解され遊離のアミノ酸となり，消化管から吸収されたアミノ酸とともに遊離アミノ酸プールを形成する．遊離のアミノ酸は体タンパク質量が増える状態（成長，卵や乳の生産，妊娠など）では合成に使われるが，合成に必要な量を超えた場合は，アミノ基はアミノ酸から取り除かれ（脱アミノ）尿素などとして排泄され，炭素骨格はグルコースや脂肪に転換される．また，エネルギーが十分に供給されない状態では，アミノ酸は血糖値を維持するためにクエン酸回路の中間代謝産物を経てグルコースに転換される．

1）タンパク質の代謝回転

　体タンパク質は，一見量的に不変のように見えても，毎日一定量が新たに合成され，一定量が分解されていることが知られている．これを，タンパク質の動的平衡（dynamic equilibibrium）と呼び，タンパク質の合成と分解を合わせてタン

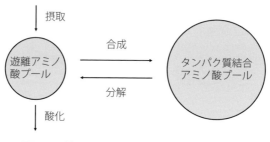

図 5-1　体タンパク質の動的状態（代謝回転）

パク質代謝回転（protein turnover）という.

　タンパク質の動的状態や代謝回転を考える場合,体内に取り込まれたアミノ酸,特にタンパク質に合成されていないアミノ酸は遊離アミノ酸プールに蓄えられると仮定する. 遊離アミノ酸は, 核内の遺伝情報に基づいてアミノ酸のペプチド結合によってタンパク質に組み込まれる. ここで, タンパク質の構成成分となったアミノ酸は, タンパク質結合アミノ酸プールに蓄えられると仮定する. 体タンパク質は, 細胞内タンパク質分解系を経て分解され, 遊離アミノ酸を生成する（図5-1）.

（1）タンパク質の合成と分解

ａ．タンパク質合成

　タンパク質合成は, ①アミノ酸の活性化, ②翻訳開始, ③ペプチド鎖伸張, ④終結, ⑤翻訳後修飾の 5 段階からなる.

　①タンパク質構成素材となる前に, 個々のアミノ酸は各アミノ酸に特異的な（個々のアミノ酸に対応する）アミノアシル tRNA 合成酵素によって, アミノアシル AMP を経て, アミノアシル tRNA を形成する（ATP を使う, ATP → AMP ＋ PPi）.

　②翻訳は, 40S および 60S リボソームからなる 80S 複合体で行われる. まず,40S リボソームと活性化した mRNA ならびに 1 番目の L-メチオニル tRNA^{Met} が複合体を形成する（GTP を使う, GTP → GDP）. その後 60S リボソームと会合し 80S 複合体となり,コドンに対応する 2 番目のアミノアシル tRNA を結合する.

　③アミノアシル tRNA は mRNA 上のコドンに対応して結合して, 1 つ前のアミ

ノ酸とペプチド結合する．1つ前のアミノ酸の tRNA が取りはずされる．80S 複合体は mRNA 上のコドンを1つずつ移動する．この過程が繰り返されて，ペプチドが伸長する．

④伸張が繰り返されて，mRNA 上に終止コドン（UAA など）が現れる．ここで伸張は停止し，ペプチド鎖は加水分解されて tRNA から遊離する（GTP を使う，GTP → GDP）．80S 複合体は 40S と 60S に解離する．

⑤種々の修飾を受けて機能を有したタンパク質になる．

b．タンパク質分解

細胞内タンパク質分解にはユビキチン・プロテアソーム系とリソソーム系がある（図 5-2）．前者は細胞機能（細胞周期，シグナル伝達など）に関わる特定のタンパク質を分解する．分解すべきタンパク質に複数のユビキチン（8.5 kDa のタンパク質）が ATP を使って酵素触媒作用で付加されたのち，プロテアソームに取り込まれて分解される．

リソソーム系のオートファジー（自食作用）は細胞内小器官の代謝回転，細胞

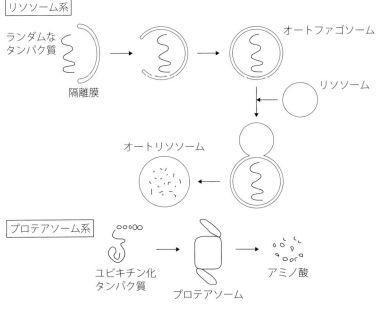

図 5-2 細胞内タンパク質分解
（菅原邦生氏 原図）

の遊離アミノ酸プールの維持，老廃物の処理のためにタンパク質を分解する．オートファジーはオートファゴソーム（分解すべきタンパク質を含む小胞）とタンパク質分解酵素カテプシンを含むリソソームが融合したあとに起こる．

それぞれの系においてタンパク質はプロテアーゼによって加水分解され，ペプチドを経て遊離アミノ酸を生成する．

c．体タンパク質の合成速度と分解速度

体タンパク質の合成速度は，体内のタンパク質の何％が 1 日に合成されるかという指標で表され，fractional protein synthesis rate（％／日）と呼ぶ．同様に，体内のタンパク質の何％が 1 日に分解されるかという指標も存在し，体タンパク質の分解速度，fractional protein degradation rate（％／日）と呼ぶ．体タンパク質の 1 日における合成量および分解量は，fractional protein synthesis rate および fractional protein degradation rate に体タンパク質量を乗じることで求めることができる．また，1 日におけるタンパク質蓄量は，次式により算出することができる．

体タンパク質蓄積量
　＝体タンパク質合成量－体タンパク質分解量

体タンパク質の量は合成量が分解量を上回るときに増加する．

通常，骨格筋のタンパク質合成速度は，数％／日から 20％／日と幅があり，動物の種，年齢，栄養条件，生理的条件，環境条件などによって影響を受けることが知られている．体タンパク質合成速度は組織の違いによっても大きく変化し，肝臓や小腸などの内臓組織のタンパク質合成速度は一般的に速く，筋肉や皮膚などのタンパク質合成速度は比較的遅い（表 5-1，5-2）．

表 5-1　種々の動物における体全体のタンパク質合成速度

動　物	タンパク質合成速度（％／日）
ニワトリ，1 週齢，80g	34
ニワトリ，4 週齢，310g	26
ウサギ	8
ヒツジ	8
ブタ，30kg	9
ブタ，60kg	7
ウシ，250kg	4

（Encyclopedia of Farm Animal Nutrition, 2nd ed., 2004 を参考に菅原邦生が作成）

表 5-2　ブタの組織における体タンパク質合成速度

組　織	タンパク質合成速度（％／日）
肝　臓	11 〜 28
胃	13 〜 23
小　腸	22 〜 53
盲　腸	27 〜 57
骨格筋	2 〜 5
心　臓	2 〜 6
皮　膚	2 〜 7

（Encyclopedia of Farm Animal Nutrition, 2nd ed., 2004 を参考に菅原邦生が作成）

表 5-3　成長速度の異なる 2 系統のブロイラーの浅胸筋の体タンパク質代謝回転

% / 日	1 週齢		2 週齢	
成長速度	小	大	小	大
蓄積速度	22	24	11	12
合成速度	40	35	28	22
分解速度	18	11	17	10

(Tesseraud, S. et al.：Poultry Science, 79:1465-1471, 2000)

　骨格筋のタンパク質分解速度も種々の因子の影響を受ける．表 5-3 は成長速度の大小で選抜されたブロイラーの浅胸筋の代謝回転を示しており，成長速度が大きいものでは分解速度が小さいことがわかる．

d．合成と分解の調節

　飼料中のタンパク質含量（g/kg）やエネルギー含量（Mcal/kg）を増やす，あるいはタンパク質またはエネルギーの摂取量を増やすと，合成速度も分解速度も上昇するが，その程度は一般的には合成速度がより大きい．ただし，組織によって反応は一様ではない．

　インスリン，甲状腺ホルモン，インスリン様成長因子 -1（IGF-1）は骨格筋のタンパク質合成を促進する．成長ホルモンは IGF-1 分泌を介して作用する．食餌の因子としてロイシンを経口投与すると，ラットやブタなどの骨格筋や肝臓において翻訳開始調節因子の活性化を通してタンパク質合成を促進する．

　過剰な甲状腺ホルモンは骨格筋タンパク質分解を促進する．糖質グルココルチコイドは飢餓状態での糖新生素材を供給するために，骨格筋タンパク質の分解を促進する．最近，グリシンなどのアミノ酸を経口投与するとニワトリの骨格筋の筋繊維タンパク質の分解を抑制することが報告された．

2）アミノ酸の代謝

　体内に取り込まれた遊離アミノ酸はタンパク質合成や非タンパク態窒素化合物の材料になる．体タンパク質が分解されて生じる遊離のアミノ酸の一部はアミノ酸代謝の過程に送られる．アミノ酸代謝過程では，アミノ基転移反応や酸化的脱アミノ反応によりアミノ酸からアミノ基が切り離され，遊離のアンモニアが生成される．アンモニアは速やかに尿素サイクルへ送られ，尿素となって体外に排泄される（図 5-3）．

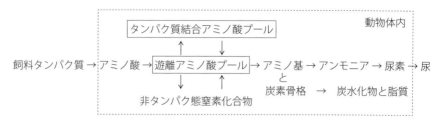

図 5-3 タンパク質およびアミノ酸の代謝の流れ

(1) アミノ基転移反応

アミノ酸のアミノ基が α-ケト酸（例えば 2-オキソグルタル酸）に移動する反応を示す．この際，元のアミノ酸から α-ケト酸が，元の α-ケト酸からアミノ酸が生成される．このアミノ基転移反応を触媒する酵素の総称は，アミノ基転移酵素（トランスアミラーゼ，アミノトランスフェラーゼ）と呼ばれる．例えば，アラニントランスアミナーゼの働きによってアラニンのアミノ基が転移すると，アラニンはピルビン酸になる．また，アスパラギン酸アミノトランスフェラーゼの働きによってアスパラギン酸のアミノ基が転移すると，アスパラギン酸はオキ

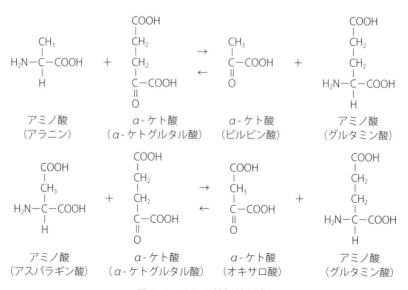

図 5-4 アミノ基転移反応

サロ酢酸になる（図 5-4）.

(2) 酸化的脱アミノ反応

　この反応は，アミノ酸を酸化してアンモニアと α-ケト酸を生成する反応である. この反応には，グルタミン酸デヒドロゲナーゼを触媒とする反応と，アミノ酸オキシダーゼを触媒とする 2 つの反応がある.

　グルタミン酸デヒドロゲナーゼは L-グルタミン酸に特異的に作用する酵素であり，補酵素としてニコチンアミドアデニンジヌクレオチド（NAD, NADP）を必要とする. この酵素は，肝臓においてアミノ酸からアンモニアを遊離させ，尿素サイクルへ送るという重要な役割を果たしている（図 5-5）.

　アミノ酸オキシダーゼは L-アミノ酸を基質とし，補酵素としてフラビンモノヌクレオチド（FMN）を必要とする反応である. しかし，大部分のアミノ酸は，トランスアミナーゼとグルタミン酸デヒドロゲナーゼを触媒とする反応で代謝されるため，アミノ酸オキシダーゼのアミノ酸代謝に関する関与は大きくないと考えられている（図 5-6）.

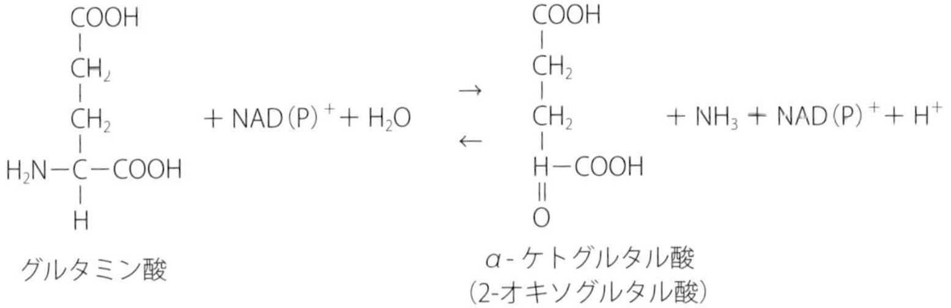

$$\begin{array}{l} COOH \\ | \\ CH_2 \\ | \\ CH_2 \\ | \\ H_2N-C-COOH \\ | \\ H \end{array} \quad + NAD(P)^+ + H_2O \quad \underset{\leftarrow}{\overset{\rightarrow}{}} \quad \begin{array}{l} COOH \\ | \\ CH_2 \\ | \\ CH_2 \\ | \\ H-COOH \\ | \\ O \end{array} \quad + NH_3 + NAD(P)^+ + H^+$$

グルタミン酸　　　　　　　　　　α-ケトグルタル酸
　　　　　　　　　　　　　　　（2-オキソグルタル酸）

図 5-5　グルタミン酸デヒドロゲナーゼによる脱アミノ反応

$$\begin{array}{l} R \\ | \\ H-C-NH_2 \\ | \\ COOH \end{array} \quad \overset{-2H}{\rightarrow} \quad \begin{array}{l} R \\ | \\ C=NH \\ | \\ C-COOH \end{array} \quad \overset{+H_2O}{\rightarrow} \quad \begin{array}{l} R \\ | \\ C=O \\ | \\ COOH \end{array} \quad + HH_3$$

α-アミノ酸　　　　　α-イミノ塩基　　　　α-ケト酸

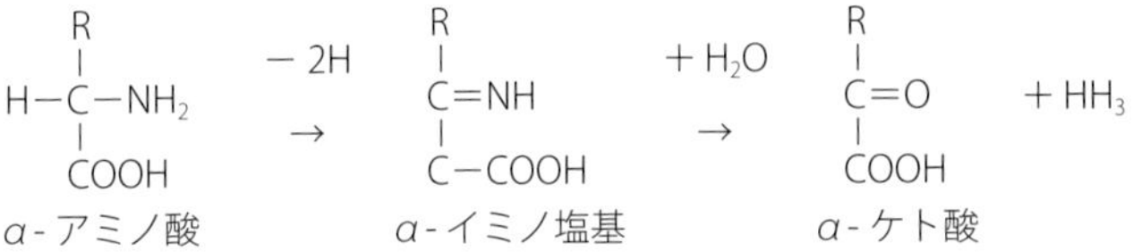

図 5-6　アミノ酸オキシダーゼによる脱アミノ反応

（3）非酸化的脱アミノ反応

水酸基を有するセリンとスレオニンは, ピリドキサールリン酸を補酵素として, それぞれヒドロキシピルビン酸および α-ケト酪酸に代謝され, その際アンモニアを生成する（図 5-7）.

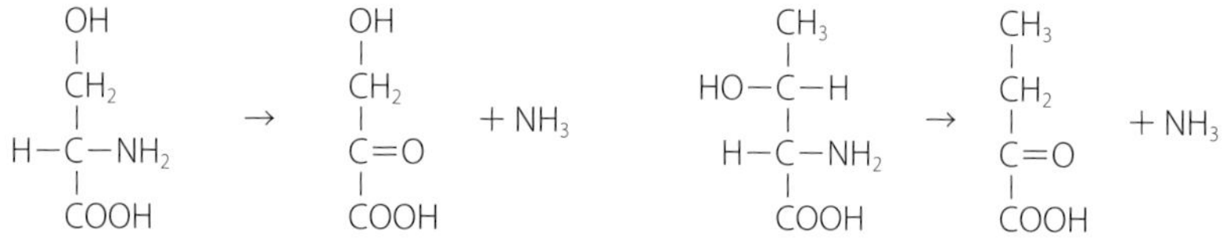

$$
\begin{array}{ccc}
\underset{\text{セリン}}{\substack{OH \\ | \\ CH_2 \\ | \\ H-C-NH_2 \\ | \\ COOH}} \rightarrow \underset{\text{ヒドロキシピルビン酸}}{\substack{OH \\ | \\ CH_2 \\ | \\ C=O \\ | \\ COOH}} + NH_3 & \quad & \underset{\text{スレオニン}}{\substack{CH_3 \\ | \\ HO-C-H \\ | \\ H-C-NH_2 \\ | \\ COOH}} \rightarrow \underset{\alpha\text{-ケト酪酸}}{\substack{CH_3 \\ | \\ CH_2 \\ | \\ C=O \\ | \\ COOH}} + NH_3
\end{array}
$$

図 5-7　セリンおよびスレオニンにおける非酸化的脱アミノ反応

（4）糖原性アミノ酸とケト原性アミノ酸

アミノ酸を構成する炭素骨格が, 代謝される過程でピルビン酸や TCA サイクルの中間代謝物に合流するアミノ酸を糖原性アミノ酸という. 糖原性アミノ酸には, すべての非必須アミノ酸とリジンおよびロイシン以外の必須アミノ酸が含まれる. これらのアミノ酸の炭素骨格は, オキサロ酢酸, ホスホエノールピルビン酸を経て糖新生経路に合流し, グルコースに変換される.

脂肪酸合成はアセチル CoA から始まるが, アミノ酸を構成する炭素骨格からピルビン酸や TCA サイクル中間代謝物を経ずにアセチル CoA を生成するアミノ酸をケト原性アミノ酸という. リジンとロイシンがケト原性アミノ酸に当たるが, イソロイシン, フェニルアラニン, チロシンおよびトリプトファンの一部もピルビン酸や TCA サイクル中間代謝物を経ずにアセチル CoA を生成することから, ケト原性アミノ酸に当たる. また, アセト酢酸以外の α-ケト酸は直接 TCA 回路に入り酸化分解されて, エネルギーは ATP に転換される. この時の ATP 産生効率はアミノ酸によってまちまちであるが（20 〜 45 %）であるが, グルコースのそれ（55 %）に比べると低い. これは排泄する窒素化合物生成に要するエネルギーを控除しているためである.

2．窒素（アンモニア）の排泄

　アンモニアは毒性が強く，高アンモニア血症の場合，意識障害や呼吸障害など
を引き起こす．したがって，アミノ酸の代謝過程において生成されたアンモニア
は解毒のため再利用可能なグルタミンのアミド窒素として固定され，必要に応じ
て非必須アミノ酸の合成のために利用される．グルタミンはグルタミンシンター
ゼによってアンモニアとグルタミン酸から ATP 存在下で主に肝臓で合成される．
過剰なグルタミンはアンモニア，尿素あるいは尿酸の形で尿として体外に排出さ
れる．

1）尿　素　合　成

　哺乳類ではアンモニアは尿素に変換され体外に排泄される．尿素は，アンモ
ニアに二酸化炭素とアスパラギン酸のアミノ基が縮合する形で生成され，この反
応は尿素サイクルと呼ばれる（図5-8）．体内で生成されたアンモニアは，細胞
内のミトコンドリアの中で，カルバミルリン酸シンセターゼ（①）の作用により
2分子の ATP を消費して二酸化炭素と結合したカルバミルリン酸に生成される．
カルバミルリン酸は，オルニチンカルバモイルトランスフェラーゼ（②）の働き
により，オルニチンと結合してシトルリンを生成する．シトルリンはミトコンド
リアから細胞質内へ移動し，アルギノコハク酸シンセターゼ（③）の作用により

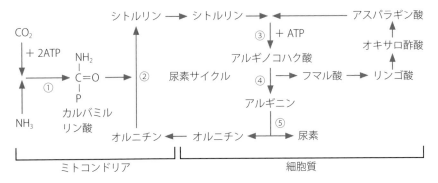

図 5-8　尿素サイクル

1分子の ATP を消費し, アスパラギン酸と結合してアルギノコハク酸を生成する. アルギノコハク酸は, アルギノコハク酸リアーゼ（④）を触媒としてフマル酸を遊離してアルギニンとなる. アルギニンは, アルギナーゼ（⑤）の作用により尿素を遊離してオルニチンに戻る. オルニチンはミトコンドリア内に移動し, 再度シトルリン合成に利用される.

2）尿 酸 生 成

　鳥類の場合にはアンモニアは尿酸の形で体外に排泄される. 尿酸は尿素やアンモニアと違って難溶性であるため, 卵中に堆積しても周りの浸透圧を上昇させることはなく, 有害な影響を与えない. これは, 胚発生期を外界と隔離された卵の中で過ごすこれらの動物の胚の生存と発育のうえで, きわめて合理的である. 尿酸の前駆物質はプリン塩基であるので, DNA の分解時にはこれに含まれるプリン塩基から尿酸が生成される. ほ乳類でも見られる尿酸の生成と排泄は, この系に由来するものである. 鳥類やは虫類にもこの系に由来する尿酸の生成と排泄はあるが, アミノ酸代謝の結果生じる窒素を排泄処理するための de novo 尿酸生成系はこれよりはるかに重要である. 尿酸は主に肝臓で合成される. アミノ酸のアミノ基転移によって生成されたグルタミン酸や脱アミノ反応によって生成されたアンモニアからいったんグルタミンが合成され, このアミド窒素がプリン核中の4つの窒素のうち2つを供給する. 他の窒素はアスパラギン酸とグリシンに由来する（図5-9）. 鳥類は尿素サイクルのカルバミルリン酸シンセターゼを欠き, アンモニアをグルタミンシンターゼの触媒でグルタミンアミドに変換している.

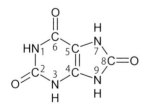

図5-9 　尿酸の構造式と各原子の由来
1：アスパラギン酸, 2, 8：C_1 ユニット, 3, 9：グルタミンアミド, 4, 5, 7：グリシン, 6：CO_2.

グルタミンシンターゼ, プリン合成の第1段階の酵素であるグルタミン -PRPP アミドトランスフェラーゼ, 最終段階のキサンチンオキシダーゼの3酵素の活性は飼料タンパク質の量が増えるにつれて上昇する. これは尿酸生成が体内の過剰窒素を処理排泄する役割を果たしていることを裏づけている. 尿酸生成は尿素生成に比べてエネルギー消費量が大きい.

3）アンモニアの排泄系

軟骨魚類のあるものを除いた魚は，アミノ酸代謝の最終産物として主にアンモニアを排泄する．このアンモニアはグルタミンからグルタミナーゼよって腎臓で生成される．

3．タンパク質の栄養

飼料（食餌）のタンパク質は消化吸収されアミノ酸として，体タンパク質由来のアミノ酸とともに遊離アミノ酸プールを形成し，タンパク質合成の素材となるので，必須アミノ酸の種類と量および比率（アミノ酸組成）が体タンパク質のそれに類似している程度が大きいほど栄養価は大きい．

1）栄養価の評価

(1) 動物の反応に基づく方法

摂取または吸収されたタンパク質（アミノ酸）は，最終的にはアミノ酸ではなく尿素などの低分子の窒素化合物として尿中に排泄されるので，両者に共通の構成成分である窒素を目印にして，量を比較する．

a．消化率

飼料のタンパク質が動物によってどの程度利用できるかを評価するには，まず消化率を用いる．消化率は飼料タンパク質（または窒素）摂取量と糞中タンパク質（または窒素）排泄量の差を飼料タンパク質（または窒素）摂取量で除した値である．

$$飼料タンパク質消化率（\%）=\frac{飼料タンパク質摂取量-糞中タンパク質排泄量}{飼料タンパク質摂取量}$$

また，可消化タンパク質量は，飼料中タンパク質含量に，飼料タンパク質消化率（％）を乗じることで計算できる．

$$可消化タンパク質量（\%）=\frac{飼料タンパク質量（\%）\times 飼料タンパク質消化率（\%）}{100}$$

b. 生　物　価

　2番目に，吸収された窒素がどの程度体内に保留されたかを評価する．これは下の式で表され生物価と呼ばれる．生物価は吸収されたアミノ酸のうち体タンパク質として体に保留されたアミノ酸の割合が多いほど高い値となる．牛乳や卵のタンパク質は必須アミノ酸の組成が体タンパク質合成に適しており，タンパク質合成の効率が高い．生物価は成長中の動物に十分なエネルギーを供給している状態で評価する．育成豚を用いて，種々の飼料タンパク質の生物価が調べられ，牛乳：95〜97，魚粉：74〜89，大豆粕：63〜76，大麦：57〜61，トウモロコシ：49〜61であった（McDonald ら：Animal Nutrition 第7版，2011）．

$$\text{生物価（biological value, BV）} = \frac{\text{蓄積窒素}}{\text{吸収窒素}} \times 100$$

　糞中には消化酵素や消化管粘膜の脱落したもの，微生物などが排泄されるが，これらは飼料に由来しない窒素（代謝性糞窒素）であるので，吸収窒素量を求める際にはこれらを補正する必要がある．また，尿中窒素中には吸収窒素とは無関係に排泄される窒素（内因性尿窒素）が含まれているので，尿中排泄窒素量を求める際にはこれらを控除する必要がある．

$$\text{吸収窒素} = \text{摂取窒素} - （\text{糞中排泄窒素} - \text{代謝性糞窒素}）$$

$$\text{蓄積窒素} = \text{吸収窒素} - （\text{尿中排泄窒素} - \text{内因性尿窒素}）$$

　生物価は以下の式で表すことができる．

$$\text{生物価} = \frac{\text{摂取窒素} - （\text{糞中排泄窒素} - \text{代謝性糞窒素}） - （\text{尿中排泄窒素} - \text{内因性尿窒素}）}{\text{摂取窒素} - （\text{糞中排泄窒素} - \text{代謝性糞窒素}）}$$

c. 窒 素 出 納

　窒素出納（nitrogen balance）は，摂取した窒素量（摂取窒素量）から体外に排泄された窒素量（排出窒素量）を差し引いた窒素量を示す．排出窒素の大部分は，尿中と糞中に排泄される．一部の窒素は，皮膚や羽毛として排出されるが，その量は尿中窒素量および糞中窒素量に比べて少ない．また，摂取窒素量と排出窒素量が等しい場合を窒

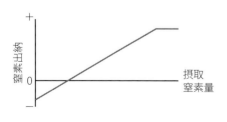

図5-10　窒素摂取量と窒素出納との関係

素平衡，摂取窒素量が排出窒素量より多い場合を正の窒素出納，摂取窒素量が排
出窒素量より少ない場合を負の窒素出納であるという（図 5-10）．家畜ではこの
指標を用いることが多い．

窒素出納＝摂取窒素量－排出窒素量

正の窒素出納：窒素出納＝摂取窒素量－排出窒素量＞ 0

負の窒素出納：窒素出納＝摂取窒素量－排出窒素量＜ 0

（2）成分含量に基づく方法

a．粗タンパク質

飼料中の窒素をアンモニアの形に変換して中和滴定で窒素量を求め，これに
6.25 を乗じた値を粗タンパク質（crude protein），これの飼料中含量を百分率
で示したものを粗タンパク質含量（％）という．多くのタンパク質は窒素を約
16 ％含むので，窒素の量に逆数の 100/16 を乗じて算出する．ただし，アミノ
酸の脱水縮合したペプチド以外の窒素化合物（アミノ酸，アミドなど）も含む．

b．ケミカルスコア

粗タンパク質はタンパク質の中身（アミノ酸組成）を示すものではない．タン
パク質の質を飼料タンパク質のアミノ酸組成と基準とするアミノ酸組成（例えば
全卵，100 とする）を比較し評価する．基準のアミノ酸に比べて不足する程度

表 5-4　小麦粉と大豆タンパク質のケミカルスコア

	全卵（A）	小麦粉（B1）		大豆（B2）	
	mg/g タンパク質	mg/g タンパク質	B1/A×100	mg/g タンパク質	B2/A×100
アルギニン	64	39	61	81	127
イソロイシン	55	39	71	51	93
ロイシン	88	75	85	82	93
リジン	72	26	36*	62	86
メチオニン	59	46	78	33	56*
フェニルアラニン	93	83	89	95	102
スレオニン	46	28	61	41	89
トリプトファン	15	12	80	14	93
バリン	68	44	65	52	76
ヒスチジン	25	25	100	30	120

アミノ酸含量は日本食品アミノ酸表から引用した．＊小麦粉ではリジン，大豆ではメチオニンが第一制
限アミノ酸で，ケミカルスコアはそれぞれ 36 と 56 である．

（喜多一美，2015）

が最も大きいアミノ酸（第一制限アミノ酸）の百分率をそのタンパク質のケミカルスコアという（表5-4）．全卵の必須アミノ酸を基準とするものは卵価という．ケミカルスコアはおおむね生物価と正の相関関係がある．

例）大豆タンパク質…メチオニンが第一制限アミノ酸

トウモロコシ…リジンが第一制限アミノ酸

(3) タンパク質要求量

タンパク質要求量（protein requirement）を求めるためには，飼養試験または代謝試験を行い，家畜および家禽のタンパク質代謝量を測定し，これより必要とする飼料タンパク質量を逆算する．飼養試験では，動物種別，年齢（週齢，月齢）別，生産目的別，品種別に長期間の飼養試験を反復し，その結果から最も適したタンパク質必要量を決定する．飼養標準に記載されている値は，家畜の増体量，飼料摂取量，飼料効率などを指標として多数の研究成果より導き出されたものである．生物を用いた試験では一般的に変動係数，標準偏差はかなり大きい．要求量の推定法はいくつかある．例えば，95％信頼区間を用いる場合，目標値に対応する95％信頼限界の下限をとれば目標達成の確実性は高い．目標値に対応する95％信頼限界の上限をとれば，経済性を考慮しつつ目標値を期待する要求量

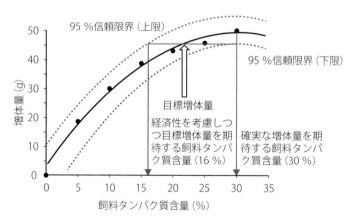

図 5-11　飼料タンパク質含量と増体量の変化からタンパク質要求量を求める方法
95％信頼限界とは，真の値がエラーバー（信頼区間）の範囲内に含まれていない確率が5％しかない．

となる（図 5-11）.

2）アミノ酸の栄養

(1) 必須アミノ酸

植物や微生物の多くは，体を構成するタンパク質の材料となる 20 種のアミノ酸を合成できる．一方，動物ではタンパク質合成に必要なアミノ酸の約半分は，体内で全くあるいは十分に合成することができない．このようなアミノ酸は飼料から摂取しなければならず，必須アミノ酸（essential amino acids）または不可欠アミノ酸という．一方，体内で十分に合成できるものは非必須アミノ酸（non-essential amino acids）または可欠アミノ酸という．表 5-5 に代表的な家畜とヒトの必須アミノ酸をまとめて示す．

メチオニンの 40 %（ブタでは 50 %）はシスチンで，フェニルアラニンの 30 %（ブタでは 50 %）はチロシンで代替できる．

アルギニンは肝臓の尿素サイクルや腎臓で合成されるため，哺乳類では一般に成長期のみ必須である．尿素サイクルを持たない鳥類や，尿素サイクルが不活発なネコではアルギニンが必須である．

ニワトリにおいて，グリシンは 3-グリセロリン酸から合成されるが，組織の成長や尿酸合成に必要な量を十分に供給できない場合があるため，必須アミノ酸である．また，セリンはグリシン合成の中間代謝産物であり，グリシンと可逆的

表 5-5 各種動物における必須アミノ酸

	ウ シ	ブ タ	ニワトリ	ラット	ヒ ト
グリシン	×	×	○	×	×
アルギニン	×	○	○	○	○
ヒスチジン	×	○	○	○	○
イソロイシン	×	○	○	○	○
ロイシン	×	○	○	○	○
リジン	×	○	○	○	○
メチオニン	×	○	○	○	○
フェニルアラニン	×	○	○	○	○
スレオニン	×	○	○	○	○
トリプトファン	×	○	○	○	○
バリン	×	○	○	○	○

○：必須アミノ酸，×：非必須アミノ酸.

に転換可能であるため，グリシンのかわりにセリンを供給してもよい.

　プロリンは体内でグルタミン酸から合成可能であるが，ニワトリ，中でもブロイラーの成長はきわめて早い（孵化時約 40 g，49 日齢時約 3,200 g）ため，ブロイラーについてはプロリンも必須となる. ウシは反芻胃を持ち，そこに生息する微生物が合成するタンパク質に含まれるアミノ酸を利用できるので，表 5-5 にはすべてのアミノ酸に × が付いている. しかし，ウシ自体はこれらのアミノ酸の十分な量を合成できない.

(2) 必須アミノ酸のバランス

　食餌または飼料中のタンパク質が体タンパク質合成に効率的に利用されるためには，必須アミノ酸の種類と量だけでなくアミノ酸の相対的な量も重要である. ある飼料の特定の必須アミノ酸（例えばリジン，種々のタンパク質に含まれるリジン量の総和）が要求量を満たしていない場合，リジンが不足しているという. これとは逆に要求量を上回っている状態は過剰と定義される. メチオニンの過剰は他のアミノ酸に比べて害作用が大きい. さらに，化学的性質や構造が類似している 2 種類以上の必須アミノ酸の間に相互作用が生じることがある. ニワトリにおいて飼料中リジンの過剰がアルギニン分解を促進してアルギニンの不足を招く状態をリジン・アルギニン拮抗という. ブタでは分枝鎖アミノ酸（ロイシン，イソロイシン，バリン）の拮抗が見られ，これらのうち 1 種類のアミノ酸が過剰になると，他の 2 種類の異化が進み，不足になる.

　低タンパク質飼料を成長期の動物に給与した場合，比較的少量のアミノ酸を飼料に添加すると害作用が認められる場合があり，これをアミノ酸インバランスと呼ぶ. すなわち，低タンパク質飼料に第一制限アミノ酸以外のアミノ酸を添加することによって飼料摂取量が低下して成長速度が抑えられるが，第 1 制限アミノ酸を補給すると成長が回復する. また，最近の研究から，飼料を制限すると寿命が延びる場合があることが報告されている. この場合，繁殖に必要なエネルギーや栄養素が生命維持に回されるが，この状態で飼料へメチオニンを少量添加すると寿命延長はそのままで繁殖能力が回復することが示され，これも一種のアミノ酸インバランスであると考えられている.

（3）アミノ酸の補足効果

　家畜生産においてタンパク質を供給する飼料は生産物の量と質の維持に重要であるが，コストが大きいので経済的な生産のためにはできるだけ使用量を少なくすることが望ましい．また，排泄物中の窒素化合物は河川などの富栄養化の一因となるので，飼料に由来する排出量を低減することが求められている．これに対応する方法として，ニワトリやブタでは飼料のタンパク質含量を飼養標準推奨値より下げ，不足する必須アミノ酸を飼料添加物として補給することが行われている．例えば，育成前期のブロイラーに粗タンパク質含量21 ％の飼料と粗タンパク質含量19 ％で必須アミノ酸を添加した飼料を与えて窒素出納を比較すると，摂取した窒素1 gのうち排泄される量は前者で0.37 g，後者は0.28 gとなり，0.09 g少なくできる（Yamazakiら，1998）．これは，あるタンパク質（グルテン）に制限アミノ酸（リジン）または他のタンパク質（大豆タンパク質など）を添加すると栄養価が改善されるという補足効果に基づくものである．必須アミノ酸の添加によって，体タンパク質合成に用いられないアミノ酸の量を少なくして，尿素や尿酸に変換される量を抑えることができる．

4．エネルギーの産生と利用

1）栄養素からのATP合成とATP利用の概要

　細胞は秩序を生み出して維持していくために，常にエネルギーを生成する必要がある．このエネルギーは食物分子から出され，運搬体分子の化学結合エネルギーとして生成および貯蔵される．活性型運搬体分子の代表例として，NADH（還元型ニコチンアミドアデニンヌクレオチド），アセチルCoAおよびアデノシン三リン酸（ATP）があげられ，食物分子由来のエネルギーはこれらのいずれかに貯蔵され，利用される．タンパク質，炭水化物および脂肪は，図5-12に示すように主に4つの反応経路によってCO_2，H_2OおよびNH_3に酸化されるが，その過程でNADH，アセチルCoAなどの活性型輸送体分子の生成を経てATPが合成される．まず第1段階として，タンパク質，炭水化物および脂肪は細胞外においてアミ

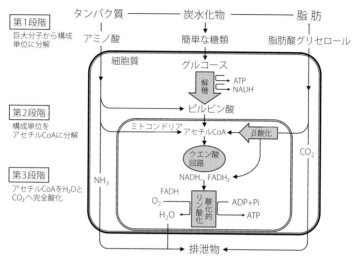

図 5-12　栄養素の代謝
(「Essential 細胞生物学」, p.109 を参考に作図)

ノ酸, 糖類, 脂肪酸＋グリセロールなどの構成単位にそれぞれ分解される. 次に第2段階として, アミノ酸はピルビン酸あるいはアセチル CoA に, 糖類はグルコースへ変換したのち, 解糖系によってピルビン酸に, 脂肪酸は β 酸化によってアセチル CoA にそれぞれ代謝される. β 酸化を除き, ここまでの反応は主に細胞質（サイトゾル）で起こる. ピルビン酸は輸送タンパク質を介してミトコンドリ

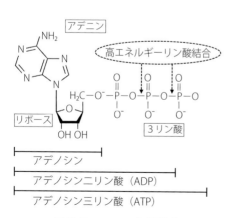

図 5-13　ATP の化学構造

アマトリックスに取り込まれ, ここでアセチル CoA のアセチル基にかわる. 第 3 段階として, アセチル CoA はクエン酸回路の代謝産物の 1 つであるオキサロ酢酸と反応したのち, クエン酸回路に取り込まれる. クエン酸回路における代謝過程では NADH あるいは FADH$_2$（還元型フラビンアデニンジヌクレオチド）活性型輸送体分子が次々と生成され, これらが酸化的リン酸化過程で酸化され, 最終的に ATP

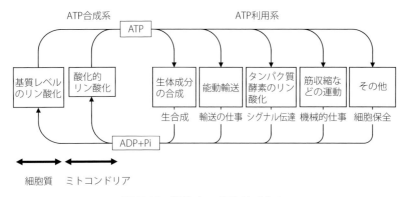

図 5-14　細胞内の ATP サイクル

が合成される．細胞には約 10^9 個 の ATP が存在し，この ATP は 1 〜 2 分で完全に分解して新しいものに置換する．これは，細胞当たり毎秒約 10^7 個の ATP 分子の消費に相当しており，60 kg 生体に換算すると毎分約 1 g の ATP 消費に当たる．全体として，食物分子のエネルギー（H_2O や CO_2 への酸化で得られる）の約半分が補捉され，ADP（アデノシン二リン酸）から ATP を合成するリン酸化反応に使われることになる．このように，生体では生命を維持するために絶えず ATP を利用しては再生しており，高度に組織化された ATP サイクルが生命維持のために働いている（図 5-14，ATP 利用系の詳細は 5)「ATP の利用の全容」を参照）．

　ATP はエネルギーの通貨とも呼ばれる生物に共通な化学エネルギーの伝達体で，生体内では絶えず ATP を利用して生命活動を営んでいる．細胞が ATP を利用するには，ATP の加水分解の自由エネルギー変化量が大きな負の値になっていなければならず，細胞では ADP の濃度に比べて ATP の濃度が 10 倍以上高く維持され，細胞での自発的には起こらない反応に，化学エネルギーを供給して反応を進める．ATP の化学エネルギーは細胞の化学的合成（体成分，牛乳，卵などの生産），機械的運動（筋収縮など）を行うために利用される．ATP は，アデニンにリボースが結合したアデノシンを基本構造として，リボースにリン酸基が結合し，さらにリン酸がもう 2 分子連続して結合した構造をとる．ATP からリン酸基がとれ，ADP が生成され，このときの標準自由エネルギー変化は -7.3 kcal/モルになる（図 5-13）．

2）ATP 合成の仕組みの全容

（1）基質レベルのリン酸化反応

　生体における ATP 合成の仕組みは大きく 2 つに分けられる（図 5-14）．その 1 つは酵素反応で生成した高エネルギーリン酸化合物から ADP へのリン酸基転移反応，いわゆる基質レベルのリン酸化による ATP の合成である．この合成系ではミトコンドリア二重脂質膜構造のような特別な装置は不要である．ブドウ糖

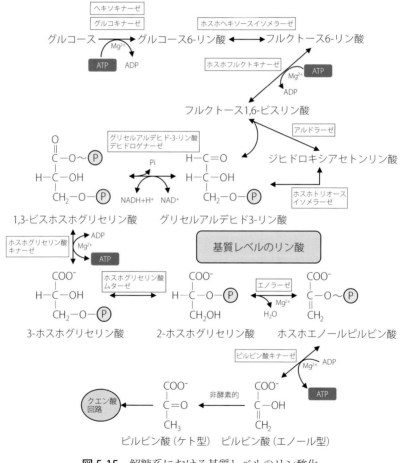

図 5-15　解糖系における基質レベルのリン酸化
（「イラストレイテッド ハーパー・生化学」，p.145 を参考に作図）

が嫌気的に分解されて乳酸になる解糖系において，六炭糖は五炭糖のフルクトースへの変換を経て，2 分子の三炭糖誘導体，グリセルアルデヒド 3- リン酸にかわる．この化合物がグリセルアルデヒド -3- リン酸デヒドロケナーゼによって酸化（脱水素）されて 1,3- ジホスホグリセリン酸となるときの酸化のエネルギーはこの化合物のリン酸結合に保存され，続くホスホグリセリン酸キナーゼの働きで ADP をリン酸化するのに使われる（図 5-15）．この反応後，結合するリン酸の位置がかえられて，脱水が生じたのち，ホスホエノールピルビン酸となる．この分子は生体で見出される最高の高エネルギー化合物である．ホスホエノールピルビン酸がピルビン酸（エノール型）になる過程で，リン酸はピルビン酸キナーゼの働きによって ADP に転移して ATP が合成される．その後，エノール型のピルビン酸は非酵素的に，安定なケト型のピルビン酸になる．解糖系の過程では 1 モルのグルコースが 2 分子のグルセルアルデヒド 3- リン酸になるまでに 2 モルの ATP が消費され，1 分子のグリセルアルデヒド 3- リン酸がピルビン酸になるまでに 2 モルの ATP が合成されるため，正味 2 モルの ATP が生産される（図 5-15）．

(2) 酸化的リン酸化反応

もう 1 つの ATP 合成の様式は膜構造の存在を必須とし，電子伝達鎖と無機リン酸の ADP への結合が共役する酸化的リン酸化である．この反応は，クエン酸回路や β 酸化で生成された NADH や $FADH_2$ の還元当量が酸化されて放出される高エネルギー電子（e^-）が電子伝達鎖を移動することから始まる．ミトコンドリア内において，NADH や $FADH_2$ はピルビン酸が脱水素酵素により加水分解されアセチル CoA を生成するときや，アセチル CoA がクエン酸回路で代謝されたときに産生する（図 5-16）．脂肪酸の β 酸化においても，NADH および $FADH_2$ が産生され，また β 酸化の最終産物であるアセチル CoA がクエン酸回路で代謝されるときにおいても前記と同様に還元当量が生成される．

NADH あるいは $FADH_2$ の酸化によって発生した電子は，ミトコンドリア電子伝達鎖複合体 I，III，IV 間（NADH 酸化の場合）あるいは II，III，IV 間（$FADH_2$ 酸化の場合）をそれぞれ酸化還元電位に従い，低いところから高いところへと移動する（図 5-17）．ミトコンドリア電子伝達鎖は，複合体 I（NADH- ユビキ

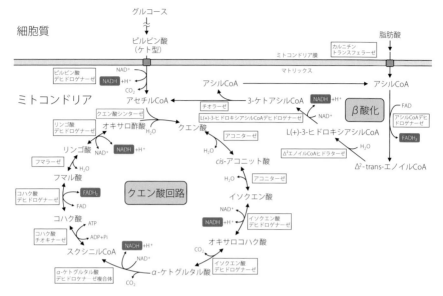

図 5-16　クエン酸回路および脂肪酸 β 酸化における還元当量の生成
（「イラストレイテッド ハーパー・生化学」，p.138，p.192 を参考に作図）

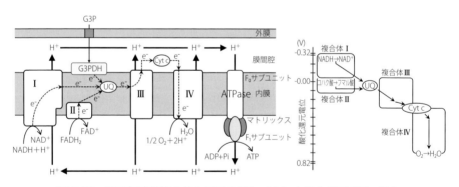

図 5-17　電子伝達鎖複合体と電子の流れ（左）と酸化還元電位（右）
G3P：グリセロール 3- リン酸，G3PDH：グリセロール 3- リン酸デヒドロゲナーゼ，
UQ：ユビキノン，Cyt c：シトクロム *c.*（「新ミトコンドリア学」，p.8 ～ 9 を参考に作図）

ノン酸化還元酵素），複合体Ⅱ（コハク酸 - ユビキノン酸化還元酵素），複合体Ⅲ
（ユビキノール - シトクロム *c* 酸化還元酵素），複合体Ⅳ（シトクロム *c* 酸化酵素）
で構成されている．複合体ⅠとⅢおよび複合体ⅡとⅢの間の電子伝達は，脂溶性
のユビキノン（補酵素 Q，UQ）で連結され，複合体ⅢとⅣの間は膜間腔に存在

するシトクロム c で連結されている．NADH の酸化は複合体Ⅰで行われ，その電子はユビキノンを還元する．還元型ユビキノン（ユビキノール）は複合体Ⅲに移動し，電子が受け渡される．複合体Ⅲの電子はその後，シトクロム c に伝達され，この還元型シトクロム c から複合体Ⅳに電子が伝達され，最終段階で電子は酸素分子 O_2 に付加して，そこで生じた負の電荷をプロトンで中和して H_2O となる．一方，$FADH_2$ の酸化は複合体Ⅱで行われる．コハク酸から得られた $FADH_2$ はユビキノンを還元し，ここで生じた還元型ユビキノンは NADH 酸化過程と同様に複合体Ⅲ，シトクロム c を経て，最終的に複合体Ⅳにおいて O_2 と結合する．これらの電子伝達過程において，複合体Ⅰ，ⅢおよびⅣによってプロトンがマトリックスから外膜と内膜のスペースである膜間腔に輸送され，内膜を隔てたプロトン勾配，すなわち電気化学ポテンシャルが形成される．この膜間電気エネルギーは 1 cm の厚さの絶縁体に 21 万ボルトの電圧をかけるのに等しい大きさである．複合体Ⅴとも呼ばれる ATP 合成酵素（F_0F_1-ATPase）は，プロトン勾配に従ってプロトンが膜間腔からマトリックスに流入する際に遊離する自由エネルギーを用いて ADP と無機リン酸から ATP を合成する．F_0F_1-ATPase の F_1 サブユニットはミトコンドリアマトリックスに突き出た構造をしており，ATPase 活性を有している．一方，F_0 サブユニットは内膜においてプロトンチャネルを形成している．プロトンが F_0 サブユニットを透過した際に発生した自由エネルギーにより F_1 サブユニットのコンホメーション変化が起こり，分子モーターとして駆動することで ATP が合成される．

3）ATP 合成の化学量

　1分子の NADH からは 2.5 分子，$FADH_2$ から 1.5 分子の ATP がそれぞれ生産される．これに従って，解糖系とクエン酸回路での NADH や $FADH_2$ の産生量を含めて，グルコースが酸化分解される過程で産生される正味の ATP 量を計算すると，グリセルアルデヒド 3- リン酸から生成された NADH がグリセロール 3-リン酸シャトルによってミトコンドリアに輸送された場合（後述）において，グルコース 1 分子よりほぼ 30 分子の ATP が得られることになる（図 5-18）．

　さらに，β 酸化とクエン酸回路によるパルミトイル CoA 1 分子の酸化によって，108 分子の ATP が合成されることになる（表 5-6）．1 分子のパルミトイル

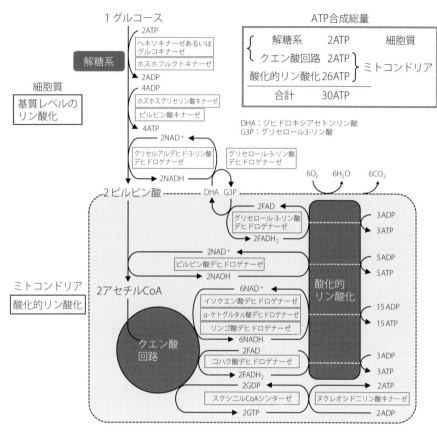

図 5-18 細胞内で生成される還元当量と ATP 合成総量

表 5-6　パルミトイル CoA 1 分子の酸化から生じる産物		

ミトコンドリアにおける β 酸化およびクエン酸回路
　　1 パルミトイル CoA → 8 アセチル CoA ＋ 7NADH ＋ 7FADH$_2$
　　　　8 アセチル CoA → 24NADH ＋ 8FADH$_2$ ＋ 8GTP
　小計
　　1 パルミトイル CoA → 31NADH ＋ 15FADH$_2$ ＋ 8GTP

	生成量	ATP 換算	
NADH	31	77.5	換算係数
FADH$_2$	15	22.5	$\left(\begin{array}{c} 2.5ATP/NADH \\ 1.5ATP/FADH_2 \end{array} \right)$
GTP	8	8.0	
		108.0	

CoA より，8 アセチル CoA，7NADH および 7FADH$_2$ が生成し，このうち 8 アセチル CoA から 24NADH，8FADH$_2$ および 8GTP が生成する．したがって，1 分子のパルミトイル CoA より 31NADH，15FADH$_2$ および 8GTP が生成し，108 分子の ATP が合成される（8GTP はヌクレオシド 2 リン酸キナーゼにより 8ATP になる）．

4）解糖系で生成された NADH は？

　解糖系で生成された NADH はミトコンドリア内膜を通過できないため，直接電子伝達系への電子供与体として機能することはない．細胞質の NADH のミトコンドリアへの伝達は，いくつかの物質を仲介したシャトル機構によって行われる（図 5-19）．

(1) リンゴ酸 - アスパラギン酸シャトル
本機構は肝臓，腎臓，心臓などに見られ，リンゴ酸とアスパラギン酸を仲介物

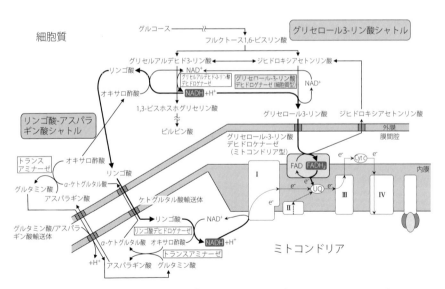

図 5-19　リンゴ酸 - アスパラギン酸シャトルとグリセロール 3- リン酸シャトル

　Ⅰ：複合体Ⅰ，Ⅱ：複合体Ⅱ，Ⅲ：複合体Ⅲ，Ⅳ：複合体Ⅳ.（「一目で分かる代謝学」，p.8 ～ 9；「イラストレイテッド ハーパー・生化学」，p.105 を参考に作図）

質とし，細胞質で生成された NADH の還元力をミトコンドリア内の NADH に変換する．細胞質において，グリセルアルデヒド -3- リン酸デヒドロゲナーゼによって生成された NADH の電子とプロトンがオキサロ酢酸に伝達され，リンゴ酸が生じ，これがケトグルタル酸交換輸送体によってミトコンドリアに流入する．ミトコンドリア内のリンゴ酸デヒドロゲナーゼによってリンゴ酸内の電子とプロトンが NAD$^+$ を還元し，NADH ならびにオキサロ酢酸が再形成される．NADH はミトコンドリア電子伝達系に移動し，オキサロ酢酸はグルタミン酸と合わせてトランスアミナーゼ（アミノ基転移酵素）の作用により α- ケトグルタル酸ならびにアスパラギン酸に変換する．これらは，ケトグルタル酸交換輸送体ならびにグルタミン酸 / アスパラギン酸輸送体を介してそれぞれリンゴ酸ならびにグルタミン酸と交換するかたちで細胞質に輸送され，再度，トランスアミナーゼの作用によりオキサロ酢酸とグルタミン酸に再変換され，それぞれ細胞質 - ミトコンドリアを行き来する回路が形成される．

（2）グリセロール 3- リン酸シャトル

　本機構は骨格筋や脳細胞に見られ，細胞質においてグリセルアルデヒド -3- リン酸デヒドロゲナーゼによって生成した NADH およびプロトンが細胞質におけるグリセロール -3- リン酸デヒドロゲナーゼの働きによってジヒドロキシアセトンリン酸に伝達された結果，グリセロール 3- リン酸が生成される．これはミトコンドリア内膜に局在するグリセロール -3- リン酸デヒドロゲナーゼによってグリセロール 3- リン酸の電子とプロトンはその酵素の補欠分子族 FAD に伝達され，FADH$_2$ が生成する．この FADH$_2$ は UQ を介して電子伝達系に移動する．ミトコンドリアにおけるグリセロール 3- リン酸の代謝の過程でジヒドロキシアセトンリン酸が再形成されるが，これは細胞質に戻り，回路を形成する．

5）ATP の利用の全容

（1）生体成分の合成

　分子量の小さい化合物から動物体や生産物中のグリコーゲン，タンパク質，脂肪などを合成するには，ATP の分解反応で放出されるエネルギーの供給を必要とする．グリコーゲンが合成される際にグルコース，フルクトース，マンノース

などのヘキソース（六炭糖）を用いた場合は 2 モルの ATP が，プロピオン酸を用いた場合は 5 モルの ATP が消費される．アミノ酸からタンパク質が合成される際には，アミノ酸残基 1 モル当たり 4 モル相当の ATP が消費される．トリパルミチンを合成するには，グリセロール 3- リン酸 1 モルとパルミチン酸 3 モルが必要で，グリセロール 3- リン酸 1 モルを合成するには 0.5 モルのグルコースと各 1 モルの ATP と NADH，すなわち計 4 モルの ATP を，またパルミチン酸 1 モルを合成するには，アセチル CoA を出発物質とすると 8 モルのアセチル CoA，7 モルの ATP と 14 モルの NADPH，すなわち計 63 モル相当の ATP を消費する．

（2）能 動 輸 送

イオンや代謝物のエネルギー依存性輸送は ATP の加水分解と共役している．Na^+/K^+-ATP アーゼは能動輸送系に最も広く分布しており，ATP の加水分解で得られたエネルギーを用いて，Na^+ を細胞内から細胞外へ，K^+ を細胞外から細胞内へ，それぞれの濃度勾配に逆らって輸送する．これにより細胞内の K^+ 濃度は高く，Na^+ 濃度は低く保たれている

（3）タンパク質のリン酸化

細胞内における種々の反応経路におけるシグナル伝達においても，ATP は利用される．シグナル分子のほとんどはタンパク質であり，これはシグナルを受け取ると活性化する分子スイッチとして働く．シグナルタンパク質分子の活性化はキナーゼ（リン酸化酵素）によって ATP のリン酸基をタンパク質に付加することで起き，これがシグナル分子間で繰り返されることでシグナルが伝達される．シグナルタンパク質分子のリン酸基はホスファターゼ（脱リン酸化酵素）によってリン酸基が除去され，不活性型に戻る．このような ATP を利用したシグナル伝達以外にも，ATP そのものから合成した環状 AMP（cAMP）がシグナル伝達分子になる場合もある．環状 AMP はアデニル酸シクラーゼによって ATP から 2 分子のリン酸が除かれ，残っているリン酸の遊離末端を ATP 分子の糖に結合する環状化反応によって生成される．環状 AMP は主にアドレナリンやグルカゴンなどのホルモン伝達時の細胞内シグナル伝達において，セカンドメッセンジャーとして働く．

（4）筋収縮などの運動

　筋肉は化学エネルギーを機械的エネルギーに変換することで，その収縮・弛緩運動が支えられている．筋肉が収縮して弛緩する 1 サイクルの間に 3 つの ATP 要求過程がある．筋細胞の筋原繊維の周囲をとりまく筋小胞体から Ca^{2+} が放出されることで筋収縮が生じる．このとき，ミオシン頭部に結合した ATP が加水分解される際に生じたエネルギーにより，ミオシン頭部が大きなコンホメーションの変化を起こして，サルコメアの中央へ向かってアクチンを引っ張ることで筋線維の収縮が生じる．筋弛緩はミオシン - アクチン複合体に ATP が結合し，アクチンを遊離することで生じる．また，筋弛緩時においては，筋小胞体内腔への Ca^{2+} の輸送も行われ，この際に Ca^{2+}-ATPase による ATP の加水分解エネルギーが利用される．細胞内の ATP 濃度が下がるとアクチンの遊離ならびに筋小胞体への Ca^{2+} への輸送が低下するため，筋収縮が持続した状態になる．筋収縮の機械的エネルギーを供給するのに使われる ATP の量は莫大で，活動中の筋肉でイオン濃度勾配を再形成する ATP 量を大きく上回る．

（5）そ　の　他

　細胞機能を維持するためには，古くなった，あるいは損傷を受けたタンパク質分子を除去する必要があるが，このときも ATP のエネルギーが利用される．タンパク質分解システムの 1 つであるユビキチン・プロテアソーム系は，タンパク質にユビキチンを付加し，これを選択的に酵素分解するが，ユビキチンのユビキチン活性化酵素への転位ならびにプロテアソームにおける標的タンパク質の立体構造をほどく際に ATP が利用される．

　細胞内で発生した活性酸素の除去においても，ATP あるいは NADH，NADPH（還元型ニコチンアシドアデニンジヌクレオチドリン酸）が間接的に利用される．細胞内で発生した過酸化水素を除去するためにアスコルビン酸が利用されるが，その際に生じたモノデヒドロアスコルビン酸が再度アスコルビン酸に戻る際に NADH が電子供与体として利用される．また，モノデヒドロアスコルビン酸が不均化して生じたデヒドロアスコルビン酸は還元型グルタチオンによって同様にアスコルビン酸に戻るが，この際に生じた酸化型グルタチオンが還元型に戻る際に

電子供与体として利用されるのが NADPH である．また，グルタミン酸，システイン，グリシンからグルタチオンが生合成される反応においても，ATP が利用されることから，抗酸化機構においても ATP は重要な役割を担っている．

5．エネルギー代謝

　動物における栄養 - 栄養素の摂取，吸収，代謝，排泄 - を，栄養素の燃焼熱と動物に由来する熱の観点から把握する．

1）動物のエネルギー要求

　動物は種々の組織や器官から構成され，これらの形態と機能を維持するため，構成素材（主にタンパク質）とともにエネルギーを必要とし，これらを体外から食物（栄養成分）として摂取しなければならない．食物は植物が太陽のエネルギーを用いて，水と大気中の二酸化炭素から合成した炭水化物などであり，動物自身ではこのような合成ができない．地球上では水素，炭素，酸素，窒素などの元素は循環し，繰り返し利用されるが，太陽の光エネルギーは植物の生産物に固定され，動物に利用されたのち，熱として放散され，さらに水循環によって地球外の宇宙空間に放射され，散逸していく．

　Lavoisier は 18 世紀末に，動物熱が動物の体内における有機物（栄養成分）と酸素の結合（酸化）によって生じるものであることを記述した．動物の体内で起こる酸化分解は物質の燃焼と同一の現象であるが，ろうそくが燃えて光と熱エネルギーが発生するような爆発的なものではなく，酵素が触媒する数多くの生化学反応を経て，徐々にエネルギーを取り出し，アデノシン三リン酸（ATP）を生成するものである．この反応では ATP に転換されるエネルギーは 50 ％未満であり，残りは熱になってしまう．また，体内における種々の仕事，吸収，合成，輸送，分泌，筋収縮などに使われた ATP のエネルギーは最終的には熱エネルギーになる．これらの動物体内で生じた熱は動物が消費したエネルギーに等しく，その量をエネルギー消費量（熱産生量）という．

2）飼料エネルギーの利用形態（分配）

　飼料が動物に供給できるエネルギーは飼料固有の化合物の組成に依存するが，それを動物が利用できる程度は動物の能力によって変動する．飼料が摂取されたあと，動物に利用される部分とされない部分とを区分けして，図 5-20 に示した．また，摂取した飼料のエネルギーが動物の体を通して分配される様子を図 5-21 に示した．

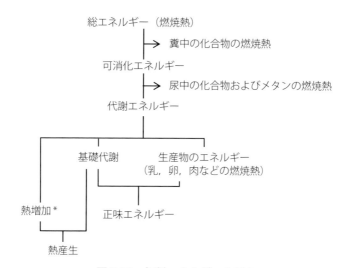

図 5-20　飼料エネルギーの行方
* 飼料摂取による熱増加，活動および体温調節の熱増加.
燃焼熱は断熱型ボンブ熱量計で測定できる．熱増加と基礎代謝は動物熱量測定（呼吸試験など）によって測定する.

（1）総エネルギー

　飼料が動物に供給できるエネルギー量（熱力学では内部エネルギーに相当する）は，断熱型ボンブ熱量計（図 5-22）で測定される燃焼熱（combustible heat）として評価することができる．これは今日，動物体内で栄養成分の異化が物質の燃焼と同一の現象であるとして認識されていることによる．総エネルギー（gross energy, GE）は，動物に摂取される前のエネルギーを指すものであるから，栄養的な価値はないが，動物が利用できるエネルギーを評価するための期首の基

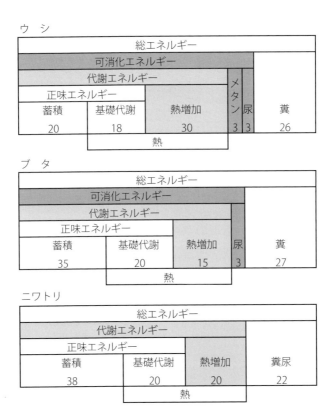

図 5-21　主な家畜における飼料エネルギーの分配
数値は総エネルギーを 100 としたときの割合を例示したものである.

準量として必要である. 飼料中の炭水化物, タンパク質および脂肪の平均燃焼熱 (kcal/g) は, それぞれ 4.1, 5.6, そして 9.4 である. このような栄養成分間の差異にもかかわらず, 多くの飼料では炭水化物の含有率が大きいので, 飼料の総エネルギーの変動はわずかであり, 平均の値は乾物当たり約 4.4 kcal/g である (表 5-7).

　断熱型ボンブ熱量計による燃焼熱の測定原理の概略を熱量計の構造 (模式図, 図 5-22) とともに示す. 鋼製の筒 (ボンブ①) にサンプル (②) と酸素ガス (25 ～ 30 kg/cm^2) を閉じ込め, 重量一定の水中 (③) に沈める. 次に, サンプルを完全燃焼 (爆発) させる. このときの燃焼熱を水温の上昇と水の重量の積から算出する. 断熱型ボンブ熱量計による燃焼熱の測定はそれに関する日本工業規格が

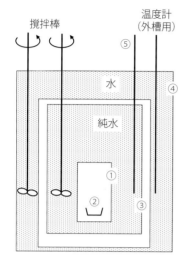

図 5-22   断熱型ボンブ熱量計構
造（模式図）
①ボンブ，②サンプル，③内筒，④外槽
（断熱），⑤温度計（0.01℃目盛り）.

あり，JISM8814：2003 に記載されている.

　動物体では，栄養成分すべてが酸化されて
エネルギー変化をもたらすのではなく，一部
は化合物の形で生産物に移行する．熱力学で
は系の状態変化（例えば，栄養成分の酸化）
に伴って系から出るもの，または系に入るも
のをエネルギーと考え，物質自体とは区別す
る．ただし，栄養学では化合物の形であって
も潜在的にエネルギーを保有しているものは
エネルギーと考えて，エネルギー摂取量，エ
ネルギー蓄積量などということがある.

　エネルギーの単位は，SI 単位ではジュー
ル（J）を使用することが定められているが，
栄養学では燃焼熱が基盤になるのでカロリー
を使用することが多い．1 気圧のもとで純水
1 g を 14.5 ℃から 1 ℃上昇させるときに必要なエネルギーを 1 cal という．1 cal

動　物	飼　料	総エネル ギー価	エネルギーの損失			代謝エネ ルギー価
			糞	尿	メタン	
ニワトリ	トウモロコシ	4.40	0.53			3.87
	コムギ	4.33	0.67			3.66
	オオムギ	4.35	1.17			3.18
ブ　タ	トウモロコシ	4.52	0.38	0.10		4.04
	エンバク	4.64	1.31	0.14		3.18
	オオムギ	4.18	0.67	0.12		3.39
	ココナッツ絞り粕	4.54	1.53	0.62		2.39
ウ　シ	トウモロコシ	4.52	0.67	0.19	0.31	3.35
	オオムギ	4.37	0.98	0.19	0.26	2.94
	フスマ	4.54	1.43	0.24	0.33	2.53
	アルファルファ乾草	4.37	1.96	0.24	0.31	1.86
ヒツジ	オオムギ	4.42	0.72	0.14	0.48	3.08
	ライグラス乾草（若草）	4.66	0.81	0.36	0.38	3.11
	ライグラス乾草（成熟）	4.54	1.70	0.14	0.33	2.37
	牧草サイレージ	4.54	1.20	0.22	0.36	2.77

表 5-7　飼料の総エネルギー価，代謝エネルギー価

飼料乾物 1 g 当たりの kcal.　　　　　　　　　　（McDonald, P. et al., 2011 を一部改変）

＝ 4.184 J という関係がある．

（2）可消化エネルギー

　飼料が消化管を通過する過程で栄養成分は消化され腸管から吸収されるが，未消化で吸収されない物質は糞として排泄される．この糞の化合物の燃焼熱を総エネルギーから差し引いたものを，可消化エネルギー（digestible energy）という．消化率と同様に「見かけ」と「真の」値がある．

（3）代謝エネルギー

　動物は，尿中に排泄された代謝産物と可燃性発酵ガスの燃焼熱をいずれも利用することができない．これらを可消化エネルギーから差し引いた部分を代謝エネルギー（metabolizable energy，ME）という．尿中に排泄される化合物は主にタンパク質や核酸の代謝産物の窒素化合物である尿素，尿酸，クレアチニンなどと有機酸で，その燃焼熱は総エネルギーの 2 〜 3 ％程度でほぼ一定であるが，飼料タンパク質の量や質によって変動することがある．タンパク質はボンブ熱量計で燃焼熱を求めるときは水，二酸化炭素，窒素ガスにまで分解されるが，体内で分解されると前述のような可燃性の化合物が生成するので，その分だけ代謝エネルギー価が減少する．タンパク質の燃焼熱は 5.6 kcal/g である．そして，吸収されたタンパク質が体内に蓄積された状態であれば，燃焼熱が代謝エネルギー価である．しかし，吸収されたタンパク質が分解され，尿中に窒素化合物として排泄されると代謝エネルギー価は減少する．例えば，ニワトリでは吸収されたタンパク質 1 g が分解されると，0.16 g の窒素が排泄される．これがすべて尿酸であるとすると，燃焼熱は 1.32 kcal（＝ 0.16×8.22 kcal）となり，代謝エネルギー価は 5.6 － 1.32 ＝ 4.28 kcal/g となる．なお，同一飼料の代謝エネルギー価を評価するときに，窒素蓄積量が多い動物（鶏雛）と少ない動物（成雌鶏）とでは異なる値になる．そこで，前述のことを考慮して，窒素蓄積量の違いを補正するために，飼料 1 g 当たりの窒素蓄積量に 8.22 を乗じた値を加減し，窒素出納が 0 の状態に対応した窒素補正代謝エネルギー価（MEn）を用いることがある．一方，炭水化物と脂肪はボンブ熱量計と動物体内とにおいて，ともに水と二酸化炭素にまで分解されるので，タンパク質に見られるような現象はない．

　可燃性発酵ガスは，飼料の栄養成分が消化管内の微生物の発酵作用を受けた結果発生し，反芻胃内で生成するメタンガスが主なものである．メタン生成量はウシで1日最大500 L，メンヨウでは30 Lである．また，総エネルギーの約8 %，可消化エネルギーの約12 %に相当する．メタンは糞には含まれず，曖気によって呼気とともに排出されるので，呼吸試験（呼気ガス分析）によって定量する．ブタやニワトリでは量が少ないので，無視されることが多い．

　ニワトリは糞と尿を混合物として総排泄腔から排泄し，メタン生成もほとんどないので，代謝エネルギー価を求めやすい．これに対して反芻動物では糞と尿の定量的採取とメタン生成量の測定が必要であるので，代謝エネルギー価を求めるにはより多くの労力がかかる．糞と尿は乾燥後ボンブ熱量計で燃焼熱を測定する．表5-7に代表的な飼料の総エネルギー価と代謝エネルギー価を示す．これを見ると，代謝エネルギー価に最も大きな影響を与えるのは，糞中への損失であることがわかる．

（4）熱　増　加

　代謝エネルギーは生命維持の基礎的な仕事や成長，乳や卵などの生産に使われ，その一部は熱になる．吸収後の状態（後述）にある動物が体脂肪の消費を補うために飼料を摂取すると熱産生量が数時間にわたって増加する（図5-23）．この現象を熱増加（heat increment of feeding, HI）または発熱効果（thermogenic effect）という．この熱産生量の増加は飼料摂取に伴う動作，飼料の咀嚼と嚥下，消化管内での消化や吸収，さらに吸収された栄養成分の代謝（生産物の合成など）

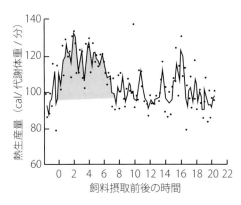

図5-23　24 ℃で維持したブロイラー（30日齢）に自由摂取時の21 %の飼料をそ嚢内に投与したときの熱産生量の変化
灰色部分が熱増加に相当する．（神　勝紀, 2000）

などの仕事に用いられたエネルギーと消化管内の発酵熱に由来する．これらの要因が熱増加に寄与している程度はかなりのバラツキがあり（それぞれ 5 ％以下，10 ％以下，最大 50 ％，20 ～ 40 ％，最大 40 ％），定量的な評価は定まっていない．熱は生化学反応では仕事に変換できないので，動物にとっては損失である．したがって，動物に利用される飼料のエネルギーを評価するためにはこれを差し引かなければならない．

　熱増加の大きさは代謝エネルギーの利用性を変動させる．摂取代謝エネルギーと体エネルギーバランス（代謝エネルギー摂取量と熱産生量との差）との関係を図 5-24 に例示した．摂取代謝エネルギーが 0 のとき，体脂肪によってエネルギーが供給されており，絶食時のエネルギーバランスは−200 kcal（0 − 200，XB）である．飼料を摂取すると体脂肪は飼料由来の代謝エネルギーで置きかわるので，バランスは−200 から 0 に近づく．飼料給与量を増やしていくと，BM の直線で示すようにバランスが推移し（例えば 100 − 200 ＝−100），バランス 0 すなわち摂取代謝エネルギーと熱産生量が等しい点（M，250 kcal）に到達する．この点を維持という．このときの摂取代謝エネルギー量は基礎代謝量（200 kcal）に熱増加（50 kcal）を加えたものであり，維持時の熱産生量に等しい．このときの効率（m）は，

　　　エネルギーバランスの増加分 / 代謝エネルギー摂取量の増加分

$$= 0 − (−200) / (250 − 0) = 200/250 = 0.8$$

熱増加は代謝エネルギー 100 kcal 当たり 20 kcal である．

　維持必要量（M，250 kcal）以上に摂取した場合，代謝エネルギー摂取量の増

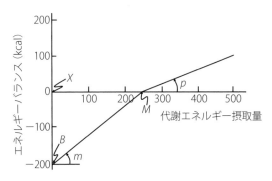

図 5-24　代謝エネルギー摂取量とエネルギーバランスとの関係

加分（500 － 250 ＝ 250）の一部は生産物（乳や肉など）に変換され，エネルギー
バランスの増加分は 100 kcal になり，残り（150 kcal）は熱となる．このとき
の効率（p）は，

　　　　　エネルギーバランスの増加分 / 代謝エネルギー摂取量の増加分

$$= （100 － 0）/（500 － 250）= 100/250 = 0.40$$

　熱増加は代謝エネルギー 100 kcal 当たり 60 kcal である．

　同一の飼料または栄養成分であっても，その使用目的（維持または生産）や動
物の種類，栄養成分のバランスなどによって代謝エネルギーの利用効率は異なる．
維持に使われる場合，すなわち摂取した代謝エネルギーが主に体脂肪と置きかわ
るとき，その効率はおよそ0.8 である．ブタとニワトリの成長時に代謝エネルギー
を体タンパク質または体脂肪として蓄積するときの効率は，それぞれ 0.6 または
0.8 前後である．反芻動物に濃厚飼料給与した場合は 0.6，良質な粗飼料給与で
は 0.5 である．乳と卵を生産するときの効率はおよそ 0.7 である．

　熱増加は体温を一定に保つために余分な熱を必要とするような寒冷環境では役
立つが，逆に暑熱環境においては体温を上昇させ，摂食量の減少などの障害をも
たらすこともある．恒温動物が熱産生量の変化なしに体温を一定に保つことがで
きる環境温度の範囲を熱的中性圏（thermoneutral zone）という．この範囲内で
は皮膚の血流量，発汗量，呼気中への水分蒸散量を変化させて体温を調節する．
この熱的中性圏より低い温度では熱放散量が増えるので，これに相当する熱産生
量は筋肉などの代謝によって補わなければならない．このような熱産生量の増加
が始まる環境温度を下臨界温度といい，絶食した動物では摂食している動物より
高い．これは絶食した動物では熱増加がないからである．

（5）正味エネルギー

　代謝エネルギーから熱増加を差し引いた残りを正味エネルギー（net energy）
という．正味エネルギーは，生命維持の基礎的な仕事に用いられ最終的に熱とな
るエネルギー（基礎代謝量，後述）と，成長に伴い蓄積された体成分（タンパク
質と脂肪）や乳，卵，羽毛などの燃焼熱（蓄積エネルギー）からなる．蓄積エネ
ルギーの量は素材が体成分などに変換される程度によって変動する．素材の持つ
燃焼熱の一部は熱増加になる．正味エネルギーの摂取量が基礎代謝量より少ない

ときは体成分などの増加はない．正味エネルギーは動物が利用できるエネルギーを評価するためには優れているが，基礎代謝量と熱増加を正確に把握しなければならない．

3）呼　吸　商

　吸収され細胞に到達した栄養素は，そこで種々の生化学反応を受ける．その中には酸化反応もある．酸化反応では栄養素は酸素と反応して二酸化炭素と水を生成する．二酸化炭素生成量と酸素消費量とのモル比を呼吸商（respiratory quotient）という．二酸化炭素生成量と酸素消費量は動物のエネルギー代謝では呼吸試験によって呼気ガスの分析から容積として算出される．酸化によってエネルギーを供給できる栄養素は炭水化物，タンパク質と脂肪であり，それぞれ固有の呼吸商を示す．炭水化物は1.0，タンパク質は0.80～0.83，脂肪は約0.7である．

炭水化物，グルコース

$$C_6H_{12}O_6 + 6O_2 \rightarrow 6CO_2 + 6H_2O$$
$$6CO_2/6O_2 = 1.0$$

タンパク質（アミノ酸），アラニン

・尿素生成動物（ウシなど）

$$2C_3H_7O_2N + 6O_2 \rightarrow CH_4ON_2 + 5CO_2 + 5H_2O$$
$$5CO_2/6O_2 = 0.83$$

・尿酸生成動物（ニワトリなど）

$$8C_3H_7O_2N + 21O_2 \rightarrow 2C_5H_4N_4O_3 + 14CO_2 + 24H_2O$$
$$14CO_2/21O_2 = 0.67$$

脂肪，トリパルミチン

$$H_5C_3(C_{15}H_{31}COO)_3 + 72.5O_2 \rightarrow 51CO_2 + 49H_2O$$
$$51CO_2/72.5O_2 = 0.703$$

　呼吸商を知ることによって，体内で酸化されエネルギー源となった物質の組成を推定できる．通常，体内で酸化分解される物質は1種類ではなく炭水化物，タンパク質，そして脂肪である．尿中に排泄された窒素量に6.25を乗じた値が体内でのタンパク質の酸化分解量に相当する．タンパク質1gが分解するときの二酸化炭素生成量と酸素消費量はそれぞれ0.784Lと0.944Lであるとすると（こ

れらの値は動物種や研究者によって異なる．ここで引用した値は哺乳類に適用できる），タンパク質分解に由来する二酸化炭素生成量と酸素消費量を算出できる．次に，総二酸化炭素生成量と総酸素消費量からタンパク質由来のそれぞれを差し引くと，炭水化物と脂肪の酸化分解に由来する二酸化炭素生成量と酸素消費量を算出でき，これらの比は非タンパク呼吸商といわれる．この比から Zuntz-Schumberg-Lusk の表を用いて，炭水化物と脂肪の酸化分解割合とそのときの酸素の熱当量価が求められ，熱産生量が算出できる．例えば，非タンパク質呼吸商が 0.73 のとき，炭水化物と脂肪の酸化分解割合はそれぞれ 8.2 ％と 91.8 ％となり，酸素 1 L に対する熱当量価は 4.71 kcal となる．この値に酸素消費量を乗じて算出した熱産生量とタンパク質由来の熱（4.2 kcal〔☞ 2）(3)「代謝エネルギー」〕× タンパク質分解量）の和として熱産生量を算出できる．

　呼吸商は通常 0.7 〜 1.0 の範囲内にある．しかし，次のような場合には 0.7 以下や 1.0 以上になることがある．例えば，絶食期間が長くなり脂肪酸の酸化が不完全でケトン体が生じるときには，二酸化炭素生成量は酸素消費量に相当する量より少なく，呼吸商は 0.7 を下回る．また，肥育（脂肪蓄積）中の動物で炭水化物から脂肪が合成されるときには，酸素消費量が二酸化炭素生成量に相当する量より少なく，呼吸商は 1.0 を超える．

4）基 礎 代 謝

　動物に飼料を与えないで水だけを与える（絶食）と，2 〜 5 日で飼料の栄養成分の吸収が完了し，動物が栄養的に環境から独立した，または飼料摂取による熱増加がない状態に達する．これを吸収後の状態という．吸収後の状態では熱産生量が定常の一定水準までに減少し，非タンパク呼吸商が 0.7 〜 0.73 を示す（図 5-25）．また，反芻動物ではメタンが生成されなくなったことによっても判定できる．さらに，身体活動に伴う熱産生や体温調節のための熱産生がないときの熱産生を基礎代謝（basal metabolism）という．基礎代謝は姿勢の保持，神経系，心臓，肺，腎臓などの働き，細胞のイオン濃度の維持，体タンパク質の代謝回転などに使われたエネルギーに相当し，生命維持のための最小のエネルギー消費といえる．このときの熱産生量を単位時間当たりで表したものを基礎代謝量（basal metabolic rate）という．基礎代謝は吸収後に熱的中性圏の環境温度で安静にし

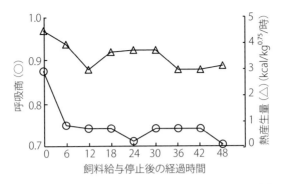

図 5-25　ニワトリ雛における呼吸商と熱産生量の変化
（Sugahara, K., 1991 を改変）

た状態で測定する．動物では安静状態を保つことは困難であるので，絶食時熱産
生量を基礎代謝量と見なす．

　基礎代謝量は絶食を始める前の栄養状態によって，あるいは生産能力の大小に
よって変動する．エネルギー供給が十分な状態では不十分なものに比べて大きく，
高い生産能力の状態では低いものより大きい．

　ウシのような体重が 500 kg を超える動物とラットのような 0.3 kg 程度の動物
の基礎代謝量を比べると，1 頭当たりでは前者が後者より大きい．しかし，単位
体重当たりで表すと，小さい動物の値が大きい．成熟動物の基礎代謝量は，代謝
体重（kg で表した体重の 0.75 乗；$kg^{0.75}$, metabolic body size）当たりで表すと，
体の大きさの違いに比べて格差が小さい（表 5-8）．基礎代謝量だけでなく，こ
れと比較するために飼料摂取時の熱産生量も代謝体重当たりで表す．

表 5-8　成熟動物の基礎代謝量

動　物	体重（kg）	1 日当たり熱産生量	
		1 頭当たり kcal	代謝体重当たり $kcal/kg^{0.75}$
ウ　シ	500	8,150	76
ブ　タ	70	1,790	74
ヒツジ	50	1,030	55
ニワトリ	2	140	86
ラット	0.3	29	72
ヒ　ト	70	1,700	71

（McDonald, P. et al., 2011 を一部改変）

　代謝体重当たりの基礎代謝量は出生直後には低く，その後上昇し性成熟期にかけて減少し，性成熟後はほぼ一定である．雌の代謝量は一般に雄に比べて小さい．成熟哺乳類の 1 日当たりの基礎代謝量（kcal/ 頭）は 70× 代謝体重（$kg^{0.75}$）で見積もることができる．

5）維持要求量

　動物の維持に必要なエネルギーを評価することは重要である．なぜならば，エネルギー摂取量が維持水準を下回る状態では生産できないからである．動物は維持要求量を超えてエネルギーを摂取したときに生産を行うことができる．維持は代謝エネルギー摂取量と熱産生量が等しい状態である．このときの代謝エネルギー摂取量は基礎代謝量に熱増加を加えたものである（☞ 図 5-24）．

　実用的な維持要求量は，基礎代謝量に飼養管理条件（天候，舎飼，放牧，床の形状など）の違いによる身体活動（歩行など）や体温調節に要するエネルギー消費量を加えたものである．これらによるエネルギー消費量は，体重，歩行距離，地形の傾斜，環境温度の変化などに対する単位当たりの消費量を用いて評価する．肉用牛のエネルギー要求量は放牧時には舎飼時に比べて 15 ～ 30 ％増加する．主な家畜の維持エネルギー要求量を表 5-9 に示す．

表 5-9　家畜の維持エネルギー要求量

動　物	体重（kg）	代謝エネルギー量 ($kcal/kg^{0.75}$/ 日)	出　典
ウ　シ	44	131	Schrama, J. W. et al., 1991
	150 ～ 250	100	Chwalibog, A., 2000
泌乳牛	420	105	Birkelo, C. P. et al., 1991
ブ　タ	1.8 ～ 6.5	106	Dunkin, A. C. and Cambel, R. G., 1982
ウサギ	3.2	102	Farrell, D. J. and Ogisi, E. M., 1991
ニワトリ	0.2 ～ 1.4	114	Chwalibog, A., 2000
	1.4	136	Grossu, D., 1991
産卵鶏	15 ～ 2.0	98	Chwalibog, A., 2000
シチメンチョウ	0.5 ～ 14	153	Rivera-Torres, W., 2010

◇◇◇◇◇◇◇◇◇◇◇◇◇◇◇◇◇ **練習問題** ◇◇◇◇◇◇◇◇◇◇◇◇◇◇◇◇◇

• エネルギーの利用をよりよく理解するため，右図に関する 5-1 ～ 5-3 に答えなさい．縦軸と横軸の交点はいずれの軸の値についても 0 を示す．

5-1. 代謝エネルギー摂取量が 0 のときの，エネルギーバランス（ア）は何を表しているか説明しなさい．

5-2. エネルギーバランスが 0 のときの，代謝エネルギー摂取量（イ）は何を表しているか説明しなさい．

5-3. 両矢印（↕）で示した量は何を表しているか説明しなさい．

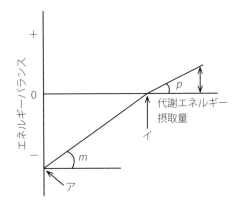

• 飼料のエネルギー利用に関する次の 5-4 ～ 5-7 に答えなさい．Mcal ＝ 1,000 kcal

5-4. ウシが毎日，飼料総エネルギー 23.8 Mcal を摂取し，糞中に 7.3 Mcal を排泄した．1 日分の尿の燃焼熱は 1.7 Mcal であり，メタンガス発生量は 200 L であった．このウシが 1 日に摂取した代謝エネルギー量を求めなさい．メタンガス 1 L の燃焼熱は 9.5 kcal である．

5-5. ある乳牛は，毎日 21.2 Mcal の代謝エネルギーを摂取し，9 kg の牛乳を生産し，また 1 日の体物質損失量は代謝エネルギーとして 800 kcal であった．このとき，熱産生量はどれほどか．牛乳 1 kg 当たりの燃焼熱は 720 kcal とする．

5-6. 体重約 2 kg のブロイラーに飼料総エネルギーとして 400 kcal を与えたところ，糞尿混合物中に 85 kcal を排出した．またこのとき，熱産生量は 145 kcal であった．代謝エネルギーの量と蓄積エネルギー量を求めなさい．

5-7. ブタに総エネルギーとして 8 Mcal を与え，エネルギー出納を調べた結果，尿中に排泄されたエネルギーは 100 kcal，メタンとして呼気から排出されたエネルギーは 30 kcal であった．蓄積エネルギー量と熱産生量の合計は 6 Mcal であった．飼料エネルギーの区分にはここで記述した項目以外のものがある．それは何か，またそれに対応するエネルギー量はいかほどになるか求めなさい．

5-8. 基礎代謝量と維持エネルギー要求量の違いは何か，説明しなさい．

5-9. 必須アミノ酸について説明しなさい．

5-10. ケミカルスコアについて説明しなさい．

5-11. アミノ酸インバランスについて説明しなさい．

5-12. アミノ酸の代謝経路をいくつかあげなさい．

5-13. 糖原性アミノ酸について説明しなさい．

5-14. 飼料の消化率を説明しなさい．

5-15. 窒素出納について説明しなさい．

5-16. タンパク質の代謝回転とは何か説明しなさい．

第6章

栄養価の評価

　飼料中の栄養素含量（飼料全体に占める栄養素の割合を百分率で表す）を知ることによって栄養価を評価できる．しかし，その値は利用される可能性を示すものであり，栄養素の利用を約束するものではない．栄養素の利用性は摂取されたあとの消化，吸収，代謝によって決まるからである．

　栄養素含量を知るためには飼料のサンプルを化学的に処理し，栄養素を定量できる形に分離または抽出して，重量分析法または容量分析法を適用する．一般成分分析法（proximate analysis of foods）が普及している．水分はサンプルを135±2℃で加熱し，その前後の重量差から得られる．粗タンパク質はサンプルを濃硫酸中で加熱し，サンプル中の窒素をアンモニアの形に変換したのち水蒸気蒸留し，中和滴定で得られた窒素量に6.25を乗じて求める（ケルダール法）．粗脂肪はソックスレー抽出装置に入れたサンプルをジエチルエーテルで抽出し，その前後の重量差として定量される．粗繊維はサンプルを希酸液および希アルカリ液中で加熱したのち，濾過残渣から粗灰分を差し引いて得られる．粗灰分はサンプルを550〜600℃で加熱し，その残量から定量される．可溶無窒素物は100％から前記5成分の含量を差し引いて得られる．

　繊維成分の栄養価を精密に評価するために，デタージェント法が開発され，酸性（セルロース，リグニン）および中性デタージェント繊維（セルロース，ヘミセルロース，リグニン）として表される．また，個別のミネラルは粗灰分定量残渣を原子吸光法で定量する．ビタミンの化学的性質はさまざまであり分析法も種々であるが，最近では高速液体クロマトグラフィーによって定量されることが多い．

　「粗」はそれぞれの成分が化学的に均一のものを表していないことを示すもので，例えば，粗タンパク質にはタンパク質のほかにアミノ酸，アミン，核酸などが含まれる（表6-1）．しかし，飼料の栄養成分を比較的簡易な方法で分析でき

表6-1　一般成分分析画分と飼料中成分

一般成分分析画分	飼料中成分
水　分	水
可溶無窒素物	デンプン，スクロース，デキストリン，有機酸，ペクチン
粗タンパク質	タンパク質，アミノ酸，アミン，含窒素配糖体，核酸，ビタミンB群
粗脂肪	脂質，中性脂肪，複合脂質，ろう，有機酸，色素，ステロール，ビタミンADEK
粗灰分	無機物
粗繊維	セルロース，ヘミセルロース，リグニン

実用上問題がないので，一般成分分析画分が多くの場合用いられる．

1．消　化　率

　飼料として摂取した栄養成分のうち，消化される栄養成分の割合を栄養成分の消化率という．消化率は飼料乾物中の粗灰分（ミネラル）以外の成分について求められ，飼料の栄養価のよい指標である．ミネラルは吸収後消化管内に排出される量が多く，消化率を求めても栄養価を適切に評価できない．ただし，消化率はタンパク質またはアミノ酸，エネルギーおよび乾物について求めることが多く，それ以外の成分のものを求めることは少ない．

1）見かけの消化率

　見かけの消化率（apparent digestibility）は摂取栄養成分量と糞中栄養成分量の差（消化栄養成分量）を摂取栄養成分量で除して，百分率で表す．

$$消化率（\%）＝\frac{摂取栄養成分量－糞中栄養成分量}{摂取栄養成分量}×100$$

　糞中栄養成分には飼料に由来するものと，直接由来せず消化管壁の細胞や消化酵素，さらに腸管の微生物に由来するもの（代謝性糞産物，主に窒素化合物と脂肪）が含まれる．後者を差し引かないで評価した消化率を見かけの消化率，これを差し引いて評価したものを真の消化率という．通常，消化率という場合，見かけの消化率を意味する．

2）真の消化率

真の消化率（true digestibility）は次式で得られる.

$$真の消化率（\%）= \frac{摂取栄養成分量-（糞中栄養成分量-代謝性糞産物量）}{摂取栄養成分量}\times100$$

代謝性糞産物量を評価することは容易ではないが，主に 2 つの方法で推定されている．代謝性糞窒素量はタンパク質を含まない飼料を給与して，そのとき排泄される窒素量として得られる．今 1 つの方法はタンパク質を段階的に含む飼料（例えば，5，10，15，20，25 ％）を給与し，それぞれの水準に対応する窒素排泄量を求め，両者間の回帰式を導き，タンパク質含量 0 ％，すなわちタンパク質を含まない飼料に対応する量を推定する方法である．見かけの消化率は，飼料中の成分含量が低いほど代謝性糞産物の影響を強く受けて低い値になる．成分含量が低い飼料の消化率を評価するときは，この点を考慮する必要がある．なお，代謝性糞窒素には，飼料摂取量に関連する画分（基礎的）と飼料の組成などの性質に関連する画分（特異的）に分けられ，基礎的画分を補正したものを標準化消化率と呼び，真の消化率と区別する.

3）回腸末端消化率

これまでに述べた消化率は動物の体外に排泄された糞中の成分から求められるものであり，総消化管消化率ということができる．ブタとニワトリでは大腸（それぞれ，結腸と盲腸）において，回腸末端までに消化されなかったタンパク質は腸内細菌によってアンモニアやアミノ酸に変換されるが，動物にアミノ酸を供給できないので，消化率を正確に評価できない可能性がある．そこで，ブタとニワトリでは回腸末端の内容物（糞に相当する）の窒素またはアミノ酸の量を摂取した窒素またはアミノ酸の量から差し引いて消化率を求め，これを回腸末端消化率（ileal digestibility）と呼び，アミノ酸消化率の評価に用いられている.

4）消化率の変動要因

消化率は，消化管における機械的，化学的および微生物的消化と吸収の過程の変動を含むものであるので，これらに影響を及ぼす要因によって変動する.

(1) 飼　　料

　飼料中のタンニンやフィチン酸などはタンパク質を変成させたりアミノ酸と結合して，消化酵素が作用しない形に変えるので消化率が低下する．大豆などに含まれるトリプシンインヒビターは消化酵素トリプシンに結合し，酵素活性を失わせ，タンパク質の消化を阻害する．脂肪酸の組成は脂肪の消化率に影響を及ぼす．不飽和脂肪酸は飽和脂肪酸より消化されやすく，ニワトリでは両者の比が4：1のとき，脂肪消化率が最大となる．構造性炭水化物（セルロースなど）は単胃動物では消化酵素をもたないので消化できない．大麦などの β - グルカンは食粥の水分と結合し粘性を増加させ，消化酵素との接触を阻害する．反芻動物では反芻胃の微生物の増殖を阻害するような要因（分解性タンパク質不足）は繊維の消化率を低下させる．飼料中の繊維成分含量が増えるとタンパク質とエネルギーの消化率は低下するが，その程度は前者でより大きい．牧草の刈取り時期の違いによって，繊維の消化率は異なり，出穂前，出穂期，開花期の順に低下する．

(2) 加　　工

　大麦やモミ米のような硬い外皮を持つ穀類を粉砕すると，ウシやブタでは消化率が上昇する．これは消化酵素との接触が多くなるためである．一方，粗飼料(ワラや乾草など）を細かくしすぎると，反芻を阻害するために消化率が低下する．加熱によってデンプンが α 化されたり，トリプシンインヒビターが不活化されるなど，多くの場合消化率は上昇する．一方，加熱時に温度が適正範囲を超えるとタンパク質のリジンの非結合アミノ基と還元糖（グルコースやフルクトース）のカルボニル基によるメイラード反応が起きて，タンパク質の消化が阻害される．メイラード反応生成物によるタンパク質消化率の低下をKOH（水酸化カリウム）溶解性やウレアーゼインデックスによって評価する方法がある．

(3) 動　　物

　単胃動物は消化管に繊維消化酵素を分泌できないので，微生物的消化が優勢な反芻動物ほど構造性炭水化物（粗繊維）を消化できない．ブタはニワトリに比べて大腸（盲腸と結腸）の微生物的消化が旺盛で，より高い粗繊維消化率を持って

表 6-2　ウシ，ブタ，ニワトリの消化率（%）の比較				
	粗タンパク質	粗脂肪	可溶無窒素物	粗繊維
ウ　シ				
トウモロコシ	73	87	93	50
大豆粕	92	84	94	74
フスマ	76	74	76	42
ブ　タ				
トウモロコシ	79	84	94	45
大豆粕	88	79	83	67
フスマ	76	74	72	21
ニワトリ				
トウモロコシ	85	94	89	0
大豆粕	85	87	60	13
フスマ	74	81	53	0

（日本標準飼料成分表（2009 年版）から抜粋）

いる（表 6-2）．飼料摂取量は飼料の消化管通過速度（飼料の滞留時間）に影響を及ぼし，摂取量が多いと通過速度が大きくなり，消化率を低下させる．特に反芻動物では，摂取量が多いほど通過速度が増し，消化率が低下する．反芻胃内の微生物的消化に時間がかかるためである．雌豚の妊娠状態の違い（妊娠，分娩後，種付け前）はタンパク質とエネルギーの見かけの消化率を変動させない．成熟雌豚は育成去勢豚に比べるとタンパク質もエネルギーの消化率も高い．

5）可消化栄養素量の求め方

　一般成分分析値より消化性を考慮した可消化粗タンパク質，可消化粗脂肪，可消化可溶無窒素物，可消化粗繊維量が栄養価を示すために一般に用いられる．可消化栄養成分量は次のように求められる．

（1）人工消化試験
　消化管の化学的消化過程を実験室で模倣して，動物を用いることなく簡便に低コストで栄養素消化量を推定する方法である．
　①ペプシン消化法（タンパク質消化量）…試料を塩酸とタンパク質分解酵素の1つであるペプシンで処理し，処理前後の窒素量の差からタンパク質の消化量を算出するものである．同一の試料でも用いる実験条件（ペプシン液の濃度や反応

時間など）によって測定値が変動する．フェザーミール以外は一般に動物による消化試験から得られる値より高くなる．飼料の公定規格はフェザーミールではペプシン消化率が75％以上であることを規定している．

　②**ブタ小腸液消化試験**…養豚または養鶏飼料の栄養素の消化量を推定するために，ブタ小腸液を用いる人工消化試験法がある．これは試料をペプシン，次に新鮮なブタ小腸液で処理したのち，残渣の量とその栄養成分を分析し，各成分の差から消化量を算出する．このようにして求めた消化量はブタを用いて得られた消化量との間に小さな誤差があるが，両者間には高い相関が認められている．ブタ小腸液をパンクレアチンまたは複数の酵素製剤で代替える方法もある．この方法は，大腸以下で行われる粗繊維の消化が考慮されていないので，粗繊維含量の高い飼料ではこの方法で求めた消化率は動物による消化率より低くなる．

　③**人工ルーメン消化試験法**…反芻胃における消化過程を新鮮なルーメン液と人工唾液によって実験室で模倣し，試料と処理残渣の栄養成分の差から乾物，タンパク質，繊維，脂肪などの消失量を求め消化量が推定できる．

（2）動物試験法

　動物個体を用いた栄養素の出納試験を行うことによって栄養素の消化量を得，これに基づいて飼料の栄養価を評価する方法である．人工消化試験に比べると労力と費用を要するが，動物の飼育条件下における情報を得ることができ，よりいっそう精密に評価できる．ニワトリ，ブタ，ウシ，ヤギなどを個別に代謝ケージに収容し，飼料を給与し糞と尿を分離して採取して，それらに含まれる栄養素含量を分析する．図6-1にウシ用の消化試験装置を示した．地上部と地下部に分かれ，地下部で糞尿を分離して採取できる．ニワトリは糞と尿を混合した状態で総排泄腔から排出するので，これらを分離して採取するために人工肛門を装着する必要がある．消化は，動物の年齢，飼料の成分や物理性（全粒，圧ぺん，挽き割り），給与量などに影響される．試験期間，供試動物の健康状態，給与する飼料の調製法と給与法，糞と尿の回収法および分析に先立つ前処理には各動物に対応する留意点があり，日本標準飼料成分表（2009年版）に記載されている．

　前食の影響をなくすために，ニワトリやブタでは数日間，反芻動物では約10日間供試飼料で予備飼育する．

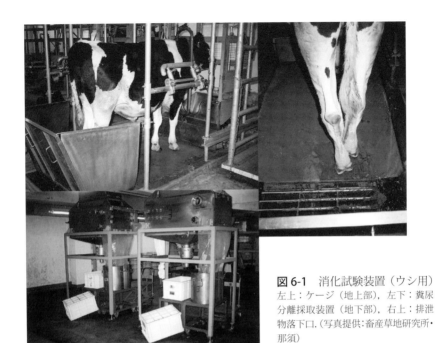

図6-1　消化試験装置（ウシ用）
左上：ケージ（地上部），左下：糞尿分離採取装置（地下部），右上：排泄物落下口.（写真提供：畜産草地研究所・那須）

①**全糞採取法**…糞の全量を採取する方法を全糞採取法という．排泄されたすべての糞を1日単位で一定の時刻に採取し，風乾物状態にしたのち，均一に混合しその一部について栄養成分を一般成分分析法によって分析する．ニワトリやラットなどの小動物では糞の量が1日1頭当たり数十 g 以下であるので，この方法が適用される．一方，ウシやヤギでは指標物質を均一に配合することが困難な場合に（粗飼料を含む飼料），本法を適用する．

②**インデックス法**…指標物質を均一に混合した飼料を給与し，糞の一部を採取する方法をインデックス法という．糞の一部を採取すればよいので，全糞採取法に比べて労力を軽減できる．指標物質には飼料中に均一な状態で存在し，摂食されたあと飼料と同じ速度で消化管を通過し，その過程で吸収されず，かつ害を及ぼさない性質を持つことが要求される．よく用いられるものは酸化クロム(Cr_2O_3）やポリエチレングリコールである．また，飼料中に存在し前記の条件を満たすものとしてリグニンや酸不溶性灰分があり，これを用いることもある．指標物質の飼料と糞中の含量の比率から，単位飼料当たりの糞の量を算出し，それに栄養成

分含量を乗じて排泄栄養成分量を求める.

$$各成分の消化率（\%）=\left(1-\frac{飼料中指標物質含量}{糞中指標物質含量}\times\frac{糞中成分含量}{飼料中成分含量}\right)\times100$$

(3) 実際の測定

　供試飼料のある成分の消化率を求める試験方法には2種類ある. 1つは直接法といい, 供試飼料そのものを動物に給与する方法である. 今1つは間接法といい, 供試飼料を単独で動物に給与できない場合（摂食量が不十分, 栄養素が偏っている（油脂類）など）, 消化率がわかっている基礎飼料に供試飼料を一定割合で混合して与えて, 混合した飼料の消化率から供試飼料の消化率を求める方法である. 直接法で全糞採取法を用いた場合の見かけの消化率計算の例を表6-3に示す.

　間接法による計算式は次の通りである.

$$供試成分の消化率（\%）=\frac{混合飼料の可消化成分含量-（基礎飼料の可消化成分含量\times配合率）}{供試飼料の成分含量\times配合率}\times100$$

表6-3　ブタに配合飼料を給与した場合の栄養成分の消化率

乾物摂取量	1,500 g/日			
排泄糞量（乾物）	250 g/日			
	粗タンパク質	粗脂肪	粗繊維	エネルギー
飼料中成分含量（%）	15.0	2.0	4.0	4.3 kcal/g
糞中成分含量（%）	25.0	5.0	12.0	5.0 kcal/g
摂取成分量 g または kcal	225	30	60	64.5
排泄成分量 g または kcal	62.5	12.5	30	12.5
消化成分量 g または kcal	162.5	17.5	30	52.0
消化率（%）	72.2	58.3	50.0	81.0

2. エネルギー

　エネルギーの単位はSI単位ではジュール（J）を使用することが定められているが, 栄養価の評価では燃焼熱が基礎になるのでカロリー（cal）を使用することが多い. 1 cal は 1 g の水を 14.5℃から1℃上げるのに要する熱エネルギーであり, 1 kcal = 1,000 cal である. なお, 1 cal = 4.184 J という関係がある.

1）評　価　法

（1）総エネルギー

　飼料が動物に供給できるエネルギーの最大量を総エネルギー（gross energy,
GE）といい，飼料に固有な化合物の組成に依存し，断熱型ボンブ熱量計で測定
される燃焼熱として評価することができる．断熱型ボンブ熱量計（☞ 図 5-22）
による燃焼熱の測定法は日本工業規格（JISM8814-[2003]）に定められている．総
エネルギーは燃焼熱量計がなくても，飼料の粗タンパク質，粗脂肪，粗繊維およ
び可溶無窒素物の乾物中含量（g/kg）から，次の式でかなり正確に推定できる
（Scheimann，1988）．

　　総エネルギー（MJ/kg）＝

　　　　23.9× 粗タンパク質＋ 39.8× 粗脂肪＋ 20.1× 粗繊維＋ 17.5× 可溶無窒素物

　　総エネルギー（Mcal/kg）＝

　　　　5.71× 粗タンパク質＋ 9.51× 粗脂肪＋ 4.80× 粗繊維＋ 4.18× 可溶無窒素物

（2）可消化養分総量

　可消化養分総量（total digestible nutrients，TDN）は次式で得られる．なお，
単位は g または％である．

　　　可消化養分総量＝可消化粗タンパク質＋可消化粗脂肪 ×2.25

　　　　　　　　　　　　　　　　　　＋可消化可溶無窒素物＋可消化粗繊維

この評価法は 20 世紀初頭にアメリカで考案され，種々改良が加えられて今日
においても使用されている．熱量計が普及する前に，栄養成分含量と消化率とか
らエネルギー含量を推定しようとしたものである．可消化粗脂肪を 2.25 倍する
ことは脂肪のエネルギー含量がその他の成分の 2.25 倍に相当することに基づい
ている．また，可消化粗タンパク質のエネルギー含量を可溶無窒素物のそれと同
等と見なしているので，尿中に排泄されるタンパク質代謝産物の燃焼熱を差し引
いたものとして評価しているといえる．可消化養分総量は可消化エネルギーと代
謝エネルギーの二者の特徴を併せ持つ評価法である．

2）可消化エネルギー

　飼料が消化管を通過する過程で，栄養成分は消化され腸管から吸収されるが，未消化で吸収されない物質は糞として排泄される．この糞中の化合物の燃焼熱を総エネルギーから差し引いたものを可消化エネルギー（digestible energy, DE）という．消化率と同様に「見かけ」と「真の」値が存在する．DE はブタとニワトリの飼料に対しては，次の式で TDN（%）と可消化粗タンパク質（DCP, %）から推定できる．

$$DE（kcal/100 g）= 5.84 × DCP + 4.10（TDN\text{-}DCP）$$

また，TDN と DE との関係はウシ，ブタ，ニワトリの慣用飼料においては

$$DE（kcal/100 g）= TDN（%）× 4.41$$

で表すことができる．

3）代謝エネルギー

　動物は尿中に排泄された代謝産物と可燃性発酵ガスの燃焼熱を利用することができない．これらを可消化エネルギーから差し引いたものが見かけの代謝エネルギー（apparent metabolizable energy, AME）であり，動物が利用できる最大量のエネルギーに相当する．真の可消化エネルギーから内因性尿中化合物の燃焼熱を差し引いたものを真の代謝エネルギー（true ME）という．タンパク質の燃焼熱をボンブ熱量計で求めると平均 5.6 kcal/g で，このときタンパク質は水，二酸化炭素，窒素ガスにまで分解される．一方，体内でタンパク質が分解されると可燃性の化合物が生成され尿中に排泄されるので，その燃焼熱に相当する分だけ代謝エネルギーが減少する．例えば，ニワトリにおいて 0.16 g の窒素が尿酸の形で排泄された場合，その燃焼熱は 1.32 kcal（= 0.16×8.22）となり，代謝エネルギー価は 5.6 − 1.32 = 4.28 kcal/g となる．これらのことから，窒素出納が正の場合と負の場合では代謝エネルギー価は変動する．そこで，窒素出納がゼロである場合の代謝エネルギー価として表すために，飼料 1 g 当たりの窒素蓄積量（g）に 8.22（ニワトリ），6.77（ブタ），7.45（反芻動物）kcal を乗じた値を代謝エルギー価から差し引く．このようにして求めたものを窒素補正代謝エネルギー価という（表6-4）．

表 6-4　ニワトリを用いた代謝エネルギーの測定の例		
代謝エネルギー価 （kcal/g）	窒素出納 飼料 1 g 当たりの量（g）	窒素補正代謝エネルギー価 （kcal/g）
3.51	−0.004	3.54 = 3.51 −（8.22×（−0.004））
3.61	0.008	3.54 = 3.61 −（8.22×0.008）

　測定には代謝試験を実施し，糞と尿を採集し乾燥後ボンブ熱量計で燃焼熱を定量する．総エネルギーから糞と尿の燃焼熱を差し引いて求める．

　ME と DE の関係は，ニワトリでは ME = DE×0.93，ウシでは ME = DE×0.82 と表すことができる．

4）正味エネルギー

　正味エネルギー（net energy, NE）は生命維持の基礎的な仕事に用いられ，最終的に熱となるエネルギーと成長に伴い蓄積された体成分や乳，卵，羽毛などの燃焼熱（蓄積エネルギー）を合わせたものとして評価される．蓄積エネルギーは飼料の栄養成分の量や組成によって変動するので，栄養価をエネルギーの面から評価する際に重要である．ただし，評価のためには呼吸試験法や屠体試験法を実施する必要があり，労力と費用がかかる．近年，種々の飼料の正味エネルギーを呼吸試験法や比較屠殺法を用いて実測し，飼料中の複数の栄養素含量（g/kg 乾物）との相関関係から，正味エネルギー価の推定式が提案されている（Noblet and van Milgen, 2004）．

　　NE（MJ/kg 乾物，成長中のブタ）=

　　　　0.73×ME − 0.0028×CP + 0.0055×EE − 0.0041CF + 0.0015ST

　ここで，ME：代謝エネルギー価，CP：粗タンパク質，EE：粗脂肪，CF：粗繊維，ST：デンプンである．

5）要求量の求め方

　要求量を維持に要するものと生産に要するものとに分けて求める．維持とは動物がそのものの生命を維持している状態で成長や妊娠などを行っていない状態で，その要求量は主に体重によって変動する．一方，維持に要する量以上に飼料を摂取した場合に生産が行われ，これに要する量は生産物中のタンパク質と脂肪

ウシの状態	維持要求量 （代謝エネルギー，Mcal）MEm	乳生産の要求量 （代謝エネルギー，Mcal）MEp
体重 kg　　500 乳量 kg/ 日　35 乳脂肪率% 3.5	$0.1163^* \times$ 体重 $kg^{0.75}$	①乳量に相当するエネルギー価（Mcal） $(0.0913^* \times$ 乳脂肪率$+ 0.3678^*) \times$ 乳量 $24.05 = (0.0913 \times 3.5 + 0.3678) \times 35$
		②代謝エネルギーが乳生産に使われるときの効率：0.62
	12.30	① ÷ ② = 38.80

表 6-5　泌乳牛のエネルギー要求量算出の例

エネルギー要求量（ME）＝ MEm ＋ MEp ＝ 12.30 ＋ 38.80 ＝ 51.10 Mcal/ 日

*：日本飼養標準・乳牛（2006 年版）から引用した．

の量によって変動する．体重（kg）$^{0.75}$ 当たりの維持要求量やタンパク質と脂肪の蓄積に要するエネルギー量は，多くの試験研究の成果に基づいて決定されている（日本飼養標準）．これを動物の状態に適用して要求量を推定する．例として，乳牛（泌乳中）のものを示す（表 6-5）．

3．タンパク質

　タンパク質の栄養価は体タンパク質として体内に保留（蓄積）される程度に基づいて評価し，単胃動物ではその必須アミノ酸組成と消化率に依存している．一方，反芻動物では摂取したタンパク質の一部が反芻胃内に棲息する微生物により，いったんアンモニアにまで分解されたのち，微生物体タンパク質に合成され，これが下部消化管で分解，吸収されるので，栄養価が飼料の必須アミノ酸組成に依存する程度は小さい．

1）生　物　価

　生物価（biological value, BV）は吸収されたタンパク質のうち，体内に保留されたものの割合を百分率で表す．実際には，摂取窒素量，糞中窒素排泄量，尿中窒素排泄量から次式により求める．

生物価＝（保留窒素量 ÷ 吸収窒素量）×100

　ここで，保留窒素量＝吸収窒素量－（尿中窒素量－内因性尿窒素量），吸収窒素量＝摂取窒素量－（糞中窒素量－代謝性糞窒素量），代謝性糞窒素量＝無タンパク質飼料摂取時の糞中窒素量，

内因性尿窒素量＝無タンパク質飼料摂取時の尿中窒素量である．

　これらの値を得るために，供試飼料からタンパク質を除いた無タンパク質飼料を給与して糞と尿の窒素量を測定し，その後供試タンパク質飼料を給与して糞と尿中の窒素量を測定する．

　なお，この際，タンパク質がエネルギー源として利用されない程度のエネルギー量を与え，他の成分が不足しない条件下で，吸収窒素量と窒素出納値が直線関係にある低タンパク質飼料給与下で測定する．

2）正味タンパク質利用率

　正味タンパク質利用率（net protein utilization, NPU）は体内に保留される窒素量を屠体窒素の測定によって求め，摂取されたタンパク質のうち体内に保留されたものの割合を百分率で表す．

　　正味タンパク質利用率（％）＝（保留窒素量 ÷ 摂取窒素量）×100

　　　　　　　　　　　　　　　　　　＝生物価 × 真の消化率

　ここで，保留窒素量＝（供試タンパク質飼料給与動物の体窒素量－無タンパク質飼料給与動物の体窒素量）である．

　保留窒素量は，無タンパク質飼料または供試タンパク質飼料を給与した2群の動物を飼育試験終了時にと殺し，体窒素を測定して得られる．

　吸収窒素量＝摂取窒素量 × 消化率であるから，正味タンパク質利用率＝生物価 × 真の消化率という関係がある．

3）必須アミノ酸指数

　タンパク質のアミノ酸組成が動物にとって必要な必須アミノ酸の組成に類似している程度によってその栄養価を評価する方法の1つである．必須アミノ酸指数（essential amino acid index, EAAI）は飼料中の必須アミノ酸の含量と基準タンパク質（卵タンパク質）の必須アミノ酸含量の百分率を幾何平均で表したものである．幾何平均をとることの栄養学的根拠は示されていないが，計算された指数は生物価に近似していることが多い．

$$EAAI = \left(\frac{\text{試験タンパク質}}{\text{卵リジン}} \times 100 \times \frac{\text{試験タンパク質メ}}{\text{卵メチオニン}} \times 100 \times \frac{\text{試験タンパク質トリ}}{\text{卵トリプトファン}} \times \cdots \right)^{1/n}$$

　n は必須アミノ酸の数を示す．供試タンパク質中のアミノ酸含量が卵タンパク質のアミノ酸含量より大きいときは比率を 100，全く含まれない場合は比率を 1 として計算する．

4）タンパク質またはアミノ酸要求量の求め方

　窒素出納が正でも負でもない状態を窒素平衡という．この状態をもたらすタンパク質またはアミノ酸の摂取量は，維持に必要な量に等しい．窒素出納が正の場合，体タンパク質は蓄積される（成長，産卵，産乳など）．飼料のタンパク質の栄養的な価値はそのアミノ酸組成に依存している．ブタとニワトリではトウモロコシと大豆粕が主な配合原料である慣用飼料中必須アミノ酸（リジンなど）含量の水準を段階的にかえた飼料を給与して（飼養試験，☞ 第5章1.「タンパク質の代謝」），増体量，産卵量，飼料効率などが最大の反応を示す水準を要求量とする．ブタでは理想タンパク質の必須アミノ酸パターン（表6-6）を用いてリジン要求量から他のアミノ酸要求量を推定する．必須アミノ酸の要求量を満たすように配合割合を決定すると可欠アミノ酸も十分供給できる場合が多い．維持と生産に要する量を区分けすることなく要求量が示されている（日本飼養標準）．

表6-6　必須アミノ酸の理想パターン

必須アミノ酸	リジンに対する比率		
	子豚，肥育豚	妊娠豚	授乳豚
アルギニン	33	－	67
ヒスチジン	34	30	39
イソロイシン	60	86	70
ロイシン	100	74	115
リジン	100	100	100
メチオニン＋シスチン	61	67	55
フェニルアラニン＋チロシン	95	77	115
スレオニン	65	84	70
トリプトファン	19	16	19
バリン	68	71	81

（日本飼養標準・豚（2013年版）から引用）

ウシでは維持，妊娠，泌乳および増体の要因ごとに要求量を求め，これらの和をタンパク質の要求量とする．維持に要する量は内因性窒素損失，不可避窒素損失（皮膚など）および代謝性糞窒素損失の和に相当する量である．泌乳と増体に要する量はそれぞれ乳量および体重と増体量に依存する．これらに関する数値は日本飼養標準・乳牛（2006 年版）および同・肉牛（2008 年版）に記載されている．なお，ウシの栄養（☞ 第 8 章）を参照のこと．

4．その他の栄養素の評価法

　ビタミンとミネラルも動物におけるそれらが果たす役割に基づいて栄養価を評価すべきであるが，第 1 段階として飼料中含量で評価する．ビタミンのうち脂溶性ビタミン A，D，E，K は高速液体クロマトグラフィーで，B 群の多くのビタミンは試料から抽出後，微生物学的定量法（ビタミン含有量に対応する乳酸菌の増殖速度を指標としてビタミン含量を定量する）で定量される．ビタミン A と D はそれぞれレチノール 0.3 µg，コレカルシフェロール 0.025 µg を 1 IU（国際単位）として表し，日本標準飼料成分表（2009 年版）には IU/kg で，その他のビタミンは mg/kg で表示されている．

　ビタミンはさまざまな代謝過程において補助因子，または遺伝子発現調節因子として機能しており，ビタミンの摂取量が動物の要求量を満たしていないときには，成長の遅れや停止および飼料摂取量の減少などの共通の反応だけでなく，個々のビタミンに特有の欠乏症状（例えば，ビタミン A 欠乏による夜盲症，ビタミン B_1 不足による多発性神経炎など）も発生する．さらに，血液や肝臓などの臓器中のビタミン含量が減少する．ただし，これらの反応が現れるまでに要する時間は動物の状態，すなわち成長速度，腸内微生物（特にビタミン B 群の場合），体内保有量（ビタミン A，D）などによって変動するので，これらの指標を参考にして，飼料中ビタミンの動物に対する充足度を判定することは容易ではない．

　動物に必須のミネラルは原子吸光法や誘導結合発光分光分析法などによって定量し，カルシウム，カリウム，リンなどの主要ミネラルは百分率で，鉄，銅，亜鉛，マンガンなどの微量ミネラルは mg/kg で表示される．カルシウムとリンは骨に蓄積される割合，ナトリウムや塩素は唾液中の濃度，カリウムは血中の濃度，

マグネシウムは血中や尿中の濃度および骨の含量などによって，給与している飼料中のミネラル含量の適否を判断することができる．

◇◇◇◇◇◇◇◇◇◇◇◇◇◇◇◇◇◇◇ **練 習 問 題** ◇◇◇◇◇◇◇◇◇◇◇◇◇◇◇◇◇◇◇

6-1. ある配合飼料をブタに与えて粗タンパク質の消化率を測定した．値はすべて1日の乾物量である．飼料摂取量，粗タンパク質摂取量および排泄糞量はそれぞれ，4.0 kg と 0.6 kg およびで 0.6 kg であり，見かけの消化率は 85 ％であった．代謝性糞中窒素量（1日の量）は 6 g であった．このとき，飼料の粗タンパク質含量（％），消化された粗タンパク質量（g），糞中の粗タンパク質量（g），真の消化率（％）を求めなさい．それぞれを求める計算過程も書きなさい．

6-2. 飼料（大麦）の可溶無窒素物の消化率（表を参照）に関する次の問に答えなさい．

ニワトリでは大麦の処理間にほとんど差が認められないが，ウシとブタでは全粒の消化率が他の2処理のものに比べてかなり低い．この違いをそれぞれの動物の消化器の構造の違いによって説明しなさい．粉砕とは大麦全粒を細かく砕いたもの，圧ぺんとは大麦全粒を蒸気で柔らかくして押しつぶしたものである．

表　大麦の可溶無窒素物の消化率（％）

	ウ　シ	ブ　タ	ニワトリ
全　粒	18.7	21.2	76.4
粉　砕	86.6	89.8	76.9
圧ぺん	89.5	89.3	74.2

（日本科学飼料協会，1998 を改変）

6-3. 体重が増えている時期のブタに，あるタンパク質を含む飼料を与えた．窒素摂取量 62，糞中窒素排泄量 15，尿中窒素排泄量 10，代謝性糞窒素排泄量 5，内因性尿窒素排泄量 4（いずれも g/日・頭）のとき，計算過程を書いて，このタンパク質の真の消化率と生物価を求めなさい．

第7章

単胃動物の栄養学

1．ブ　　タ

　ブタ（偶蹄目，イノシシ科）は野生のイノシシが家畜化されたもので，発育，産肉，繁殖能力について長年の間改良されてきた．特に，増殖率は著しく高く，産子数は 6 ～ 16 頭で家畜の中で最も多い．それらの品種は現在，約 400 種あり，体重は 80 ～ 200 kg で，大量の脂肪を蓄えるものでは 500 kg 以上になる．それらは用途別にラードタイプ（脂肪型），ベーコンタイプ（加工肉型），ミートタイプ（精肉型）の 3 型に分けられる．さらに，ブタの解剖学的ならびに生理学的特徴がヒトのそれに類似しているため，近年，大型実験動物としての評価が高く

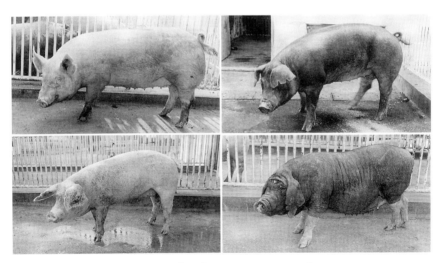

図 7-1　ブタ（*Sus scrofa domesticus*）
左上：大ヨークシャー，右上：デュロック，左下：ランドレース，右下：梅山豚．（写真提供：唐澤　豊氏）

なってきており，医学分野においては免疫などの研究のために，実験用ミニブタが作出され，臓器移植にも用いられている．

1）消化器の形態

　ブタは雑食性の単胃動物であるが，分類学的に近縁種であるカバやヘソイノシシは複胃を有している．腹腔表面には肝臓と胃の一部が見られるが，大部分は小腸と大腸が占めている．ブタの胃はその容量が 6 〜 8 L で，体のサイズに比べてやや大きく，特に噴門部が発達して，噴門口の左側で前胃部との境界に特有の小室（胃憩室）を形成している（図 7-2）．ヘソイノシシでは胃憩室がさらに大きく盲嚢状に突出しており，複胃の一部と考えられている．また，ブタの胃粘膜も複胃の様相を呈し，食道粘膜の連続が噴門口に近接する部分に漏斗状に広がり，腺部に移行している．

　腸管の長さは食性と密接に関連し，雑食性のブタでは全長が 19 〜 27 m で体長の約 15 倍あり，肉食性の動物（体長の約 5 倍）と草食性の反芻動物（体長の20 〜 25 倍）の中間に当たる．野生のイノシシに比べて，家畜化されたブタの腸はいく分長い．ブタの小腸は全長 16 〜 21 m で，胃の幽門から続く十二指腸（70 〜 95 cm）は体壁に直接付着し，引き続く空腸と回腸には明瞭な境界がなく，

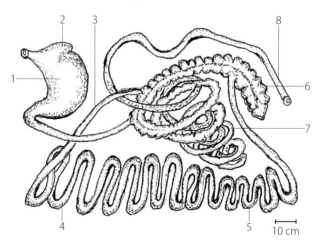

10 cm

図 7-2　ブタの消化管
1：胃，2：胃憩室，3：十二指腸，4：空腸，5：回腸，6：盲腸，7：結腸，8：直腸.
（大島浩二氏 原図）

細かくスプリング状に迂曲し，空回腸（15 〜 20 m）として腸間膜でまとめられている．大腸は盲腸，結腸，直腸からなり，最前位の盲嚢状の突出部である盲腸と結腸の境界は回腸の連結部位で区別され，結腸と直腸との境界も不明瞭である．ブタの盲腸は直径 8 〜 10 cm，長さ 20 〜 40 cm，容量 1.5 〜 2.0 L の比較的大きな円筒形で，管壁に 3 条の盲腸ヒモとそれらに介在して膨起が形成され，腸管をつめてヒダをつくることによって，粘膜の表面積を増加させている．結直腸（3.0 〜 5.8 m）は，はじめ盲腸と同様の太さで 2 条の結腸ヒモと膨起を持つが，徐々に細くなるにつれて結腸ヒモや膨起は見られなくなる．ブタの結腸は円錐形のらせん状に 3 〜 4 回転（求心回）し，頂点で反転（中心回）し，それらの内側を回転（遠心回）して，特有の円錐結腸を形成し，腸間膜でまとめられている（図 7-2）．

　肝臓は物質代謝に重要な役割を果たすとともに，生産した胆汁を十二指腸内に分泌して，腸管内の消化にも関与する動物体内最大の腺である．肝臓の重量は食性，体重，年齢によって著しく異なり，雑食性のブタでは 1.0 〜 2.5 kg（体重の 2 ％前後）である．哺乳類の肝臓は，通常，左葉と右葉に大別され，さらに両葉の間に方形葉と尾状葉が存在して 4 葉からなり，しばしば，尾状葉に尾状突起や乳頭突起を有している．ブタでは，左右の両葉が切痕によってさらに内側と外側に 2 分され，尾状葉は小さく，乳頭突起を欠いている．胆嚢は方形葉と内側右葉との間に位置し，一時的に貯蔵した胆汁を総胆管によって幽門口の後位 2 〜 5 cm にある大十二指腸乳頭に注いでいる．ブタの肝臓は実質中の小葉間結合組織が豊富なため，表面に 1 〜 2 mm の肝小葉が明瞭で，質が硬いのが特徴であり，他の動物のものと容易に区別できる．

　膵臓は肝臓に次ぐ大腺で，主として糖代謝を調節するホルモンを分泌する内分泌機能とともに，消化に必要な膵液を十二指腸に分泌する外分泌機能を併せ持つ．通常，哺乳類の膵臓は左右両葉とそれらを結合する膵体からなり，胃の後方から十二指腸に沿って位置している．体重が 100 kg 以上のブタでは，膵臓重量が 110 〜 150 g で，栄養状態によって変動する．形態的には左葉が右葉よりも著しく大きく，膵体部に門脈が貫通して膵輪を形成している．膵管を欠くが，副膵管は右葉から出て幽門口の後位 20 〜 25 cm にある小十二指腸乳頭に開いている．

2）栄養素の消化と吸収

（1）炭 水 化 物

　耳下腺，顎下腺，舌下腺は口腔内に唾液を分泌する．唾液中にはデンプンを消化する酵素 α - アミラーゼが含まれている．しかし，唾液はその 99 ％が水分であり，摂取した飼料に水分を与え，嚥下と消化を助けることが主な役割である．摂取した飼料は速やかに口腔を通過し，加えて α - アミラーゼは酸性に弱く，胃で pH が低下すると速やかに分解されてしまう．したがって，唾液に由来する α - アミラーゼによるデンプンの消化は無視できると考えてよい．また，唾液にはリゾチームも含まれており，口腔内を殺菌，浄化する．

　炭水化物は主に小腸で消化される．消化酵素として機能する α - アミラーゼは膵臓に由来する．α - アミラーゼはデンプンの α -1,4 結合をランダムに切断するタイプ（エンド型）で，末端からグルコースを切り出していくタイプ（エキソ型）ではない．したがって，アミロースやアミロペクチンの末端の α -1,4 結合は切断できない．また，α - アミラーゼは α -1,6 結合を切断することができず，小腸粘膜由来のオリゴ -1,6- グルコシダーゼが，デンプン由来の α -1,6 結合を切断する．マルトースやマルトトリオースは，小腸刷子縁膜由来の α - グルコシダーゼによってグルコースにまで分解されて吸収される．

　デンプン由来ではないラクトースやスクロースは，これも小腸刷子縁膜由来の β - ガラクトシダーセ（ラクターゼ）とスクロース α - グルコシダーゼ（スクラーゼ）によって，それぞれグルコースとガラクトース，グルコースとフルクトースに分解されて吸収される．

　大腸には内容物 1 g 当たり 10^{11} 〜 10^{12} の細菌が棲息している．小腸で吸収されずに大腸に入った炭水化物は，これらの細菌による嫌気性発酵によって短鎖脂肪酸となって吸収される．しかし，発酵の過程で 1/4 程度が水素やメタンとして消失する．したがって，小腸と比較すると炭水化物の利用効率は低い．

（2）タンパク質

　ブタの胃は，食道側から順に，噴門部，基底部，幽門部の３つに分かれる．噴門部と幽門部は，胃の上皮細胞を酸から守る粘液を分泌する．基底部には胃酸

（塩酸）を分泌する細胞があり，タンパク質分解酵素ペプシンの不活性前駆体であるペプシノーゲンも基底部から分泌される．飼料摂取が刺激になって，あるいは，胃内のpHが高くなると，幽門部からガストリンが分泌される．ガストリンは，基底部からの胃酸分泌を刺激する．胃酸によって胃内のpHが低くなると，ペプシノーゲンが活性化する．活性化したペプシノーゲンの自己消化作用によって，ペプシンを生じる．ペプシノーゲンもペプシンも最適pHは2程度と低い．タンパク質分解酵素としてのペプシンは，フェニルアラニン，トリプトファン，チロシンなどの芳香族アミノ酸部位を切断する他，ロイシン，メチオニン，グルタミン酸，シスチンなどの結合部位を切断する．このように，ペプシンが切断するアミノ酸残基の特異性は高くない．

　ペプシンにはミルク中のカゼインを凝固する作用がある．幼豚の胃液には，カゼインを凝固させ，さらに分解するキモシンが存在する．キモシンで凝固したカゼインは，胃内の滞留時間が長くなり，消化に長時間費やすことができる．

　胃から十二指腸に胃酸が送られると，十二指腸はセクレチンというホルモンを分泌する．セクレチンが血液中を循環して膵臓を刺激すると，膵液中に炭酸水素イオンが分泌され，胃酸の分泌を抑える．また，胃酸が送られると十二指腸はコレシストキニンも分泌する．コレシストキニンが膵臓に作用すると，膵液中にトリプシノーゲン，キモトリプシノーゲン，プロカルボキシペプチダーゼが分泌される．十二指腸粘膜が分泌する酵素エンテロキナーゼには，トリプシノーゲンを活性型のトリプシンに変換する働きがある．トリプシンは，トリプシノーゲンがトリプシンに変換される反応も触媒する．ペプシンと違い，トリプシンの基質特異性は高く，リジンあるいはアルギニンのカルボキシル基を含むペプチド結合だけを切断する．トリプシンは，キモトリプシノーゲンを活性型のキモトリプシンに変換し，プロカルボキシペプチダーゼを活性型のカルボキシペプチダーゼに変換する．キモトリプシンは，チロシン，トリプトファン，フェニルアラニン，ロイシンのカルボキシル基を含むペプチド結合を切断する．一方，カルボキシペプチダーゼは，ペプチドの末端からアミノ酸を切り離す反応を触媒する．

　このように，胃および小腸で消化されたタンパク質は，オリゴペプチドあるいはアミノ酸になる．アミノ酸は小腸の絨毛にある吸収上皮細胞から吸収される．オリゴペプチドは，吸収上皮細胞の管腔に面した微絨毛に取り込まれたのち，ジ

ペプチターゼ,トリペプチダーゼなどによってアミノ酸に分解されて吸収される.

(3) 脂　　肪

　脂肪を分解するためには,脂肪を乳化(水と油が微粒子のようになって混ざりあうこと)しなければならない.胃から小腸に流入した脂肪は,胆汁酸の作用によって乳化され,小腸で消化,吸収される.胆汁酸は,肝臓でコレステロールからコール酸が合成され,それがグリシンやタウリンと抱合して抱合胆汁酸(グリココール酸,タウロコール酸)となる.胃から十二指腸への消化物の流入が刺激になって,十二指腸に胆汁酸が分泌される.胆汁酸は,ステロイド核が疎水性,グリシンやタウリンが結合している部分が親水性の両親媒性なので,乳化剤として機能する.乳化された脂肪(トリアシルグリセロール)は,膵液中に含まれるリパーゼによって,ジアシルグリセロール,モノアシルグリセロール,脂肪酸に加水分解される.

　加水分解産物のモノアシルグリセロールや脂肪酸,コレステロール,リン脂質は,胆汁酸塩と混合してミセルとなり,小腸の吸収上皮細胞から吸収される.吸収されたモノアシルグリセロールは,細胞内で再度トリアシルグリセロールに合成され,コレステロール,リン脂質,アポリポタンパク質とともにカイロミクロンを形成し,リンパ管に入り,胸管を経て循環血液中に入る.

(4) 大腸における発酵

　小腸までに分解された炭水化物,タンパク質,脂肪などの栄養素は,消化物が大腸に送られたときには,ほとんど吸収されている.しかし,ブタの消化酵素はセルロースやヘミセルロースを分解できない.また,生バレイショのデンプンも,α-アミラーゼで分解するのは難しい.これらの成分は,主に大腸に棲息する微生物の発酵によって分解される.ブタの大腸には,乳酸菌,連鎖球菌,大腸菌,酵母などが棲息し,小腸から流入してきた栄養素を代謝し,酢酸,プロピオン酸,酪酸などの短鎖脂肪酸の他に,アミン類やアンモニアを生成する.このうち,短鎖脂肪酸はエネルギー源として利用されるが,維持エネルギー要求量の15%程度をまかなうことができる.アミン類やアンモニアがブタのタンパク質(アミノ酸)栄養に貢献することはほとんどない.

牧草のように，繊維成分の含量が高い飼料を消化することもできる．体重 60 kg 程度のブタを使ってアルファルファの消化率を測定した試験では，乾物，エネルギー，セルロースの消化率が，それぞれ 52 %，51 %，30 %だった．また，50 %あるいは 95 %アルファルファを配合した飼料を，妊娠 60 日目の雌豚に給与すると乾物消化率は，それぞれ 73 %と 60 %だった．一方，ヒツジあるいは子牛を使ったいくつかの消化試験で，アルファルファの乾物消化率の平均値が 62 %だった．このように，アルファルファのように良質であれば，ある程度はブタにも消化できる．

(5) 飼料の通過速度

ブタが摂取した飼料が消化管に滞留する時間は，胃が 3 〜 5 時間，小腸でも 3 〜 4 時間，小腸と大腸を合わせると 30 〜 40 時間というデータがある．飼料摂取量が多くなると滞留時間は短くなり，飼料の粒度が小さくなっても滞留時間は短くなる．飼料の粗繊維含量も滞留時間に影響し，多いほど短くなる．

(6) 消化と年齢

胎子期の後半は胃の pH が低下する時期で，生まれる直前には，胃は胃酸も消化酵素も分泌できる．そして，生後 1 週間の間に，胃酸の分泌能は 5 倍程度に高くなり，そのあと離乳に向かって少しずつ高くなる．生まれた直後，胃に存在するキモシンの量は最大値をとるが，ペプシンは微量しかない．ペプシンの活性は，生後 1 週間を過ぎてから高くなり始める．

新生豚のラクターゼの活性は高く，特に近位空腸で最も発現量が高くなる．逆に，スクラーゼとマルターゼの活性は低く，生後 1 週間を過ぎると高くなり始める．消化管の部位でいえば，スクラーゼとマルターゼは空腸の中央部で活性が高い．体重当たりのスクラーゼとマルターゼの活性は，ブタが成長するにつれて高くなるが，ラクターゼやジペプチダーゼは活性が低下していく．

膵臓は胎子期に発達し始め，膵臓が分泌する消化酵素の活性は，胎子期に検出できる．生後 1 〜 2 週と 4 〜 5 週では，体重当たりの膵液の分泌量に差はなく，体重 1 kg 当たり 5 〜 14 mL とするデータがある．膵液中のキモトリプシンやリパーゼの活性は，生まれて 2 日間は活性が低くなり，その後，活性は上昇に転じ，

生後2か月くらいで一定値を示す.

3）栄養素の代謝と利用

（1）炭水化物

　先に解説（☞2)(1)「炭水化物」）したように，摂取した炭水化物はグルコースやフルクトースなどの単糖類にまで分解されて，小腸の吸収上皮細胞から吸収される．その後，門脈を経て肝臓に入り，ATP合成に利用され，あるいは，貯蔵エネルギーであるグリコーゲンや脂肪の合成に利用される．さらに，栄養学的な非必須アミノ酸の合成にも利用される．しかし，大部分は循環血液によって筋肉や脂肪などの末梢組織に運ばれる．グルコースは細胞のエネルギー源として利用されるが，グルコース代謝の律速段階の1つは，細胞へのグルコースの取込みである．水溶性（親水性）のグルコースは，そのままでは細胞膜（疎水性）を通過できない．そのため，グルコース輸送タンパク質を介して，細胞内へ取り込まれる．細胞内に取り込まれたグルコースは，ATP合成に利用され，あるいは，グリコーゲンや脂肪の合成に利用される.

　細胞内に取り込まれたグルコースは，細胞質に存在する解糖系の各酵素の働きでピルビン酸にまで分解される．細胞質からミトコンドリアに入ったピルビン酸は，アセチルCoAを経てオキサロ酢酸と結合してクエン酸となり，クエン酸回路に入る．クエン酸回路が回転すると，還元当量であるNADHが生成する．NADHは電子伝達系で酸化され，ATPが合成される.

　食餌を摂取したあとの肝臓や筋肉で，グルコースやフルクトースからグリコーゲンが合成される．グルコースは，グルコキナーゼの作用で，グルコース6-リン酸，グルコース1-リン酸を経て，ウリジン二リン酸グルコースとなる．そして，グリコーゲンシンターゼの作用で，すでに存在しているグリコーゲン鎖に連結され，グリコーゲンを形成してエネルギー源として貯蔵される．肝臓に貯蔵されたグリコーゲンは，血糖値が低くなったときにグルコースとして血中に入り，血糖値を維持する．一方，筋肉に貯蔵されたグリコーゲンに由来するグルコースは解糖系に入る.

　食餌からのグルコースの供給がないときに，副腎皮質ホルモンやアドレナリンの作用で，主に肝臓でグルコースを合成する仕組みが備わっている．その仕組み

を糖新生という．筋肉の解糖系で生成した乳酸が肝臓に運ばれ，ピルビン酸を経て糖新生に使われる．また，アラニンなどの糖原生アミノ酸もピルビン酸に変換され，あるいはクエン酸回路の中間代謝産物となり，糖新生に使われる．

(2) タンパク質，アミノ酸

　小腸の吸収上皮細胞はアミノ酸を分解する酵素を持っている．例えば，哺乳豚，離乳豚，妊娠豚では，ほとんどのグルタミン酸とアスパラギン，グルタミンの 2/3，プロリンの 1/3 が小腸の上皮細胞で分解される．これらのアミノ酸はいわゆる栄養学的には非必須アミノ酸だが，必須アミノ酸のうち分枝鎖アミノ酸（バリン，ロイシン，イソロイシン）も，1/2 ～ 2/3 程度が，離乳豚の小腸上皮細胞で分解される．小腸上皮細胞がアミノ酸を分解するのは，エネルギーを獲得するためと，他のアミノ酸の原料となる窒素を獲得するためである．例えば，哺乳豚の小腸上皮細胞は，グルタミン酸やグルタミンを原料としてアルギニンを合成するので，食餌由来のアルギニンを超える量のアルギニンが門脈に入る．一方，小腸上皮細胞には，スレオニン，リジン，フェニルアラニンを分解する酵素が欠けているので，これらの必須アミノ酸は，小腸上皮細胞では分解されないと考えるのが妥当である．ところが，小腸上皮細胞を通過して門脈に入るリジンの量は，食餌に由来する量の 1/2 程度というデータがある．この矛盾は，小腸に棲息している微生物による分解で説明できる．抗菌薬やプロバイオティクスの投与で離乳豚や育成豚の増体がよくなるのは，微生物の活性が抑えられるために，門脈に入るアミノ酸の量が増えることも一因である．

　小腸で吸収されたアミノ酸は骨格筋や肝臓などの組織に運ばれて，タンパク質の合成に使われる．個体レベルで見ると，骨格筋が最大のタンパク質蓄積器官である．骨格筋では，インスリンとアミノ酸がタンパク質合成を調節しているが，調節メカニズムの詳細は近年ようやく明らかになりつつある．他の哺乳動物と同じように，ブタでも mTOR 経路が主要な調節経路である．食餌から摂取したタンパク質（アミノ酸）が過剰な場合は，アミノ酸を分解して糖新生に使い，あるいは，脂肪酸の合成に使う．糖新生や脂肪酸の合成に使われるのはアミノ酸の炭素骨格で，脱アミノ化で生じたアンモニアは，肝臓の尿素回路で無毒化されて尿素となり，尿中に排出される．

　細胞内では，タンパク質合成とともに，常にタンパク質が分解されている．その主な経路は，オートファジーとユビキチン・プロテアソーム系である．栄養状態が悪くなると，細胞内の小器官と細胞質が膜によって囲まれ，オートファゴソームを形成する．オートファゴソームがリソソームと融合すると，タンパク質分解酵素が供給され，オートファゴソーム内部のタンパク質が分解される．分解産物はタンパク質合成に再利用される．このように，オートファジーは，タンパク質の代謝回転の維持に重要である．細胞内でいらなくなったタンパク質には，ユビキチンが結合して目印となる．巨大なプロテアーゼであるプロテアソームがこの目印を認識して，いらなくなったタンパク質を分解する．体重 50 kg のブタでは，1 日に合成するタンパク質は約 1 kg というデータがある．一方，1 日に摂取するタンパク質は高く見積もっても 500 g である．合成量が摂取量を 500 g 上回ることになるが，これはタンパク質が常に代謝回転していることによる．そのメカニズムに，前述したオートファジーやユビキチン・プロテアソーム系によるタンパク質分解が関係している．

（3）脂　　肪

　食餌に含まれる脂肪を利用する能力は，発育ステージによって変化する．膵臓が分泌するリパーゼの活性は哺乳中に高くなっていく．しかし，離乳してからの 1 週間は活性が低くなり，その後，再び活性が高くなる．離乳後のリパーゼ活性の落込みは，離乳豚で観察される軟便や下痢との関係が指摘されている．食餌に添加する油脂は，種類によって利用性が違い，植物性の油脂の方が動物性の油脂よりも消化率が高い．食餌に乳化剤を添加すると，動物性油脂の消化率が高くなる．

　体脂肪の大部分はトリアシルグリセロールである．体内のトリアシルグリセロールは，食餌中の油脂に由来するものと，食餌中のグルコースやアミノ酸に由来するものがある．グルコースであれ，アミノ酸であれ，代謝されてアセチルCoA となる．そして，8 分子のアセチル CoA から，基本的な長鎖脂肪酸パルミチン酸が合成される．パルミチン酸は炭素数 16 の飽和脂肪酸だが，体内にある酵素の働きで，炭素数が増え，あるいは不飽和化される．このようにして合成された脂肪酸の 3 分子とグリセロールが結合して，トリアシルグリセロールとなり，

エネルギー源として貯蔵される.

　一方,エネルギーが不足した状態になったとき,貯蔵したトリアシルグリセロールをリパーゼの作用で再び脂肪酸とグリセロールに分解し,さらに脂肪酸を酸化してエネルギーを得ることができる. この酸化を β 酸化と呼ぶ. β 酸化を受けた脂肪酸はアセチル CoA に戻ってクエン酸回路に入り,ATP を供給する.

　反芻動物が摂取した不飽和脂肪酸は,第一胃微生物によって水素が添加されて飽和脂肪酸となる. このメカニズムのために,反芻動物由来の脂肪は飽和脂肪酸の割合が高く,脂肪酸組成を飼料で制御するのは難しい. 一方,単胃動物のブタの脂肪組織は,摂取した飼料の影響を受けやすい. 例えば,カンショを給与すると「もち豚」ができることが古くから知られている. 脂肪に粘りがあり,色が白いことから「もち豚」と呼ばれている. 具体的には,カンショを給与した肥育豚の脂肪組織では,給与量や給与期間によって程度に違いはあるが,オレイン酸などの 1 価不飽和脂肪酸が増え,リノール酸などの多価不飽和脂肪酸が減る. また,ブタに米を給与しても,オレイン酸が増えてリノール酸が減る. エイコサペンタエン酸(EPA,炭素数 20,2 重結合 5 個)とドコサヘキサエン酸(DHA,炭素数 22,2 重結合 6 個)は魚油由来の直鎖不飽和脂肪酸である. これらの脂肪酸は血液循環をよくし,脳梗塞の予防効果や抗動脈硬化作用がある. ブタに魚油を給与すると,組織中の EPA と DHA の含量を増やすことができる. しかし,過度に給与すると,豚肉に魚臭が移り,軟脂の原因になる. 飼料のエネルギー水準を維持するために,植物由来の油脂を飼料に添加するときも,過度に添加すると脂肪組織のリノール酸が増えて脂肪の融点が低くなり,軟脂になる恐れがある.

4) 栄養素要求性と欠乏

　子豚,肥育豚,妊娠豚あるいは授乳豚であれ,エネルギーとアミノ酸の要求量は,それぞれのブタの体重,増体量などの要因を組み込んだ推定式を使って計算する. ポイントは,ブタの遺伝的能力によって要求量が変化することである.

(1) エネルギー

　第 6 章で説明したように,飼料が含むエネルギーは,消化吸収,代謝,熱量増加という現象を通して,可消化エネルギー(DE),代謝エネルギー(ME),正

味エネルギー（NE）と階層化される．エネルギーの要求量を表示するとき，どの階層で表示するかを決めなければならない．北米とヨーロッパでは NE を採用している．ME から熱量増加を引いたものが NE であるが，熱量増加を測定するのは難しいので，DE あるいは ME の含量と粗タンパク質などの一般成分の含量を使って NE を推定する式が提案されている．日本では，消化試験で測定できる DE を使ってエネルギー要求量を表示している．

　日本飼養標準・豚（2013 年版）では，子豚と肥育豚の 1 日当たりの DE 要求量を以下の式で推定している．

$$\text{DE（kcal/ 日）} = 140W^{0.75} + PR/0.42 + FR/0.71$$

　ここで，W：体重（$W^{0.75}$ は代謝体重），$140W^{0.75}$：維持に必要な DE 要求量（kcal/ 日），PR：タンパク質として蓄積するエネルギーの量（kcal/ 日），FR：脂肪として蓄積するエネルギーの量（kcal/ 日），0.42 と 0.71 はタンパク質あるいは脂肪の蓄積に対する DE の利用効率である．

　PR と FR についても，体重と増体量から計算する式が提案されている．これらの式に基づいて計算した肥育豚の DE 要求量を表 7-1 に示した．同じ 70 〜 115 kg のブタでも，期待増体量が 0.85 kg のときは 1 日当たりの DE 要求量は 10.12 Mcal であるのに対し，1.00 kg のときは 11.33 Mcal と高くなるのがわかる．

（2）アミノ酸

　タンパク質要求量の本体はアミノ酸要求量であるので，日本飼養標準・豚（2013年版）では，アミノ酸要求量を主，タンパク質要求量は補助的な数値として扱っている．体内で合成できないので，飼料から摂取すべきアミノ酸を栄養学的な必須アミノ酸というが，要求量を推定するのはこれらのアミノ酸である．しかし，必須アミノ酸と非必須アミノ酸の比率についても注意が必要である．例えば，窒素排泄量を低くするための「低タンパク質・アミノ酸添加飼料」では，非必須アミノ酸含量も低い．このとき，十分量の非必須アミノ酸を体内で合成できない可能性もある．必須アミノ酸と非必須アミノ酸の最適比率は，まだよくわかっていないので，これから重要になる研究対象である．

　ブタにとっての必須アミノ酸は，ヒスチジン，イソロイシン，ロイシン，リジン，メチオニン，フェニルアラニン，スレオニン，トリプトファン，バリンの 9 つである．離乳子豚などの成長が盛んな時期に必須アミノ酸となることがあるの

	子　豚	肥育豚	
体重（kg）	20〜30 （25.0）	70〜115 （92.5）	70〜115 （92.5）
期待増体量（kg/ 日）	0.65	0.85	1.00
可消化エネルギー（Mcal）	4.40	10.12	11.33
可消化養分総量（g）	1,000	2,290	2,570
必須アミノ酸（g）			
総アミノ酸として			
リジン	13.2	17.3	20.4
メチオニン＋シスチン	8.1	10.6	12.4
スレオニン	8.6	11.2	13.2
トリプトファン	2.9	3.3	3.9
バリン	9.0	11.8	13.8
標準化可消化アミノ酸として			
リジン	11.2	14.7	17.3
メチオニン＋シスチン	6.9	9.0	10.6
スレオニン	7.3	9.5	11.2
トリプトファン	2.1	2.8	3.3
バリン	7.7	10.0	11.8
粗タンパク質（g）	219	399	467
カルシウム（g）	8.4	15.4	
非フィチンリン（g）	3.9	6.1	
ナトリウム（g）	1.55	3.07	
塩素（g）	1.42	2.5	
カリウム（g）	3.2	5.2	
マグネシウム（g）	0.5	1.2	
鉄（mg）	90	123	
銅（mg）	5.8	9.2	
亜鉛（mg）	90	154	
ビタミン A（IU）	1,970	3,990	
ビタミン E（IU）	14.2	33.8	
ビタミン D（IU）	226	460	
ビタミン K（mg）	0.6	1.5	
ビタミン B_1（チアミン，mg）	1.29	3.07	
ビタミン B_2（リボフラビン，mg）	3.55	6.14	
ニコチン酸（mg）	14.4	21.5	
ビオチン（mg）	0.06	0.15	

表 7-1　1 日当たりの養分要求量の一例

（日本飼養標準・豚（2013 年版）を参考に作成）

で，アルギニンは条件付き必須アミノ酸と呼ばれている．トウモロコシなどの穀類と大豆油の絞り粕を主体とした実用飼料をブタに給与する場合，必須アミノ酸のうちリジンが最も不足しやすいアミノ酸になる．このように，最も不足しやす

いアミノ酸を第一制限アミノ酸といい，ブタではリジンがこれに相当する．飼料に含まれる必須アミノ酸の比率の理想パターンが，「理想タンパク質（リジンとそれ以外の必須アミノ酸の比率）」として提唱されている．したがって，リジンの要求量を推定できれば，理想タンパク質の比率を使い，他の必須アミノ酸の要求量も推定できる．

　日本飼養標準・豚（2013年版）では，子豚と肥育豚の1日当たりのリジン要求量を以下の式で推定している．標準化可消化アミノ酸は，回腸末端までの見かけのアミノ酸消化率を，基礎的内因性アミノ酸損失によって補正した標準化アミノ酸消化率から算出する．なお，日本飼養標準・豚（2013年版）では，標準化可消化アミノ酸に対して有効アミノ酸という用語を使っている．

$$標準化可消化（有効）リジン要求量（g/日）＝ 17.3×WG$$

$$リジン要求量（g/日）＝標準化可消化（有効）リジン要求量（g/日）/0.85$$

　ここで，17.3は増体1kg当たりの標準化可消化リジン要求量（g），WG：1日当たりの期待増体量（kg），0.85はリジンの回腸末端消化率の平均値である．

（3）ミ ネ ラ ル

　カルシウムが不足すると，骨の成長と維持に悪影響を及ぼす．成長期にはくる病，成豚では骨軟化症を発症する可能性がある．リンも骨を構成する成分として重要であり，不足するとくる病や骨軟化症を発症することがある．トウモロコシや大豆油の絞り粕など，植物由来の飼料原料中のリンは大部分がフィチン態のリンなので，ブタでは利用性が悪い．そのため，表7-1に示したように，要求量は非フィチンリンとして表示されている．飼料中のカルシウムとリンの比率は骨の成長と維持に重要で，1：1～2：1の間に維持する必要がある．

　生体に含まれる鉄の90%以上がタンパク質と結合している．最も重要なのはヘモグロビンであり，鉄が不足すると鉄欠乏性貧血を発症する．妊娠期には鉄の要求量が高くなるので，ヘモグロビン合成が不十分となり貧血に対する注意が必要である．また，ミルクの鉄含量は低く，成長が盛んな哺乳豚をミルクだけで育てると，鉄が不足する可能性がある．したがって，鉄剤を注射して哺乳豚に鉄を補給することが多い．亜鉛の欠乏症パラケラトーシスは，発疹からかさぶたに移行する皮膚病である．カルシウムを過剰摂取するとパラケラトーシスが悪化する．

(4) ビタミン

　ビタミン A が欠乏すると体重の低下，眼球乾燥症や夜盲症を発症する．肉牛にビタミン A を不足させると脂肪交雑を形成するが，ブタでは報告例はない．過剰症としては，毛皮の粗剛，うろこ状の皮膚，ふらつきなどがある．ビタミン D は消化管からのカルシウムの吸収を促進し，骨へのカルシウムの蓄積や血中濃度も調節している．したがって，ビタミン D が不足すると骨の成長と維持が阻害される．ブタでは関節の肥大や骨折が主な症状である．過剰症としては，発育の停滞，大動脈，心臓，腎臓へのカルシウム沈着などがある．ビタミン E は抗酸化物として機能する．ビタミン E 不足の症状で最も重要なのは栄養性筋症で，ブタも例外ではない．特に，成長が盛んな時期に発症しやすいが，成豚になってからでも発症する．よろめきながら歩行し，重篤な場合は立ち上がれなくなる．また，心筋も影響を受けやすく，マルベリーハート病を発症する．ビタミン K が欠乏すると血液凝固時間が長くなり，内出血が起こり，死に至ることもある．

　水溶性ビタミンであるビタミン B 群が不足しても特有の症状を呈する．穀類のチアミン（ビタミン B_1）含量は高いので，通常の飼料を摂取しているブタがチアミン不足に陥る可能性は低いが，不足すると食欲が低下し，結果的に成長が阻害される．逆に，穀類のリボフラビン（ビタミン B_2）含量は低いので，不足しやすい．不足すると，食欲低下を伴う成長の遅延，皮膚の発疹が見られる．繁殖雌豚では，発情周期の維持と早産の防止に重要である．ニコチン酸はトリプトファンから合成される．したがって，ニコチン酸の要求量は，飼料のトリプトファン含量の影響を受ける．ニコチン酸が欠乏すると，食欲低下を伴って成長が遅延し，皮膚に炎症が起きる．ブタでビオチンが欠乏すると，肢蹄異常，脱毛，皮膚の乾燥が起きる．表 7-1 には要求量を示していないが，この他にパントテン酸，ピリドキシン（ビタミン B_6），コリン，ビタミン B_{12} がビタミン B 群に含まれている．これらのビタミンが不足しても，食欲低下，成長遅延，皮膚炎などの皮膚の異常が起きる．特徴的なのは，ピリドキシン欠乏の運動失調と痙攣，コリン欠乏の脂肪肝などである．ブタはビタミン C の必要量を合成できるので，飼料に添加する必要はないといわれているが，高温などのストレスにより要求量が高くなることが示唆されている．欠乏すると壊血病になり，全身で出血する．

5）食性と飼料

　ブタの飼料摂取量は，性別，気温，飼料の嗜好性・エネルギー含量・物理性，飼育形態などの影響を受ける．肥育豚では去勢雄豚の方が雌よりも飼料摂取量が高い．また，高温環境下では飼料摂取量は低下する．油脂を添加して飼料のエネルギー含量を高くすると，飼料摂取量が低くなることが多いが，エネルギーの摂取量はかわらないか，あるいは高くなる．繊維含量が高い飼料は容積が大きいので，消化管容積との兼合いから，飼料摂取量は低くなることが多い．また，アミノ酸のインバランスによっても飼料摂取量は低下する．

　トウモロコシや麦類などの穀類，大豆油の絞り粕などを飼料原料とするときは，粉砕して粒度を小さくする必要がある．粒度が小さいと消化性がよくなるので，飼料要求率を改善できる．一方で，過度に粒度が小さい原料をマッシュ（粉餌）として給与すると，豚舎内で粉塵の原因となり，呼吸器系疾患につながる可能性がある．また，粒度が小さすぎる飼料は嗜好性が悪く，胃潰瘍の原因になる．

　生産現場でブタに給与している飼料の形状は，マッシュ，ペレット，クランブルが主流である．ペレットは食べこぼしが少なく，無駄なく給与できるので，飼料要求率の改善につながる．粉塵の原因にもなりにくい．しかし，加工するときに熱処理するので，標準化可消化アミノ酸としてのアミノ酸含量が低くなる可能性がある．

　近年，食品残渣の飼料化が進んでいる．食品残渣には，食品製造業，食品小売業，外食産業，学校や病院の給食から発生するものが含まれる．食品製造業から発生するものとしてはトウフ粕をあげることができ，食品小売業からはコンビニエンスストアの期限切れ食品などが発生する．これらの資源の栄養価を把握したうえで，乾燥やリキッド化など適切に前処理して給与する．リキッド化した飼料は，専用のパイプラインを使って飼槽まで運んで給与する．この給与形態をリキッドフィーディングと呼ぶ．リキッドフィーディングは，粉塵の原因にならず，飼槽の幅が十分にあれば斉一な制限給餌が可能である．一方で，リキッド化しているので腐敗しやすい欠点があり，専用設備を設置する初期投資も必要となる．

２．ウ　　マ

　ウマ（奇蹄目，ウマ科）は進化の過程で，四肢の指（趾）が各 1 本に減少し，小型のイヌ程度のサイズから体長約 2 m，体高 1.2 〜 1.8 m，体重 350 〜 700 kg の大型になった．ウマの品種は約 200 種あり，基本的にポニー，軽種馬，輓馬の 3 タイプに分けられる．わが国では，木曽馬などの在来馬（未改良馬）が 8 種，3,000 頭あまり飼育されている．第二次大戦以後，農耕馬や軍用馬としての利用が激減し，競馬のための軽種馬生産やスポーツ用の乗用馬の飼育が盛んになり，さらに近年，自然教育や情操教育，アニマルセラピー（動物療法）などにも利用され始めている．

１）消化器の形態

　ウマは草食性であるが単胃動物で，腹腔表面の大部分は盲腸と結腸で占められている．ウマの胃の容量は 8 〜 15 L で，体のサイズに比べて著しく小さい．ウマでは噴門と幽門がブタのものより接近するために，小弯が深く弯入して角切痕をつくり，食道と同様の粘膜を持つ前胃部が噴門の左側に盲嚢状に突出して胃盲

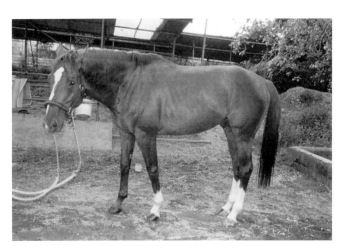

図 7-3　ウマ（*Equus caballus*）
（写真提供：唐澤　豊氏）

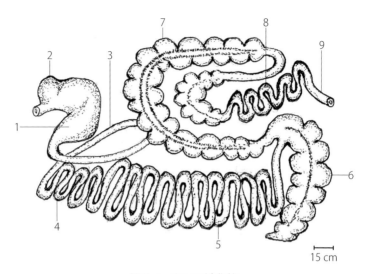

図 7-4　ウマの消化管

1：胃，2：胃盲嚢，3：十二指腸，4：空腸，5：回腸，6：盲腸，7：大結腸，8：小結腸，9：直腸.（大島浩二氏 原図）

嚢を形成することが特徴である（図7-4）.

　ウマの腸の長さは小腸が19〜30 m（十二指腸約1 m），大腸が6〜9 m（盲腸0.8〜1.3 m，結直腸5.5〜8.0 m）で，体のサイズに比べてやや短いが，腸管全容量は約221.7 Lで，ウシ（101 L）の2倍以上あり，特に盲腸（25〜30 L）と結腸（大結腸103 L, 小結腸15 L）がきわめて大きく，腹腔の大部分を占めている.また，ウマの大腸では腸ヒモによる膨起がブタのものよりも顕著で，粘膜の表面積をさらに増加させている（図7-4）.

　ウマの肝臓は重さ2.5〜7 kg（体重の1.2〜1.5 %）でやや小さく，老齢のものでは，さらに2.5〜3.5 kgに退縮しているものも見られる. ウマの肝臓では左葉が切痕で外側と内側に分けられ，胆嚢を欠くため，右葉と方形葉との境界がわかりにくく，尾状葉には乳頭突起を欠き，尾状突起は細長い.

　ウマの膵臓は重さ250〜300 gで，ブタのものより充実したコンパクトな形状を呈している. 中央の大きな膵体から短い右葉と長い左葉が伸張し，両葉と膵体部の境界部を門脈が貫通して，ブタと同様に膵輪を形成している.

2）栄養素の消化と吸収

　消化管内容物の動態を液相および固相マーカーの消化管内分布の経時変化に基づいて調べた結果によると，胃には内容物はあまり長く留まらない．消化管全体で見ると液相に比べて固相は移行速度が緩やかであり，内容物の粒子サイズが大きいほど緩やかである．これは，結腸の半月状皺壁によって達成される固形物の貯留，また結腸の内容物を下部へ推進する収縮によってもたらされる．アルファルファを与えたウマ（体重 200 kg）で調べた消化管全体の内容物平均滞留時間は，固相が 27 時間，液相が 22 時間である．盲腸内には内容物が 3 〜 18 時間留まる．固相の滞留時間が液相より長いのは繊維（固相に存在）の消化にとっては有利であるが，この差は反芻動物の反芻胃で起こる固相内容物の選択貯留に比べてそれほど顕著ではない．

　ウマの消化管の機能を円滑に働かせるためには，飼料に繊維含量の高い粗飼料が一定量含まれなければならない．ウマの飼料は牧草類，穀類，根菜類などあらゆる植物質が用いられる．

（1）炭 水 化 物

　ウマではブタと同様に食餌中可溶性炭水化物の多くは，小腸で消化され，グルコース，フラクトースなどの単糖類となって吸収される．しかし，デンプンやフラクタンなど易消化性の糖質を食べたあとの胃では乳酸の生成が見られることから，食餌中糖類の一部は微生物による分解によって乳酸に転換され，エネルギー源になるものと考えられる．

　飼料中デンプンの小腸での消化性は加工によって影響を受ける．穀類デンプンの小腸での消化率は，粒状のものと比べて粉砕されたものは高い．しかし，消化管全体での消化率は高く，両者間にほとんど差がない．このことは消化を免れた穀類中のデンプンは，その形状にかかわらず，大腸内の微生物によって効率よく消化されることを示している．デンプンの消化管全体での消化率は通常 90 ％を超える．

　胃や小腸で消化を免れた非構造性成分や繊維成分は，大腸で微生物消化を受け酢酸，プロピオン酸などの短鎖脂肪酸に転換される．大腸では短鎖脂肪酸が大量

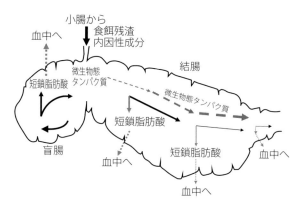

図 7-5　ウマの大腸内容物の動きと微生物消化（概念図）
短鎖脂肪酸の生成は盲腸と近位結腸で多く，下部では少ない．生成した短鎖脂肪酸は速
やかに吸収され，ウマのエネルギー源になる．微生物態タンパク質は下部にいくほど増
加し，食餌残渣との比率は高くなる．

表 7-2　牧草含有飼料で飼育した草食動物の繊維消化率（%）の比較

	消化率測定に用いた飼料										
	①	②	③	④	⑤	⑥	⑦	⑧	⑨	⑩	⑪
前胃発酵動物											
ウ　シ	50.7	56.4	60.1								
ヒツジ	50.4	46.3		50.1	50.1	67.4					
後腸発酵動物											
ウ　マ	36.7	33.4	54.4				34.7				
ポニー		36.6					38.1				
ブ　タ					39.7	43.8					
マーラ								38.4			
ヌートリア									41.9		
ウサギ	19.9	6.9*		31.4			18.1			10.4	
ハイラックス			41.0								
モルモット							38.2	39.0	30.7	33.6	44.3
デグー											34.9
ラット					20.9	1.5				13.7	
ハムスター										23.8	
オオミミマウス										24.4	

①粗繊維 10%以上（Hintz, 1969），②チモシー 100%，＊チモシー 50%，粗繊維（Uden & Van Soest, 1982），③アルファルファ 100%，セルロース（Vander Noot & Gilbreath, 1970），④アルファルファ 100%，セルロース（Paul-Murphy et al., 1982），⑤アルファルファ 50%，セルロース（Keys et al., 1969），⑥オーチャードグラス 50%，セルロース（Keys et al., 1969），⑦アルファルファ 100%，粗繊維（Slade & Hintz, 1969），⑧アルファルファ 50%，ADF（Sakaguchi et al., 1992），⑨アルファルファ 50%，ADF（Sakaguchi & Nabata, 1992），⑩アルファルファ 50%，ADF（Sakaguchi et al., 1987），⑪アルファルファ 50%，ADF（Sakaguchi & Ohmura, 1992），＊チモシー 50%．

に生成するが，内容物中の短鎖脂肪酸濃度は後部大腸にいくほど段階的に低下する．これは繊維の分解速度とも関係し，セルロースの分解速度は盲腸内が最も高く，腹側結腸内が次に高く，背側結腸内では緩慢である（図 7-5）．

　食餌中の炭水化物の種類の違いはウマの盲腸の微生物叢や短鎖脂肪酸の生成量に大きく影響し，高デンプン飼料（30 ％デンプン）では盲腸内の繊維分解菌が減少し，乳酸を生成する菌などの総菌数が増加する．

　短鎖脂肪酸は，ウマのエネルギー源や体成分の合成素材として有効に用いられる．盲腸で産生される短鎖脂肪酸のエネルギーは基礎代謝エネルギー量の70 ％，維持エネルギーの 30 ％程度と見積もられている．ウマは盲腸だけでなく結腸も容量が大きく微生物発酵も盛んに行われているので，短鎖脂肪酸はウマにとって重要なエネルギー源である．

　繊維の消化率は大腸の内容物滞留時間によって左右される．ウマの消化管全体で見ると，液相部分に比べて未消化固形物の移行速度が緩やかで，さらに内容物の粒子サイズが大きいほど緩やかである．表 7-2 に示すように繊維消化率を他の動物と比べると，反芻動物よりやや低いものの，他の草食動物と比べると高い．これは巨大な結腸を備え十分な滞留時間が確保できることと，内容物の繊維質が液状部分よりも長く留まることによると考えられる．

(2) タンパク質

　他の単胃動物のように，食餌中のタンパク質の多くは小腸の消化酵素で消化吸収される．ウマにおけるタンパク質の見かけの消化率は，他の動物と同様に飼料原料の種類と量に影響される．成熟ウマにおける飼料中の可消化タンパク質（DP）含量（％）と粗タンパク質（CP）含量（％）との関係は飼料によって異なる．例えば，イネ科乾草だけを給与した場合は DP = 0.74×CP−2.5，エンバク乾草と濃厚飼料を半々給与した場合 DP = 0.80×CP−3.3，アルファルファ乾草と濃厚飼料を半々給与した場合は DP = 0.95×CP−4.2 となる．

　大腸のバクテリアはそれ自体が増殖することで大量のタンパク質を生産することになり，同時にビタミン類も生成される．しかし，これらは大腸で消化吸収されないので，ウマにとってはときおり観察される食糞による以外は，これらをほとんど利用できない．したがって，ウマでは食餌中のタンパク質含量が少ない牧

飼　料	粗タンパク質	粗脂肪	可溶無窒素物	粗繊維
チモシー乾草	40	10	52	42
クローバ乾草	56	28	63	37
エンバク	81	70	75	24
大　麦	80	34	88	31
フスマ	75	31	60	34
大豆粕	96	—	76	84

表7-3　ウマの飼料消化率（%）

草類のタンパク質の見かけの消化率は低くなる（表7-3）.

（3）脂　　肪

　食餌の材料に含まれる脂肪の消化率はウマでは高くはない（表7-3）が，食餌中の脂肪が遊離していればよく消化吸収されるので，エネルギーが不足するときには，飼料に添加して与えることができる．飼料に添加した脂肪の消化率は88～94%である．血清中の中性脂肪含量は飼料中の脂肪含量に影響されないが，血清コレステロールレベルはコーン油の飼料への添加量に応じて増加する．

3）栄養素の代謝と利用の特徴

（1）炭水化物

　ウマのエネルギー代謝は食餌の成分組成によって大きく影響を受ける．牧草主体の飼料を与えると，グルコースの燃焼によって生成されるCO_2の排出量は少なく反芻動物のそれに近づく．このことは大部分のエネルギーを大腸内微生物発酵の最終産物である短鎖脂肪酸の分解によって得ていることを示している．他の動物と同様に，ウマでも短鎖脂肪酸の中ではプロピオン酸だけがグルコースの合成素材として使われる．一方，穀類デンプンを摂取したウマでは，非草食動物と同程度のグルコース代謝量を示す．すなわち，食後血糖値の上昇の程度はデンプンの摂取量と相関する．

　ウマの大腸発酵は食餌組成に大きく影響され，高デンプンあるいは高穀類含有飼料の摂取では生成される酢酸の比率が低下し，プロピオン酸の比率が高くなる．また，繊維を多く含む飼料から低繊維高エネルギー飼料に急激に転換すると大腸内の微生物数やpHの変化，特定菌種の死滅が起こる．特定菌種の死滅はエンド

トキシンの放出につながり, 馬蹄炎を引き起こす要因になる恐れがある. したがって, 飼料の変更は徐々に行う必要があり, 低繊維飼料の給与には特に注意を払わなければならない.

(2) タンパク質

　低タンパク質飼料に配合した尿素は窒素保持率を改善するが, タンパク質源が十分に含まれる場合は尿素を飼料に配合しても効果はない. 尿素の飼料への添加は血中尿素濃度と尿中尿素排泄量を増加させる. このことは, 摂取された尿素の多くは体タンパク質合成に利用されず排泄されることを示唆している. したがって, 尿素などの非タンパク態窒素化合物の給与は多くの場合有用ではない. 過剰の尿素 (3.4 g/kg 体重) を給与されたポニーは, アンモニア中毒を起こして死に至ったという.

　腸内微生物によるタンパク質の合成は血中の尿素も窒素源として利用されると考えられるが, 大腸で合成された微生物体タンパク質がウマのタンパク質源として有効に利用される可能性は低い. このことも, 配合した尿素の利用性が低いことの要因といえる.

(3) 脂　　　肪

　ウマの筋肉は脂肪酸を酸化してエネルギーを取り出すことができる. 体脂肪は運動中に動員され, 脂肪酸は速やかに酸化される. 小型馬の繁殖において, 高脂血症が問題になることがある. 高脂血症は妊娠後期や泌乳中の母馬では普通に起こり, また, 食欲欠乏, 絶食, 妊娠泌乳, 寄生虫感染, 移送などによって生じる負のエネルギーバランスのウマに起こる. 高脂血症になると動作が鈍く嗜眠状態になり, さらに抑うつ症, 昏睡を経て死に至る場合もある. 高脂血症のウマでは血漿や血清は不透明で乳濁し, 血清中性脂肪は 500 mg/dL にもなる. 一般に, 脂肪組織の中性脂肪は加水分解され脂肪酸とグリセロールになり, ほとんどの脂肪酸は肝臓で代謝され, ATP とケトン体生成に使われ, 一部は中性脂肪に再合成される. 高脂血症のウマでは肝機能障害を併発して, この代謝が円滑に行われない. また, 末梢組織による血漿脂質の取込みも阻害されるので, 血液中に脂肪が蓄積する.

4）栄養素要求性と欠乏

（1）エネルギー源

ウマのエネルギー要求量は，代謝体重を考慮する必要はないとされており，体重を変動要因として計算される．ウマの安静時エネルギー要求量（可消化エネルギー）と体重（W, kg）との間には次の関係式が成り立つ．

$$DE（Mcal/日）= 0.975 + 0.021W$$

NRC（1989）はウマのエネルギー要求量を可消化エネルギー（DE）で表し，体重（W, kg）をもとにして1日要求量を表7-4のように計算することを推奨している．

エネルギーが不足すると，体重減少，雌馬の発情遅延，成長不良，元気喪失などが起こる．エネルギーの過剰摂取による肥満は，ストレスに弱く腸炎に罹りやすくなり，さらに繁殖力の低下と短命化をウマにもたらす．

表7-4　ウマの栄養要求量		
生理状態	条　件	要求量
維　持	体重（W）600 kg 以下	$DE = 1.4 + 0.03W$
	体重（W）600 kg 以上	$DE = 1.82 + 0.0383W - 0.000015W^2$
妊　娠	9か月	（維持 DE 要求量）×1.11
	10か月	（維持 DE 要求量）×1.13
	11か月	（維持 DE 要求量）×1.20倍
泌　乳	出産後3か月	
	体重（W）200 kg 未満	（維持 DE 要求量）+（0.04W×0.792）
	体重（W）300～900 kg	（維持 DE 要求量）+（0.03W×0.792）
	出産3か月以後離乳まで	
	体重（W）200 kg 未満	（維持 DE 要求量）+（0.03W×0.792）
	体重（W）300～900 kg	（維持 DE 要求量）+（0.02W×0.792）
成　長	訓練なし	（維持 DE 要求量）+（$4.81 + 1.17X - 0.023X^2$）× 平均日増体重（kg）
	訓練あり	（維持 DE 要求量）×1.5+（$4.81 + 1.17X - 0.023X^2$）× 平均日増体重（kg）
労　役	軽　度	（維持 DE 要求量）×1.25
	中程度	（維持 DE 要求量）×1.50
	重　度	（維持 DE 要求量）×2.00

ここで, X：月齢.

（NRC, 1989）

（2）タンパク質

　成長中のウマは質の劣るタンパク質（綿実粕，醸造粕，ツェイン，アマニ粕など）を与えられると成長が遅れる．成熟したウマは成長中のウマに比べてタンパク質の質に対する感受性は小さい．個々のアミノ酸の要求量はウマに対しては確立されていない．しかし，単胃動物であるウマの必須アミノ酸は以下の 10 種とされている（NRC，1998）．すなわち，アルギニン，ヒスチジン，イソロイシン，ロイシン，リジン，メチオニン，フェニルアラニン，スレオニン，トリプトファン，バリンである．タンパク質の消化率はタンパク質源によって異なるので，成熟馬のタンパク質要求量は可消化タンパク質量で表される．

　維持に要するタンパク質量はおおむね 0.6 g/kg 体重 / 日でよい．NRC（1989）では，粗タンパク質（CP）要求量を可消化エネルギー要求量で除した値（CP g/DE Mcal）を用いて表している．例えば，消化率 46 ％の牧草で飼育されているウマでは，1.3 g/kg 体重 / 日の粗タンパク質を要求し，これを DE 要求量で除すと 40 g/DE Mcal/ 日となる．

　タンパク質が欠乏するとウマは食欲が減退し，エネルギー不足になる．その結果，成熟馬では体重減少が，成長中のウマでは成長遅延が，また雌馬では受胎率の低下と産乳量の減少が起こる．

（3）ミ ネ ラ ル

　Ca, P, Mg, K の維持要求量(g/ 日)は，それぞれ 0.04× 体重，0.028× 体重，0.015× 体重，0.05× 体重によって求められる．成長，妊娠，泌乳，労役時の要求量は，成長量や妊娠，泌乳の時期，労役の強度，体重に応じ，また各ミネラルの吸収利用率を考慮して決められている．

　Ca や P の不足によって，成長中のウマは骨形成不全症になり，骨が曲がり，関節が肥大する．成熟馬は，Ca や P の不足によって骨が弱くなり，歩行困難が起こる．

（4）ビ タ ミ ン

ビタミンの要求量は他の栄養素と同様に年齢，妊娠や泌乳の時期，ストレスに

よって左右される. また, 飼料に添加が必要なビタミンの種類や量は, 飼料のビタミン含量, 消化管内における微生物のビタミン合成能, ビタミンの吸収量などによって影響される. ビタミン A の要求量 (IU/ 体重 (kg)/ 日) は, 維持のためには 30, 妊娠中あるいは泌乳中のウマには 60, その他のウマには 45 である. その他のビタミンの要求量については, まだよくわかっていない.

　ビタミン A が欠乏すると, 食欲不振, 成長不良, 夜盲症, 流涙, 角膜や皮膚の角化, 呼吸の病徴, 舌下腺の膿瘍, 繁殖障害, 痙攣性発作, 進行性虚弱が起こる. また, ビタミン A 過剰摂取を長期間続けることによって, 骨の脆弱化や上皮の脱落が起こる. 一方, ビタミン D の過剰摂取は血管, 心臓, その他の柔組織の石灰化や骨異常を引き起こす.

(5) 水

　ウマは尿, 糞便, 汗, 呼気として大量の水分を体内から排出するので, 清浄な水を十分供給することが必要である. 水は体内のさまざまな代謝系で必須であるが, タンパク質の分解に伴う尿素の生成や排泄過程でも大量の水を必要とする. 水の供給が不足すると, 消化障害とその結果として消化器疝痛を引き起こす. また, 量だけでなく与える水の質も重要である.

5）食性と飼料

　ウマの消化管は巨大な大腸を備えていることが特徴である. 盲腸も発達しているが, 結腸の容量が大腸容量の大部分を占めており, 大腸における微生物の働きによって高い繊維消化率が得られる. ウマは草食に適応した典型的な結腸発酵動物で, 反芻動物と比べてやや劣り, 食餌の種類や摂取量などによって変動するものの, 高い繊維消化能力を持っている. 飼料には繊維含量の高い粗飼料が一定量含まれなければならない.

　ウマの飼料は牧草類, 穀類, 根菜類などあらゆる植物質が用いられる. ウマは食餌への脂肪の添加は容易に受け入れ, 特にコーン油を他の油脂よりも好む.

3．ウ　サ　ギ

　現在,家畜として利用されているウサギ（ウサギ目,ウサギ科;カイウサギ）は,アナウサギをヨーロッパで飼い慣らしたもので,いわゆるノウサギのグループとは異なる動物である．用途によって,毛皮用種（ニュージーランドホワイト,チンチラ,アンゴラ）,肉用種（フレミッシュジャイアント,ベルジャンヘア）,兼用種（日本白色種）,愛玩用種（ダッチ）などに分けられる．それらの体長は30～60 cm,体重は1.1～4.5 kgで,種によって大きく異なる．

1）消化器の形態

　ウサギはウマと同様に草食性の単胃動物で,腹腔表面の大部分は大腸,特に盲腸で占められている．ウサギの胃は長径約8 cm,最大幅径約5 cmで体のサイズに相当した平均的な大きさである．ウサギでは噴門と幽門が接近し,噴門の左背側に盲嚢状の隆起を持つが,ブタやウマとは異なり,この部分は胃底部に相当しており,ウサギの胃粘膜はすべて腺部のみで占められている（図7-7）.

　ウサギの腸は全長約4 mで,小腸がその2/3（2.7 m）,残りの1/3（1.3 m）

図7-6　ウサギ（*Oryctolagus cuniculus*）
（写真提供：唐澤　豊氏）

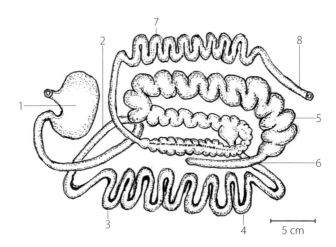

図 7-7　ウサギの消化管
1：胃，2：十二指腸，3：空腸，4：回腸，5：盲腸，6：虫垂，7：結腸，8：直腸.
（大島浩二氏 原図）

を大腸が占め，比較的長い．十二指腸（55 cm）は下行部と上行部によってワナ
を形成し，空回腸（205 cm）は著しく迂曲している．盲腸の長さは約 40 cm で，
胃の約 10 倍の容量を有し，体のサイズに比べれば，家畜の中で最もよく発達し，
先端部は他の部分より細長い虫垂を形成している（図 7-7）．

　ウサギの結直腸は約 1 m で，はじめは盲腸に類似し，これに続く部分は結腸
ヒモと膨起を有して太いが，その後，徐々に細くなり，境界なしに直腸に移行し
ている（図 7-7）．

　ウサギの肝臓は重量が 50 〜 60 g，体重の 2 〜 2.3 ％で，他の草食性家畜のも
のより大きい割合である．ウサギの肝臓の分葉形態はブタと同様に左右両葉がさ
らに内側と外側に分けられるが，葉間切痕が深いため，各葉の区別が明瞭であり，
外側左葉が最大で，内側右葉がこれに続き，尾状突起や乳頭突起も発達している．
胆嚢は内側右葉と方形葉の境界に位置している．

　ウサギの膵臓は重さ 4 〜 6 g，体重の約 0.2 ％で，他の家畜とは異なり，十二
指腸ワナに挟まれて樹枝状に薄く広く拡散している．

2）栄養素の消化と吸収

（1）消化管機能

　ウサギは図 7-7 に示したように容量が大きくかつ形態が特徴的な盲腸を持つ草食動物である．一般に，哺乳類のエネルギー要求量は代謝体重（$kg^{0.75}$）に比例するので，ウサギやさらに小さい動物種のエネルギー要求量は，単位体重（kg）当たりで見るとウシなどの大型の動物に比べて格段に大きい．ウシのような大型の前胃発酵動物は，前胃内の微生物の消化過程（発酵）からもたらされる短鎖脂肪酸を主なエネルギー供給源としている．しかし，ウサギなどの小型の草食動物が反芻動物のような前胃を備えた栄養戦略を採用することはできない．それは以下のような理由によると考えられている．

　一般に，発酵槽として機能する消化管の容量とそこで生産される短鎖脂肪酸量は動物の体重に比例する．反芻動物では，前胃の発酵によって生産される短鎖脂肪酸のエネルギー量は動物自身のエネルギー要求量にほぼ匹敵する．一方，小型

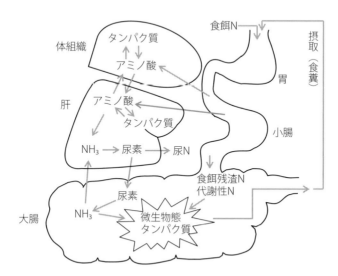

図 7-8　後腸発酵動物における大腸微生物が関与する窒素代謝と体内窒素の流動
微生物の増殖のための窒素源として血中から尿素が供給される．微生物増殖によって合成された微生物態タンパク質は，糞として排泄される．盲腸を持つ小型の草食動物はこの微生物態タンパク質を食糞によって栄養源として日常的に利用する．

の動物では，大型動物に比べて体重当たりのエネルギー要求量が格段に大きいので，体重に制限される発酵槽から得られるエネルギー量では，エネルギー要求量を満たすことはできない．すなわち，小型の動物では，前胃のように摂取したエネルギーの大部分を微生物代謝産物に変換して利用する機構を採用すると，食物からのエネルギー供給量が要求量をはるかに下回り，エネルギー栄養は破綻することになる．

　草類に含まれるタンパク質は量が少なく，アミノ酸組成が動物の要求する組成と異なる場合が多いので，草食動物にとっては微生物体タンパク質の利用は草類タンパク質利用において重要である．小型の草食動物においても，エネルギー要求量と同様に代謝体重にほぼ比例するタンパク質要求量を満足させるためには，微生物が棲息し増殖する場所を消化管内に備え，タンパク質栄養に組み込む必要

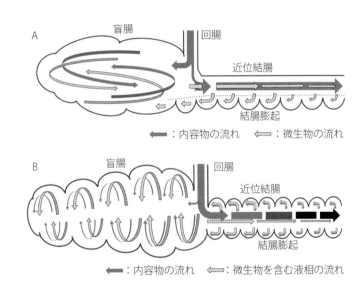

図7-9　草食小動物の大腸内容物移行モデル
A：内容物を非選択的に盲腸に混合貯留し連続的に下部へと送ることを示す．結腸では内容物とともに盲腸から流下してきた微生物が粘液層にトラップされ，粘液とともに結腸膨起内の溝を逆送される．これを粘液トラップ型（mucus trap type）の結腸分離機能という．
B：内容物液相が選択的に盲腸内に貯留されることを示す．結腸へと流下する内容物の固相（固形物）と液相を分離し，結腸ヒモの両側にある結腸膨起部の逆蠕動によって，盲腸へと逆送する．液相とともに微生物は盲腸に運ばれ貯留される．これを固・液分離型（wash-back type）結腸分離機能という．このとき，粗剛な繊維質の多くは盲腸に貯留されることなく排泄される．（Sakaguchi, E., 2015）

がある．この課題に対して小型の草食動物は，微生物増殖の場としてほぼ例外なく盲腸を採用している．盲腸での微生物増殖のための栄養源は，胃と小腸での消化を免れた食餌残渣と血流から消化管内に供給される尿素態窒素などであり，反芻動物と同様に血中尿素が消化管内微生物態タンパク質に移行し，小型草食動物の栄養源として食糞行動によって有効に利用される．後腸発酵動物，特に盲腸が発達した動物の体内窒素の動態と大腸微生物の関わりについて，図7-8に示した．

　ウサギの盲腸で増殖した微生物体は，1日のうちで主に夜間から午前にかけてウサギに摂取され栄養源になる．このとき摂取される糞は通常排泄される糞とは形状，香り，成分が異なり，盲腸糞と呼ばれる．盲腸糞はウサギによって直接肛門から摂取され，通常われわれは見ることができない．盲腸糞は通常糞と比べて高タンパク質，低繊維でB群ビタミンを多く含んでいる．

　ウサギの結腸には，消化管内容物の固形繊維質と微生物や可溶性成分を含む液状部分を分離し，固形繊維質を速やかに排泄する一方，液状部分を盲腸内に逆送して，長時間滞留させる働きがある（図7-9B）．この結腸の内容物分離機構は，近位結腸の肛門側への蠕動と結腸ヒモの両側に並ぶ膨起の口側への逆蠕動運動とが関与している．これによって，微生物の盲腸内への定着と増殖が保障される．

（2）炭 水 化 物

　ウサギの胃では液状部分に比べて固形物が長く滞留し，胃の前半部で大量の乳酸が生産および吸収されるので，血液中の乳酸濃度が高くなる．ウサギは胃で植

表7-5　数種の草食動物におけるチモシー乾草繊維の消化率（%）

動物種	中性デタージェント繊維	セルロース	ヘミセルロース	リグニン	乾　物
ウ　シ	51	53	57	21	52
ヤ　ギ	44	46	49	19	49
ヒツジ	44	46	49	15	48
ポニー	37	37	42	21	45
ウ　マ	33	33	40	11	42
ウサギ大型種（＋）	7	4	11	6	52
ウサギ大型種（－）	9	7	13	6	51
ウサギ小型種（＋）	11	10	12	14	53
ウサギ小型種（－）	11	9	13	10	52

（＋）：食糞許可，（－）：食糞阻止．　　　　　　　　　　　（Uden, P. and Van Soest, P. J., 1982）

物質の可溶性の炭水化物を利用して乳酸発酵をしているが，この乳酸発酵には食糞によって摂取される盲腸内微生物が関わっている．胃で生産される乳酸は，ウサギの重要なエネルギー源の1つである．

　ウサギは草食動物でありながら，大腸が繊維質を比較的速やかに排泄することから，盲腸内に繊維質が長時間貯留されないので繊維成分の消化能力は他の動物に比べて低い．また，食糞は繊維消化にほとんど関与しない（表7-5）．しかし，結腸の内容物分離機構は非繊維成分の利用を容易にし，消化しにくい繊維成分は速やかに排泄することによって飼料摂取量を増やすことができる．これによってエネルギーの量的確保が可能になる．

（3）タンパク質

　ウサギは，ブタやニワトリに比べてアルファルファ乾草などの牧草のタンパク質消化率が高い．これには結腸における内容物分離，盲腸内への微生物を含む液相内容物の輸送および選択貯留，食糞が関係している．タンパク質消化における食糞の重要性は表7-6に示されている．また，アルファルファから抽出したタンパク質を大豆粕の代替物として用いることができ，そのときのタンパク質消化率はラットと比較して高い．このように，ウサギは草類タンパク質の利用性が高い．

表7-6　ウサギの粗タンパク質消化における食糞の役割

タンパク質源	食　糞	窒素消化率（％）	窒素保持量（g/日）
アルファルファミール	許　可	64.9	1.10
アルファルファミール	阻　止	50.8	0.93
大豆粕	許　可	76.9	0.78
大豆粕	阻　止	64.0	0.65
新鮮草	許　可	77.6	0.78
新鮮草	阻　止	67.6	0.44

(Robinson, K. L. et al., 1985)

（4）脂　　肪

　ウサギは植物油が飼料中に 10 〜 15 ％含まれると，脂肪含量の少ない飼料より嗜好性もよく成長がよい．トウモロコシ油を与えたときの粗脂肪消化率は80 ％以上になるが，牧草中の粗脂肪の消化率はそれより低い．

3）栄養素要求性と欠乏

（1）エネルギー源

　一般に用いられているウサギ用飼料は，繊維を多く含み可消化エネルギー含量が低い．ウサギに穀類などの高エネルギー飼料を与えると嗜好性が低く摂食量を減少させ，ウサギの成長を阻害し，生産が低下する場合がある．さらに，繊維が少ない飼料あるいは微粒子状の成分しか含まない飼料では大腸運動が不活発になり，前述した結腸分離機構が働かなくなる．このため，不消化繊維成分の排泄が遅延し，飼料摂取量の減少が起こる．それゆえ，ウサギの飼料は粒子サイズの大きな繊維質をある程度以上含む必要がある．

　胃で産生される乳酸や盲腸で産生される短鎖脂肪酸（酢酸，プロピオン酸，酪酸）は，エネルギー源として有効に利用される．盲腸で産生される短鎖脂肪酸のエネルギーは，維持エネルギーの 12 〜 40 % に相当すると見積もられている．

　飼料に添加した脂肪の利用性は高く，餌の嗜好性を増す．ウサギの飼料には3 %の脂肪が含まれる必要がある．特に，不飽和脂肪酸は毛に光沢を与えるのに重要である．必須脂肪酸（リノール酸，リノレン酸）が欠乏すると成長不良，脱毛，雄の繁殖障害が起こる．

　最もエネルギー要求量が大きいのは授乳中のウサギである．泌乳量がピークのとき（分娩後10〜21日）には，母ウサギのエネルギーバランスはマイナスになる．したがってこの時期では，摂取する飼料エネルギーだけでは泌乳量の確保は困難であり，不足分は体成分の動員によって補われていることになる．

（2）タンパク質

　ウサギは必須アミノ酸を食餌から摂取する必要がある．しかし，前述した盲腸糞食によって微生物タンパク質が供給されるので，質の悪いタンパク質を与える条件下では，食餌中タンパク質の悪いアミノ酸バランスは改善されることになる．実際に，ブタやニワトリでは質の悪いタンパク質を含む飼料は著しく成長を減退させるが，ウサギの成長は給与するタンパク質の質にあまり影響されない．しかしながら，離乳直後の成長期には盲腸や結腸の働きが十分ではなく，質のよいタンパク質が要求される．食餌中に要求されるタンパク質量はアミノ酸組成によっ

てもかわるが，一般に成長中のウサギで 15 ％，妊娠，授乳中は 18 ％，維持には 13 ％である．

(3) ミ ネ ラ ル

　ウサギの血清 Ca レベルは飼料の Ca レベルを反映して変動する．また，Ca の排泄経路は他の動物では胆汁であるが，ウサギでは腎臓（尿）である．尿への Ca 排泄は飼料中の Ca レベルを反映し，飼料中および血中，尿中レベルは相互に連動して変化する．このことは，ウサギの Ca の吸収能力が高く，不要な Ca の排泄能力も高いことを示している．また，飼料中 Ca レベルが高く，Ca：P 比が 12：1 になっても成長は正常で骨形成も正常であるといわれ，ウサギは高カルシウム飼料に対する耐性が高い．

　植物体中の P の利用率は，一般に非反芻動物では低いとされているが，ウサギでは大腸内細菌の作用によりフィチン態の P が遊離し，有効に利用される．

　銅が欠乏すると貧血，毛の灰色化，骨異常が起こる．飼料中に 3 mg/kg 含まれれば，欠乏症は発現しない．

　マンガンが欠乏すると骨格の発育不良，骨の脆弱化，体重減少，骨重量，骨密度，骨長の減少が起こる．成ウサギと成長ウサギでは，それぞれ飼料中に 2.5 mg/kg，8.5 mg/kg が必要である．

(5) ビ タ ミ ン

　ウサギでは B 群ビタミンとビタミン K は，盲腸内微生物によって合成され食糞によって摂取される．したがって，通常の飼料条件下ではビタミン A，D，E について考慮すればよい．

　ウサギでは Ca や P の吸収は要求量を超えて容易に行われるので，Ca の吸収に関与するジヒドロキシコレカルシフェロール（1,25-$(OH)_2$- ビタミン D_3）は，ウサギではあまり重要ではなさそうである．ウサギでは，ビタミン D は欠乏症よりも進行性るい痩と衰弱，食欲減退，下痢，麻痺などの過剰症が出やすい．

　ビタミン A の必要量はまだよく研究されていないが，1 kg 飼料当たり 10,000 IU で十分とされている．欠乏すると繁殖に悪影響（低受胎率，胎子の吸収，新生子の低生存率，胎子の水頭症）を及ぼすが，過剰摂取（40,000 IU/kg 以上）

は欠乏症と同様の症状をもたらすので注
意を要する.

ビタミンE要求量についての情報は
ほとんどないが，欠乏症としては繁殖障
害の他に後肢の麻痺を伴った筋萎縮症が
ある.

4）食性と飼料

ウサギは本来草食性であるが，穀類,
野菜類，乾草なども食べる．しかし，前
述したように繊維成分を消化する能力は
他の草食動物と比べて劣っており，草類
中の繊維はあまりエネルギー源として利
用できない．しかし，食餌中の繊維は消
化管機能，特に大腸の機能が正常に働く
ために必須である.

ウサギの飼料としては，緑草が広く使
われているが,高水分含量でエネルギー,

表7-7　ウサギの成長にとって十分な
栄養素を含む飼料例

	原　料	組成（％）
A	アルファルファミール	54
	小麦フスマ	36.5
	大豆粕	6
	糖蜜	3
	食塩（ミネラル含有）	0.5
B	アルファルファミール	40
	粉砕エンバク	27.3
	粉砕大麦	20
	大豆粕	9
	糖蜜	3
	食塩（ミネラル含有）	0.5
C	アルファルファミール	40
	粉砕大麦	25
	小麦フスマ	23.5
	棉実粕	8
	糖蜜	3
	食塩（ミネラル含有）	0.5

良質で新鮮なアルファルファミールを使えば
ビタミン類の添加は不要である．アルファル
ファの質が劣る場合はブタかニワトリ用のビ
タミンプレミックスを使用できる．（Cheeke,
P. R., 1987）

タンパク質密度が低いので，肉生産や泌乳に対して効率的ではない．乾草を主体
とし，トウモロコシ，オオムギなどの穀類，フスマ，大豆粕などの副産物を配合
したペレット飼料が実用的である．表7-7にウサギの成長に必要な栄養素を十分
に供給できる配合飼料例を示す.

4.　イ　　　ヌ

イヌ（食肉目，イヌ科）は最も古く家畜化が成功した動物で，狩猟用やスポー
ツ用に飼育されてきたが，警察犬や盲導犬，聴導犬などのように特別に訓練され
て，重要な役割を担うものもある．今日では，人間と対等な交友関係を持ち，人
間生活に共同参加できる動物という意味から,コンパニオンアニマル（伴侶動物）
という言葉が用いられているが，イヌはその代表的な存在である．各国のケンネ

図 7-10 イヌ（*Canis familiaris*）
（写真提供：古瀬充宏氏）

ルクラブで認められているイヌの品種は 200 種以上あり，それらの体重はチワワの 0.9 〜 2.7 kg からセントバーナードの最大 138 kg までさまざまで，一般には雄の方が雌より重い．

1）消化器の形態

イヌは肉食性の単胃動物で，腹腔表面は胃と小腸とが半々で大部分を占めている．イヌの胃は容量が 1 〜 9 L の範囲にあり，品種によって著しく異なるが，体のサイズに比べてかなり大型で，左側は噴門部から続く胃底部が大きく張り出し，右側は幽門部が細い円筒状を呈して緩やかな小弯を形成している（図 7-11）．イヌの胃粘膜はウサギと同様に，すべて腺部からなっている．

イヌの腸の長さは小腸が 1.8 〜 4.8 m，大腸が 28 〜 90 cm で，品種によって著しく異なるが，全長が体長の 5 倍程度であり，雑食性や草食性の動物のものより著しく短い．小腸は比較的太く，大腸と同程度で，他の家畜と異なり，胃と肝臓を除いた腹腔の大部分を小腸が占めている．イヌの盲腸は外見では短く見えるが，後方に向かって 2 〜 3 回コイル状に回転しており，伸ばすと 12 〜 15 cm になる．イヌでは結直腸もきわめて短く，腸ヒモや膨起は見られない（図7-11）．

肉食性のイヌの肝臓重量は 127 〜 1,350 g で，品種によって大きく異なるが，

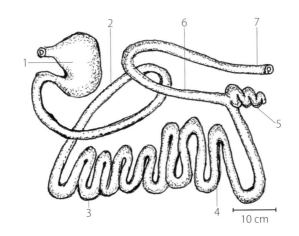

図 7-11　イヌの消化管
1：胃，2：十二指腸，3：空腸，4：回腸，5：盲腸，6：結腸，7：直腸．（大島浩二氏 原図）

体重の約 3 ％に当たり，体重比ではすべての家畜の中で最も大きい．ウサギと同様に，イヌの肝臓は左右両葉（それぞれ内側と外側に分けられる）と方形葉，尾状葉からなり，葉間切痕が深いため，各葉の区分が明らかで，尾状葉から右側に尾状突起，左側に乳頭突起が伸張している．胆嚢は方形葉と内側右葉の間に位置している．

　イヌの膵臓は重さ 13 ～ 108 g で，体重の 0.13 ～ 0.36 ％と幅があり，体重の軽いものほど体重比が大きくなる傾向が見られる．胃の後方から十二指腸に沿って，膵体を中心に右葉と左葉が U 字型を呈し，門脈が膵体に接して膵切痕を形成している．

2）栄養素の消化と吸収

　イヌにおける消化と吸収は，一般に単胃動物のそれと同じである．

（1）糖　　質

　摂取された食物は，まず口腔内で咀嚼を受け，唾液とよく混和されて飲み込まれる．イヌは唾液アミラーゼを欠いており，デンプンの口腔内消化はない．イヌにはビスケット，ジャガイモ，パンなどのデンプンを多く含む高糖質食がよく与えられる．多量の穀類やジャガイモを含む場合，特に未加熱であれば下痢を起こ

す．デンプン以外にラクトースやスクロースなどの二糖類も食餌性糖質として与えられる．ヘミセルロース，セルロース，リグニンなどはイヌでは消化できない．成犬では牛乳により下痢を起こす牛乳アレルギーが知られているが，これは乳糖不耐症であり，ラクターゼの欠損がその原因である．

（2）タンパク質

　胃壁より分泌される胃酸とペプシンにより，食塊中のタンパク質は変成して低分子に消化される．イヌの胃酸の基礎分泌速度は，ヒトが $2 \sim 5$ mEq/ 時間であるのに対し，0.1 mEq/ 時間とかなり低い．食餌が胃に流入した消化時に脳あるいは胃からの刺激により胃酸の分泌が亢進し，pH は $3 \sim 5$ 程度まで低下する．胃におけるタンパク質のペプシン消化は，食塊の胃内滞留時間が短いため一部行われるにすぎず，タンパク質消化のほとんどは小腸近位部で行われる．タンパク質の低分子化は，膵臓から分泌され小腸で活性化されるトリプシンやキモトリプシンによって行われ，小腸粘膜上の酵素によりさらに遊離アミノ酸にまで分解され吸収される．タンパク質の一種である小麦グルテンに対する家族性の過敏症がアイリッシュ・セターで発見されている．これは，グルテンが粘膜細胞に対して毒性があり，免疫反応を引き起こすためである．飼主が肉を与える場合，加熱しすぎた肉は消化が悪くなるし，新鮮な肉だけを与えると悪臭性の下痢が起きる．生卵もイヌでトリプシン阻害を引き起こす．

（3）脂　　　肪

　胆汁酸による脂肪の乳化は酵素リパーゼが作用するためには必須の段階で，脂肪の消化と吸収には欠くことができない．胆汁酸は抱合型で存在することが多く，一般に，肉食および雑食動物ではタウリン抱合型が，草食動物はグリシン抱合型が多い．イヌは体内でタウリンを合成することができるので，ネコのように必須アミノ酸とはされない．イヌでは胆汁酸の大部分がタウリンと抱合し，ラットの胆汁酸も多くはタウリンと抱合している．しかしラットでは，タウリンが欠乏するときはグリシン抱合に切りかえることができるのに対し，イヌはグリシン抱合に切りかえることができず，胆汁酸は遊離のまま分泌される．

3）栄養素の代謝と利用

（1）糖　　質

インスリンの標的組織は，筋肉，肝臓および脂肪組織である．インスリンは筋肉で発現するグルコース輸送体4（GLUT4）による糖の取込みを促す．また，肝臓では，取り込んだグルコースからグリコーゲンへの合成を促進する．グリコーゲンは動物における糖質の貯蔵型であり，主に肝臓と筋肉に存在する．その総量は体液中のグルコースの20〜25倍といわれており，体重10kgのイヌでは40〜50gに相当する．筋肉や肝臓に取り込まれたグルコースは解糖系や五炭糖リン酸（ペントースホスフェート）経路により代謝されエネルギーを供給する．競走犬として育種および選抜された一部の犬種では，食餌からの糖質の供給が途切れると，糖新生からだけではエネルギーの必要量を賄うことができず，生命に危害を及ぼしかねない．

（2）アミノ酸

動物は，アミノ酸のうち，体内で合成されないか，あるいは合成量が十分でないものは食餌から摂取する必要があり，これらのアミノ酸を必須アミノ酸と呼んでいる．いいかえると，必須アミノ酸であるか否かは動物の要求量と合成量の関係で決まる．イヌではこの点において成長期にのみアルギニンは必須である．

4）食性，栄養素要求性と欠乏

（1）食　　性

家畜としての歴史が最も古いと考えられているイヌは，ネコとともにミアキスというイタチのような肉食動物を共通の祖先とすると考えられている．進化に伴いイヌは臼歯の数を増やすに至ったが，育種の開始時点の動物であるオオカミと歯式（歯並び）は同じである．イヌは群れで捕食を行い，1つの獲物を群の間で共有する習性を有するためにいち早く食

表7-8　イヌにおける腸の長さ

	相対長 (%)	平均絶対長 (m)	体長当たりの腸長比
小　腸	85	4.14	
盲　腸	2	0.08	1：6
結　腸	13	0.60	
計	100	4.82	

体長80cm程度の中型犬の平均的な腸の長さ．

べようと一気に飲み込んでしまう．表7-8にイヌの腸の長さを示した．イヌは相対的に腸の長さが短いが，この理由は繊維含量が少なくタンパク質に富んだ食餌に適応した結果と思われる．

（2）栄養素要求性

エネルギー要求量は，犬種や年齢によって大きく異なるが，通常の運動量においてはおよそ10 kgの成犬で621 kcal/日である．タンパク質は，成犬で18 %，成長あるいは繁殖犬では22 %が乾物当たりの必要量である．必須アミノ酸は，ヒスチジン，イソロイシン，ロイシン，リジン，メチオニン，フェニルアラニン，トリプトファン，スレオニンおよびバリンであり，成長期にはアルギニンも必須である．　n-6系のリノール酸とn-3系の α-リノレン酸は必須脂肪酸である．Caは，特に発育期の大型犬種において要求量が高い．

（3）欠　　乏
a．エネルギー

エネルギーが不足するとイヌの成長は遅れ，成犬であれば筋肉の量が減少する．

b．タンパク質

タンパク質が欠乏すると皮膚につやがなくなり，障害が生じる．感情も鈍麻になり，低タンパク血症となる．成長中のイヌであれば，関節の軟骨は薄くなり，骨形成にも異常をきたす．低タンパク食を摂取した雌犬から生まれた子犬の発育は悪く，授乳中であれば母犬の消耗は激しくなり，子犬に十分な量のミルクを与えることができない．

c．ミネラル

絶対的および相対的Caの欠乏により上皮小体機能亢進症になる．

哺乳中の子犬において，哺乳終期に軽い鉄欠乏症状が現れる場合がある．人工哺乳した際には，生後3週齢ぐらいに貧血が観察される．これは，人工乳中の鉄と銅含量が低いことに起因している．

亜鉛欠乏は，高濃度のCaやフィチン酸により食餌由来の亜鉛の利用性が低下するために起こる．

d．ビタミン

　水溶性ビタミンであるチアミン（B_1）の欠乏症状は，外見上は健康であるものの成長速度が緩やかになり，次いで食欲不振に陥り，最後には神経性の病気を発症し，突然死する．

　イヌではナイアシンはトリプトファンから合成されるが，トリプトファン含量が低いトウモロコシ主体の食餌が与えられると黒舌病になり，食欲不振，体重減少および十二指腸や空腸の出血性の壊死に起因する出血性下痢から，最後には脱水状態になり死に至る．

　ビオチンが欠乏したイヌでは，上皮が角質化し，皮膚は乾燥状態になる．ビオチンは消化管微生物によっても合成され，イヌはそれを有効に利用することができる．しかし，サルファー剤などを投薬すると，消化管内微生物は死滅してビオチンの欠乏症状が現れる．卵白に含まれる糖タンパク質のアビジンは，ビオチンと複合体を形成し吸収を阻害するため，ビオチンの有効性を低下させる．

　ビタミンDは，CaとPの代謝に深く関与し，ビタミンD欠乏ではくる病や骨軟化症の発症となる．イヌでくる病や骨軟化症の兆候が現れた場合は，ビタミンD欠乏よりもCaの摂取量が不足していることが多い．

　ビタミンEの欠乏症状は，骨格筋の萎縮，免疫反応の障害，精巣細胞の退化や精子形成の減少を伴う繁殖障害，虚弱な子犬の出産や死産が報告されている．

5．ネ　　コ

　ネコ（食肉目，ネコ科）はイヌと並んで古くから飼われてきた動物で，以前は野生の齧歯類を抑制する目的もあったが，現在では，コンパニオンアニマルとしての役割が大部分を占めている．ネコの品種は各品種協会によって約30種認定されている．それらの体毛は短毛（2 cm）から長毛（12.5 cm）までさまざまであり，体重は雌が2.3 〜 4.5 kg，雄が3 〜 6 kgであり，雄の方がやや重い．

1）消化器の形態

　ネコもイヌと同様に肉食性動物で，両者の消化器の形態的特徴は，盲腸以外きわめて類似し，腹腔表面に占める臓器の配置も似ている．

図 7-12　ネコ（*Felis catus*）
（写真提供：池田裕美氏）

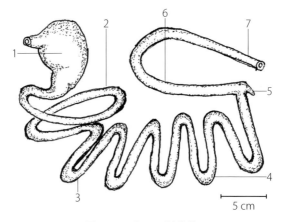

5 cm

図 7-13　ネコの消化管
1：胃，2：十二指腸，3：空腸，4：回腸，5：盲腸，6：結腸，7：直腸.（大島浩二氏 原図）

　ネコの胃は大部分が正中線より左側に位置し，その腹側面の大部分が肝臓の広い臓側面にはめ込まれ，その背側面は横隔膜と接触している．噴門と幽門の間に形成される小弯は，イヌのものよりさらに緩やかで，やや横位を示している（図7-13）．

　ネコの腸の長さは小腸が 80 ～ 130 cm，大腸が 20 ～ 45 cm で，合計の長さは体長の約 4 倍に当たり，イヌよりもさらに短い．ネコの小腸では，十二指腸

が幽門部から鋭角をなして後方に走行してワナを形成し，再び前方に伸びて明らかな境界なく空回腸に移行する．ネコの盲腸は長さ 2 ～ 4 cm で非常に短く，イヌのようにコイル状に巻かれておらず，円錐形またはコンマ状の憩室である．ネコの結直腸は小腸よりやや太いが，きわめて短く，イヌ以外ではヒトのものに似ている（図 7-13）.

　ネコの肝臓は重さ 75 ～ 80 g で，体重の 2.5 ％に相当して比較的大きく，イヌのものと同様の分葉形態を有し，左右両葉がさらに内側と外側に区分され，内側の左葉および右葉はともに外側の左葉および右葉よりも小さい．胆嚢の位置と形態も，イヌのものに類似している．

　ネコの膵臓は重さ 8 ～ 10 g，幅 1 ～ 2 cm，長さ約 12 cm の細長い腺体で，中央部が鋭角的に曲がって，V 字型を呈している．右葉は十二指腸の内面に沿い，左葉は胃の大弯の右側に平行して位置し，両者は膵体部で結合している．

2）栄養素の消化と吸収

　ネコは，唾液アミラーゼを欠いているのでデンプンが口腔内で消化されることはない．ネコにおける胃酸の分泌速度はイヌと同様に低いため，消化性潰瘍の発生率は低いようである．また，ネコは腸の長さがイヌよりもさらに短く，体長の 4 倍しかない．抱合胆汁酸のナトリウム塩は，ネコではイヌと同様に胆汁酸の大部分がタウリンと抱合するため，タウリンが欠乏した場合グリシン抱合に切りかえることができず，遊離のまま分泌される．

　キャットフードに用いられている可溶性炭水化物，タンパク質および脂肪の消化率は，それぞれ 70 ％を少し上回る程度である．しかし，脂肪に関しては 90 ％を越える消化率の報告もある．

3）栄養素の代謝と利用

（1）糖　　質
　ネコでは糖質を摂取しなくても食餌から十分なタンパク質あるいはアミノ酸が供給されれば，これらから糖新生によりグルコースが生成されるため生命活動に支障はない．ネコでは絶食前に高タンパク質飼料が給餌されている場合，絶食時に血糖値が低下するのを防ぐことができるが，絶食前に高糖質食のときは絶食に

表 7-9　ネコおよびラットにおける肝臓アラニンアミノトランス
　　　　フェラーゼ活性の比較[1]

食餌条件		ネ　コ	ラット
タンパク質レベル	低	100	100
	標準	126	340
	高	80	1,177
絶　食[2]		146	392

[1] 低タンパク質飼料を給餌したときの酵素活性に対するパーセントで表示した.
[2] ネコでは5日間，ラットでは3日間の絶食を施した.

よって低血糖が引き起こされる．これは，アミノ酸からの糖新生が高タンパク質
食給与条件のもとでは亢進しており，一方，高糖質食給与時には，アミノ酸から
の糖新生系が抑制されているためである．しかしネコでは，食餌タンパク質レベ
ルを変化させても，アミノ基転移反応酵素のアラニンアミノトランスフェラーゼ
（GPT）活性はほとんど変化しない（表7-9）．アミノ酸からの糖新生能は，ネコ
では低タンパク質の食餌を与えた場合にも低下しないものと推察される.

（2）タンパク質

　吸収されたアミノ酸の一部は，脱アミノ反応を受け，2-オキソ酸とアンモニ
アに分解される．2-オキソ酸はTCA回路での酸化，糖新生や脂肪酸代謝への利用，
あるいは再びアミノ化されてアミノ酸の合成に用いられる．アンモニアは毒性が
強いため，尿素サイクルに入り，無毒の尿素として排出される．ネコの尿素サイ
クルは不活発であるため，尿素生成時に合成されるアルギニン量は十分でない.
　一般に，タウリンはタンパク質を構成するアミノ酸としては機能しないが，胆
汁酸の抱合あるいは浸透圧調節に欠かせない物質で，肝臓でシステインから合成
される．しかしネコでは，システインからタウリンへの合成を司るシステインサ
ルフィネートデカルボキシラーゼならびにシステインデオキシゲナーゼの活性が
低いために，十分なタウリンを合成することができない．さらに，胆汁酸と抱合
したタウリンの一部は糞中に排泄され体から失われてしまう．このため，タウリ
ンはネコで必須アミノ酸になっている.
　ネコの尿には特有のフィーライニン（HOOC-CH(NH$_2$)-CH$_2$-S-C(CH$_3$)$_2$-CH$_2$-
CH$_2$OH）が見られる．この物質が排出されるため，ネコではその合成材料とし

ての含硫アミノ酸の要求量が多くなると考えられてきた．しかしながら，ネコは
メチオニンやシステイン由来のイオウをフィーライニンに全く取り込まない．

(3) 脂　　肪

　ネコの脂肪代謝障害として，肝リピドーシスがよく知られている．肝リピドー
シスは肝臓に著しく脂肪が蓄積する疾病で，糖尿病のネコに発生するケースが知
られている他，肥満のネコにも多く見られる．原因については不明であるが，病
理学的な診断から，リポタンパク質代謝の異常，タンパク質欠乏，必須アミノ酸
のアルギニン欠乏，インスリン抵抗性が増大したことなどによる，肝臓への過剰
な脂肪酸の流入が原因と考えられている．

　イヌをはじめとする大部分の哺乳類は，要求量を満たすリノール酸さえ摂取す
れば，代謝経路の下流に位置する γ-リノレン酸およびアラキドン酸は体内で十
分量合成されるので，食餌から摂取する必要はない．しかしネコでは，この代謝
経路の第1段階で，脂肪酸の炭素鎖に二重結合を導入する Δ6-不飽和化酵素の
活性が著しく低い．恐らく，ネコをはじめとする肉食動物は，動物性脂肪由来で
大量のアラキドン酸を摂取できるため，その適応の結果，Δ6-不飽和化酵素が
不要になったのであろう．

(4) ビタミン

　ビタミンAのプロビタミンの中でも特に重要な β-カロテンは，小腸のカロチ
ンジオキシゲナーゼによりビタミンAアルデヒドに変換される．この酵素の活
性はネコでは著しく低く，カロテンをレチノールに効率的に変換することができ
ない．

　大部分の哺乳類は，トリプトファンの分解産物の一部としてニコチン酸を生成
することができるため，ニコチン酸の要求量は飼料中のトリプトファンレベルに
依存している．しかしネコでは，トリプトファンからニコチン酸生成とグルタミ
ン酸生成へ向かう分岐点でグルタミン酸生成経路が非常に活発なため，ニコチン
酸をほとんど合成することができない．

4）食性，栄養素要求性と欠乏

（1）食　　　性

ネコはネズミを捕ることを目的として飼われていたために，肉食の歯式を頑なに守り抜いている．イヌは雑食性であるのに対し，ネコは極端に肉食性に偏っている．したがって，イヌの栄養素代謝系が人間と類似しているのに対し，ネコでは特有の代謝系が前述のようにしばしば見られる．ネコは魚を食べるというイメージが強いが，主に小型哺乳類を捕食する動物であり，二次的に鳥，爬虫類，そして昆虫なども捕食する．草を除いては，植物性の食物はほとんど口にしない．

（2）栄養素要求性

ネコだけは十分量のタウリンを合成することができないため，タウリンが必須アミノ酸である．ネコにおける含硫アミノ酸のメチオニンおよびシステインの要求量は，イヌを含む大部分の哺乳類に比べて多い．また，ネコでは尿素サイクルが不活発なためアルギニンは必須アミノ酸である．

ネコでは，Δ6-不飽和化酵素の活性が著しく低く，リノール酸を摂取するだけでは，要求量を満たすだけの γ-リノレン酸，ジホモ-γ-リノレン酸およびアラキドン酸を合成することができない．したがってネコでは，リノール酸以降のすべての脂肪酸は必須である．

イヌと比べ，ネコのビタミン要求量は著しく高い．その理由は，ビタミン合成系に関与する酵素活性がネコで低いからである．ネコでは小腸のカロチンジオキシゲナーゼの活性が著しく低く，カロチンをレチノールに高度に変換することができない．したがって，プロビタミンの摂取のみでは体内のビタミンA要求量を満たすことができず，動物性の食餌からビタミンAそのものを摂取する必要がある．

ネコではトリプトファンからニコチン酸はほとんど合成されないので，ニコチン酸そのものが必要である．

（3）欠　　乏

a．アミノ酸

ネコにおいて必須であるタウリンが欠乏すると，網膜の変性，拡張性の心筋症，繁殖障害や子猫の発育異常が見られる．

b．ビタミン

ネコが好んで食べる青身の魚にはビタミン B_1（チアミン）を破壊するチアミナーゼが含まれている．生のまま大量に与えるとビタミン B_1 欠乏症を引き起こし，神経障害，運動失調などの症状が現れる．ニコチン酸の欠乏では，脱毛症，乾燥した分泌物の鼻や目のあたりへの付着，唇に皮膚炎などが認められる．ビタミンEの欠乏では脂肪組織に炎症が起こる．

6．ラット，マウス，モルモット

ラットとマウス（齧歯目，ネズミ科）は，それぞれ野生のドブネズミとハツカネズミから作出されたもので，ともに一般的に広く使用され，遺伝的コントロールが行き届いた最も代表的な実験動物である．それらの体重はラットの雌が 200 ～ 400 g，雄が 300 ～ 800 g，マウスの雌が 18 ～ 40 g，雄が 20 ～ 40 g

図7-14　ラット（*Rattus norvegicus*），マウス（*Mus musculus*），モルモット（*Cavia porcellus*）
左上：ラット，右上：マウス，左下：モルモット．
（写真提供：唐澤　豊氏）

とラットの方が雌雄差が顕著である．モルモット（齧歯目，テンジクネズミ科）は，もともと南米に生息した動物がヨーロッパに導入されたものである．Guineapigという名称は Guianapig（ギアナのブタ）が誤って伝えられたもので，モルモットという名称はヨーロッパアルプス地方からヒマラヤ地方の山地に生息するリス科の marmot（マーモット）と混同されたものである．モルモットの体重は雌が500 ～ 700 g，雄が 750 ～ 1,000 g で，雄の方が明らかに重い．これらの動物は多胎で，世代期間が短く，近親交配に耐え，生産性コストが比較的安価であるというような実験動物としての利点を多数有している．近年，体内の微生物をコントロールされた SPF（specific pathogen free）動物や無菌動物，さらに，糖尿病などの病因を探るための疾患モデル動物などが作出されている．

1）消化器の形態

　ラットやマウスは草食性動物で，胃は腹腔表面の約 1/3 に見られ，残りの大部分は小腸と大腸が占めている．それらの胃は，壁が薄く半透明の左側の部分（前胃）と，壁が厚く不透明な右側の部分（後胃）の 2 部位からなり，組織学的観察では，前者が胃底腺部，後者が幽門腺部に相当している．

　腸の全長はラットで約 117 cm（小腸 97 cm，大腸 20 cm），マウスで約 60 cm（小腸 47 cm，大腸 13 cm）で，小腸，大腸ともにラットがマウスの約 2 倍である．それらの十二指腸は U 字型を呈して空回腸に移行し，コイル状に細かく迂曲している．盲腸は比較的大きく，中央部がややくびれて，基部と先端部（盲腸尖）に分けられ，先端部の管壁にはリンパ組織が発達しており，虫垂に相当するものと考えられている．それらの結腸は比較的短く，境界なく直腸に移行して肛門に至る．しばしば，下行結腸と直腸の管腔内には糞便の固まりが含まれている（図7-15）．

　肝臓の重量はラットでは雌が 11 ～ 13 g，雄が 23 ～ 24 g，マウスでは雌が約 2.0 g，雄が約 2.7 g で，体重と同様にラットの方が雌雄差が顕著である．それらの肝臓は，深い切痕で左右に分けられる方形葉（正中葉または胆嚢葉），大形の左葉，部分的に前・後部に分けられる右葉，食道の背側の尾状突起と腹側の乳頭突起からなる小形の尾状葉に大別される．マウスでは，方形葉の切込みの基部に胆嚢が存在するが，ラットではウマと同様に胆嚢を欠いている．

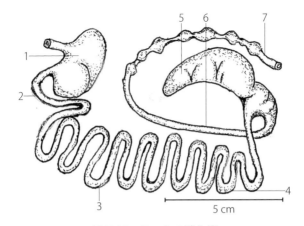

図 7-15 ラットの消化管
1：胃，2：十二指腸，3：空腸，4：回腸，5：盲腸，6：結腸，7：直腸．（大島浩二氏 原図）

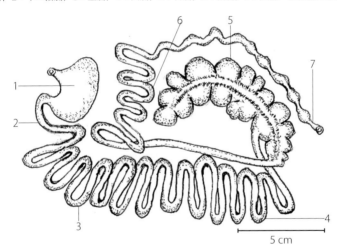

図 7-16 モルモットの消化管
1：胃，2：十二指腸，3：空腸，4：回腸，5：盲腸，6：結腸，7：直腸．（大島浩二氏 原図）

　ラット，マウスの膵臓は，十二指腸ワナから胃と結腸の間の腸間膜に介在して広く薄く樹枝状に分布し，ウサギのものに類似している．

　一方，モルモットでは，胃は全体的に均一で不透明な壁からなり，ラット，マウスとは異なっている．腸は全長が 217 ～ 230 cm で，ラットの 1.7 ～ 1.8 倍である．モルモットでは小腸（125 cm）より大腸，特に盲腸（15 ～ 20 cm）がきわめて大きく発達し，腹腔の約 1/3 を占め，3 条の盲腸ヒモによって表面に明

瞭な膨起が形成されている．結直腸の長さ（77 ～ 85 cm）もラットの 4 倍前後で著しく長く，しばしば，管腔内に糞便の固まりが含まれている（図 7-16）．

　モルモットの肝臓は重量が約 42 g で，形態的特徴はマウスのものと類似して方形葉の切込みの基部に胆嚢を有するが，右葉は長く大形の内側部と小さな外側部に分けられる．また，膵臓は重量が約 2.5 g，膵体を頂点にした V 字型で，薄い樹枝状を呈している．

2）栄養素の消化と吸収

（1）消化管機能

　モルモットの盲腸には繊維質の固相と液相が，ともに混合貯留（平均滞留時間 8 ～ 9 時間）される．しかし，この滞留時間では腸内微生物が増殖し定着するのに十分ではない．これを解決するためにモルモットの結腸には，管腔部分と並行して走る溝があり，微生物がその部分を通って盲腸内に逆送される機能が備わっている．これは微生物を結腸内容物から粘液相に移動，集積させて，その粘液を溝を通して盲腸内に逆流させる機構であり，盲腸内への微生物の定着と増殖に貢献している．この微生物逆送機構はウサギに見られる固液分離（wash-back）型とは異なって，粘液トラップ（mucus trap）型結腸分離機構と呼ばれている（図 7-9A）．

　盲腸内容物から作られる軟糞は動物に摂取されるが，粘液トラップ型の動物の軟糞のタンパク質含量と硬糞のそれとの差は，固液分離型のウサギの場合よりも少ない（表 7-10）．結腸分離機構の違いはこのような軟糞中のタンパク質含量に違いをもたらすが，盲腸内への微生物の集積にとっては固液分離型結腸分離機構を備えた大腸が有利といえる．

表 7-10　結腸分離機構の型と硬糞と軟糞中のタンパク質含量（乾物中%）

動　物	分離機構の型	飼料（市販飼料）	軟　糞	硬　糞
マウス [1]	粘液トラップ [†]	26.2	22.9	18.1
モルモット [2]	粘液トラップ [†]	18.6	19.4	12.5
ヌートリア [3]	粘液トラップ [†]	15.4	19.1	13.4
ウサギ [2]	固液分離 [‡]	17.3	35.5	13.6

[1] Pehrson, 1983, [2] 坂口, [3] Kennedy and Palmer, 1927, [†] Mucus trap type, [‡] Wash back type.

(2) 炭水化物，タンパク質，脂肪

　モルモットはその盲腸に内容物を比較的長時間留め，繊維を効率よく消化することができる．モルモットの草類の利用性は高く，繊維の消化率はラットやマウスに比べかなり高く，ウマと同程度である．

　盲腸内では微生物発酵による短鎖脂肪酸の活発な産生が見られ，これらの大部分は盲・結腸から吸収され，エネルギーや体成分の合成素材として利用される．盲腸で生産される短鎖脂肪酸のエネルギーは基礎代謝量の約 30 ％に相当すると見積もられている．モルモットでは，短鎖脂肪酸の吸収は結腸の部位によって異なり，近位結腸は酢酸の吸収能力が高く，遠位結腸では酪酸の吸収能力が高い．また，大腸における短鎖脂肪酸の吸収はミネラルの吸収と関係し，特に Na の吸収は短鎖脂肪酸の存在によって促進される．

　モルモットは草類のタンパク質を効率よく利用できる．それは発達した大腸内で増殖した微生物体タンパク質が糞中に排泄され，これをモルモットが摂取する食糞に負うところが大きい（図 7-8）．盲腸に到達できる難消化性糖質を摂取すると，微生物に増殖のためのエネルギーや炭素骨格を供給することにつながり，増殖量が増した微生物は食糞により摂取されることによって，タンパク質の利用性が向上することがある．

　ラット，マウスでは炭水化物，タンパク質，脂肪の消化および吸収は大部分が小腸で行われる．脂肪の消化率は脂肪の種類によって異なる．大豆油やコーン油など融点の低い脂肪の消化率は 98 ％以上になるが，バターやココアバターなど融点の高い脂肪の消化率は低い．脂肪の融点は，構成する脂肪酸の炭素鎖の長さと 2 重結合の数によって左右される．ラット，マウスでは消化および吸収における盲腸の役割はモルモットに比べると小さい．ラットの盲腸を除去しても，繊維消化率がわずかに低下するだけである．

(3) 食　　　糞

　モルモットは前述のように，盲腸内容物からできている軟糞と繊維質の硬糞を排泄し，日常的に軟糞を摂取する．飼育下のモルモットは昼夜を問わず食糞を行うが，夜間の方が比較的活発である．モルモットの食糞は食餌である草類のタン

パク質の消化率のみならず，栄養価の改善（生物価の向上）をもたらす点で栄養的な意義が大きい．モルモットが1日に食糞によって摂取するタンパク質は摂取する飼料タンパク質のおよそ30％に相当する．すなわち，飼料として摂取するタンパク質のうち30％が微生物態タンパク質に変換されて摂取されていることになる．

　ラットやマウスも例外ではなく，日常的に食糞する．成長中のラットの方が成熟ラットよりも食糞回数は多い．ラットはタンパク質に富む軟糞と繊維質に富む硬糞の2種類の糞を排泄し軟糞を選択的に摂取するとされているので，雑食性のラットも草食性のモルモットと同様に盲腸糞食性動物ということができる．前述のように，盲腸糞食は食餌タンパク質の有効利用を図る機能と考えられることから，ラットにも幅広い栄養環境に適応できる能力が備わっていると見なすことができる．ちなみに，栄養的に優れた市販の固形飼料条件下のマウスでは，食糞はB群ビタミンや葉酸などのビタミンの補給以外の栄養的意義は認められない．ラットでも良質の飼料条件下では，食糞の栄養的役割は限定されたものと考えられる．

3）栄養素の代謝と利用

（1）エネルギー

　モルモットとラットの基礎代謝酸素消費量はそれぞれ0.7〜0.9 mL/g体重/時，0.7〜1.1 mL/g体重/時でラットがやや大きい．一方，マウスは1.6〜2.2 mL/g体重/時でラットよりも大幅に多い．この単位体重当たり酸素消費量の動物種間差は，基礎エネルギー代謝量は代謝体重（$kg^{0.75}$）に比例するというKleiberの法則を反映している．すなわち，単位体重（kg）当たりの基礎代謝エネルギー量（70 kcal×$kg^{0.75}$）はラットではモルモットの約1.3倍に対して，マウスは2倍を超える．

（2）タンパク質

　体組織ではタンパク質は常に合成と分解が繰り返され，成熟動物では，タンパク質の合成と分解は量的平衡状態が保たれている．体タンパク質の合成に用いられるアミノ酸の種類と量は，動物の成長段階などによって異なる．例えば，成長

中のラットでは成熟動物よりも多くの必須アミノ酸を要求し，成熟動物では必須ではないアルギニンを必須アミノ酸として要求する．

　ラットに無タンパク食を与え続けると，体内タンパク質は時間の経過とともに直線的に減少し，糞および尿中にはほぼ一定量の窒素が排泄され続ける．これは，体タンパク質は常に不可避的損失を伴うので，継続的なタンパク質の給与が不可欠であることを示している．

4）栄養素要求性と欠乏

（1）エネルギー源

　モルモットはエネルギー源の種類の変化に対する適応能力が高い．すなわち，セルロース粉末を通常飼料に 50 ％配合しても体重が維持されるという．これは前述したように，盲腸での優れた繊維消化能力と食糞による飼料利用性向上効果が関係している．これは，モルモットの食糞阻止はウサギと異なってタンパク質のみならず繊維消化率を大きく低下させることからもわかる．モルモットの代謝エネルギー要求量は約 136 kcal/kg$^{0.75}$ であり，他の動物と大きな差はない．しかし，モルモットのエネルギー要求量を満たす飼料の設計に当たっては，大腸発酵によって利用される成分の利用性を考慮しなければならない．

　成熟ラットの基礎代謝エネルギー要求量は代謝体重当たり 72 kcal である．ラットのエネルギー要求量は環境温度，年齢，活動強度などによって影響される．飢餓ラットの下限臨界温度は 30 ℃である．ラットはエネルギー要求量を満たすように飼料摂取量を調節することができる．すなわち，摂食量は脂肪を多く含む高カロリーの飼料給与条件では減少し，低カロリー飼料を給与すると増加する．一方，飼料中にタンパク質が十分含まれていないとき，飼料摂取量は低下する．

（2）タンパク質

　モルモットは，アルギニンを多く含む大豆タンパク質を飼料中に 18 ～ 20 ％含むときによく成長する．飼料中にカゼインを含むときにはアルギニンが第一制限アミノ酸に，メチオニンが第二制限アミノ酸となる．このように，モルモットはアルギニン要求量がマウスやラットに比べて高い．これは，草食性のモルモットは，一般にアルギニン含量が高い植物タンパク質を摂取しているからと考えら

れる．ちなみに，大豆タンパク質の第一制限アミノ酸はメチオニンである．

　成長中のモルモットに，カゼインを 1 kg 中に 30 g しか含まない飼料を 3 〜 4 週間与え続けると，成長遅延，血漿総タンパク質やアルブミンの減少，軽い脂肪肝が起こり，タンパク質がさらに不足（20 g/kg 飼料）すると，免疫反応が低下する．

（3）脂　　　肪

　モルモットはリノール酸や α - リノレン酸を必須脂肪酸として要求する．しかし，いずれも，飼料中総エネルギー量の 1 ％程度含まれていればよい．必須脂肪酸が不足すると，モルモットでは首と耳の周囲に潰瘍が生じたり，腹部の脱毛，成長遅延，皮膚炎，死亡率上昇が見られる．これらの症状に付随して，陰茎強直，脾臓や睾丸，胆嚢の発達不良，腎や肝，副腎，心臓の肥大が起こる．

　ラットでは，モルモットに見られる必須脂肪酸欠乏症の他に，尾の壊死，脂肪肝，皮膚浸透性の増大，代謝率の増大なども観察されている．

（4）ビ タ ミ ン

　モルモットは飼料中に Co が含まれていれば，ビタミン B_{12} 欠乏症は防止できる．また，体内のビタミン B_{12} 存在量は Co を飼料に添加することによって増加する．これは，消化管内の微生物によって Co を使って合成されるビタミン B_{12} が利用されていることを示すものであるが，その利用経路は食糞に依存している．モルモットは，ヒトやサルと同様にビタミン C 合成系の酵素の 1 つ L- グロノラクトンオキシダーゼを持たないので，ビタミン C を飼料中に要求する．

　ラットやマウスは，ヒトの栄養の実験動物として，古くからさまざまなミネラルやビタミンの要求性や欠乏症を調べるために用いられてきた．現在では主要（多量）ミネラル（カルシウム，リン，マグネシウム，塩素，カリウム，ナトリウム）および微量ミネラル（銅，鉄，マンガン，亜鉛，ヨード，モリブデン，セレン），また脂溶性ビタミン（A，D，E，K）および水溶性ビタミン（B 群）について，維持や成長中あるいは雌の繁殖中の要求量が定められている（実験動物の栄養素要求量；NRC，1995）．なお，マウスとラットはモルモットと異なり，ビタミン C を飼料に必要としない．

5）食性と飼料

　モルモットは草食性であり，雑食性のラットやマウスと比べて，盲・結腸の発達が著しい．牧草を好んで食べるが，嗜好性は狭く気難しい印象を受ける．

　モルモットの飼育には，一般に牧草主体で 15 ％以上の繊維が含まれるペレット状の飼料を与える．ペレットサイズや飼料成分，給餌器がかわったりすることに対してとても敏感で，食べなくなってしまうこともある．ビタミン C は特別に考慮する必要があり，飼料にアスコルビン酸を添加するか，飲水に混ぜることも必要である．モルモットの飼育生産に対して栄養的に十分設計された配合飼料

表 7-11　モルモット飼育用天然素材配合飼料の例

原　料	飼料中割合（％）
アルファルファミール	38.15
粉砕小麦	28.90
粉砕エンバク	17.75
大豆粕	13.25
石灰粉末	1.10
ヨウ素強化塩	0.50
第二リン酸カルシウム	0.25
ミネラル混合[1]	0.05
ビタミン混合[2]	0.05

[1]（％）酸化マンガンからマンガン 12，酸化亜鉛から亜鉛 10，硫酸鉄から鉄 8，硫酸銅から銅 0.8，エチレンジアミンハイドロアイオダイドからヨウ素 0.2，炭酸コバルトからコバルト 0.1，賦型剤としてベントナイトを加えて 100 にする．
[2] 飼料 1 kg 当たりアスコルビン酸を 0.62 g，ビタミン A と D を 2,000 IU，ビタミン E を 18 mg 加える．

表 7-12　モルモットの成長と泌乳のためのアルファルファ 50 ％配合飼料

原　料	飼料中割合（％）
アルファルファミール	50.0
粉砕小麦	32.72
粉砕エンバク	15.0
ビタミン - ミネラル混合[1]	1.0
ヨウ素強化塩	0.3
リン酸 1 ナトリウム	0.25
アスコルビン酸	0.05

[1] 飼料 1 kg 当たり（IU）ビタミン A 7,128，ビタミン D 1,979，（mg）ナイアシン 41.58，リボフラビン 7,128，重亜硫酸メナジオンナトリウム 4.752，葉酸 0.594，チアミン 1.188，塩酸ピリドキシン 1.188，BHT 47.52，塩化コリン 1,278，マンガン 5.49，亜鉛 5.27，鉄 1.83，銅 0.229．

例を表7-11に示す．また，モルモットが好むアルファルファを50％配合した成長と泌乳のための配合飼料例を表7-12に示す．

　ラット，マウスは雑食性である．環境温度や飼料の質などによって変動するが，成熟したラット，マウスは1日に体重100g当たり乾物にして，それぞれ5g，15gの餌を食べる．栄養要求量や飼料例についてはNRC（1995）を参照されたい．

　モルモット，ラット，マウスはいずれもよく利用される実験動物であり，それぞれの動物用に開発された市販の固形飼料を利用すれば，飼育および繁殖は容易である．

◇◇◇◇◇◇◇◇◇◇◇◇◇◇◇◇◇◇◇◇ **練 習 問 題** ◇◇◇◇◇◇◇◇◇◇◇◇◇◇◇◇◇◇◇◇

　7-1.　膵液に含まれる消化酵素の組合せとして正しいものはどれか？
①ペプシンと α-アミラーゼ
②トリプシンとスクラーゼ
③ α-アミラーゼとリパーゼ
④ペプシンとリパーゼ
⑤カルボキシペプチダーゼとラクターゼ
　7-2.　ブタに給与する飼料に含まれるタンパク質（アミノ酸）の栄養価は，回腸末端までの消化率をもとにして評価する．その理由を説明しなさい．
　7-3.　リジンの要求量を推定できれば，他の必須アミノ酸の要求量も推定できるが，それはなぜか説明しなさい．
　7-4.　小型の草食動物がその消化管に盲腸を備えている理由を説明しなさい．
　7-5.　栄養戦略としての食糞は，動物にとってどのような意義があるか説明しなさい．
　7-6.　盲腸内に微生物の定着を可能にする機能について説明しなさい．
　7-7.　ウサギは繊維消化能力が他の草食動物と比べて低いのはなぜか説明しなさい．
　7-8.　イヌに生卵を与えてはいけない理由を説明しなさい．
　7-9.　ネコでアルギニンが必須アミノ酸とされる理由を説明しなさい．
　7-10.　ブタの食性と結腸の形態的特徴について説明しなさい．
　7-11.　ウマの食性と大腸の形態的特徴について説明しなさい．
　7-12.　ウサギの食性と盲腸の形態的特徴について説明しなさい．
　7-13.　イヌの食性と消化管の形態的特徴について説明しなさい．
　7-14.　ネコの食性と消化管の形態についてイヌのものと比較して説明しなさい．
　7-15.　モルモットの消化管の形態的特徴をラットと比較して説明しなさい．

第8章

反芻家畜の栄養学

1．ウシ，スイギュウ，ヤギ，ヒツジ

　ウシ（偶蹄目，ウシ科）と呼ばれているものはホルスタインなどの家畜牛のことであり，同じウシ亜属で肩峰を持つゼブ牛（別名こぶ牛，インド牛，アメリカではブラーマン）とは異なる種で，また，同じウシ属でもインドネシア原産のバンテン（現在のバリ牛）や，ビルマ，インド原産のガウル（現在のガヤルまたはミタン）は他のウシ亜属で，チベットのヤク亜属ならびに野牛亜属（ヨーロッパ野牛，アメリカ野牛；野牛は Bison であるがアメリカではこれを誤って Buffalo と命名）も異なる亜属である．

　ウシの体重はホルスタイン雄で約 1,000 kg（体高，約 152 cm），雌で 650 kg（体

図 8-1　ウシ（*Bos primigenius*）
（写真提供：山内高円氏）

図 8-2　スイギュウ（*Bubalus arnee*）
（写真提供：山内高円氏）

図 8-3　ヤギ（*Capra aegagrus*）
（写真提供：山内高円氏）

高，140 cm），また和牛雄で 890 〜 990 kg（体高，140 cm），雌で 510 〜
610 kg（体高，130 cm）である．

　スイギュウはウシ属ではなくスイギュウ属に属し，アフリカスイギュウ属とイ
ンドスイギュウ属の 2 種がある．前者には赤スイギュウと黒スイギュウが属し，
後者にはアルニ，タマラオ，アノアが属す．アルニはさらに河川スイギュウと沼

図 8-4　ヒツジ（*Ovis ammon*）
（写真提供：山内高円氏）

沢スイギュウに分かれ，スイギュウといえば家畜化されているアルニを指す．ウシよりも体幅と体深に富むが体長に乏しい．

　スイギュウの体重は，雄で約 450 kg（体高，約 131 cm），雌で 350 kg（体高，125 cm）である．

　ヤギもヒツジも，まず食肉用が目的で，のちにヤギでは毛皮と乳の利用に，ヒツジでは羊毛の利用に改良された．主な品種は，ヤギでは ‘ザーネン’，‘ヌビアン’ などが，ヒツジでは ‘メリノ’，‘サフォーク’ などがある．

　ヤギの体重は雄で約 70 kg，雌で 50 kg，ヒツジの体重は，大型種雄で約 105 kg，雌で 77 kg，また小型雄で 80 kg，雌で 55 kg である．

1）消化器の形態

　反芻家畜の舌は横紋筋性の柔軟な舌で可動性に富み，飼料採取，咀嚼 および 嚥下運動を行っており，舌尖，舌体，舌根に分けられる．舌背において舌根に近い舌体部には厚く盛り上がった舌隆起が認められ，これは反芻家畜に特有の構造である．舌表面には粘膜の変化した大小さまざまな舌乳頭が分布している．舌の前半全域に分布する糸状乳頭や舌隆起に限局している円錐乳頭は，採食や咀嚼時に機械的機能を果たし，側縁に多い茸状乳頭や舌根に限局している有郭乳頭は味蕾を持ち，飼料の味覚に関与している．反芻家畜では葉状乳頭は存在しない．

ウマは口唇を用いて採食するのに対し，ウシは草などを舌でからめて口に入れ
るため，採食に当たって舌はきわめて重要で，その長さは子牛（2か月齢雌）で

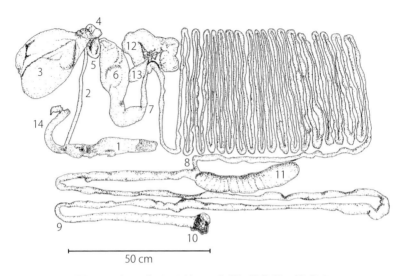

図 8-5　ウシ（2か月齢の子牛雌）消化器の模式図
1：舌，2：食道（生体時58cm），3：第一胃，4：第二胃，5：第三胃，6：第四胃，7
～8：小腸，8～9：結腸，10：肛門，11：盲腸，12：膵臓，13：胆嚢，14：気管.（山
内高円氏 原図）

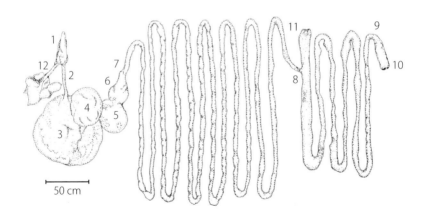

図 8-6　ウシ（若成牛雌）消化器の模式図
1：舌，2：食道（生体時71.2cm），3：第一胃，4：第二胃，5：第三胃，6：第四胃，
7～8：小腸，8～9：結腸，9～10：直腸，10：肛門，11：盲腸，12：気管.（山内
高円氏 原図）

21 cm（図 8-5），若い成牛（雌）で 38 cm（図 8-6）である．また，スイギュウ
（雄）は 43 cm（図 8-7）で，小型のヤギ（雄，体重 11.2 kg，体長 84 cm）やヒ
ツジ（雌，体重 43 kg，体長 124.5 cm）はそれぞれ 11 cm（図 8-8），18.5 cm（図

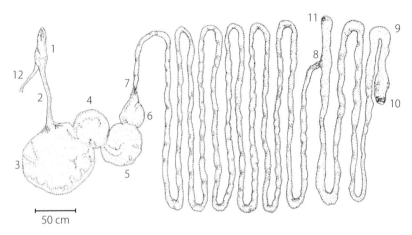

図 8-7　スイギュウ（雄）消化器の模式図
1：舌，2：食道（生体時 65cm），3：第一胃，4：第二胃，5：第三胃，6：第四胃，7 〜 8：
小腸，8 〜 9：結腸，9 〜 10：直腸，10：肛門，11：盲腸，12：気管．（山内高円氏 原図）

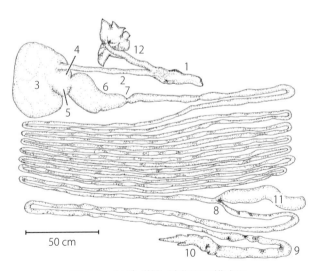

図 8-8　ヤギ（雄）消化器の模式図
1：舌，2：食道（生体時 65cm），3：第一胃，4：第二胃，5：第三胃，6：第四胃，7 〜 8：
小腸，8 〜 9：結腸，9 〜 10：直腸，10：肛門，11：盲腸，12：気管．（山内高円氏 原図）

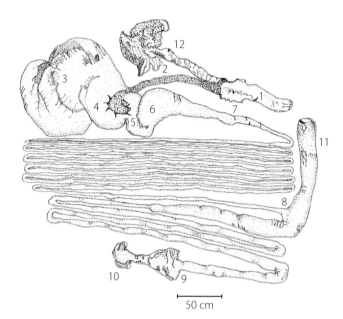

図8-9　ヒツジ（雌）消化器の模式図
1：舌，2：食道（生体時47.5 cm），3：第一胃，4：第二胃，5：第三胃，6：第四胃，
7〜8：小腸，8〜9：結腸，9〜10：直腸，10：肛門，11：盲腸，12：気管．（山内
高円氏 原図）

8-9）の長さである．

　反芻家畜の食道の筋は全長にわたり横紋筋からなり，はじめは気管の背側に位置し，やがて気管の左側に沿って下降するが，胸部内で再度背側に戻る．食道は通常は閉塞しているが，嚥下時の飼料の大きさに合わせて拡張しなければならないために伸縮性に富み，体から取り外した段階で急速に萎縮する．それゆえ，消化器系の模式図の食道には解体前の測定値で示してある．

　ウシの胃は，第一胃（瘤胃），第二胃（蜂巣胃），第三胃（重弁胃），第四胃（皺胃）に分かれ，第四胃のみが胃腺を有し，他の3胃は食道と同じ重層扁平上皮からなる．哺乳中の子牛では，吸飲した乳汁を胃の噴門（食道が胃に入る部分）から直接第三胃に誘導するため，20 cmほどの食道溝（第二胃溝）が存在するのが特徴的である．この食道溝は，噴門から第三胃に向かってらせん状に平行して走る2条の胃溝唇で囲まれた溝で，通常は開口している．しかしながら，乳汁の嚥下刺激によって2条のひだが反射的に閉鎖して管状となり，乳汁は第一胃には向

かわず，第三胃に入り，さらに第四胃に達することになる．それゆえ，新生牛では第四胃が最大（2 L）で，第一，二胃の 0.75 L に比べてはるかに大きな容積を占める．粗飼料の摂食量に比例して次第に第一，二胃の大きさが増加していくが，生後 2 か月齢（雌，体重 23.5 kg，体長 112 cm）では第一胃～第四胃の長さはそれぞれ長径 29 cm× 短径 22 cm，12 cm，8 cm，41 cm で，まだ第一胃が第四胃より小さい（図 8-5）．しかし，生後 4 か月で第一・二胃が第三・四胃の約 5 倍になり，若い成体（図 8-6）では，複胃（容積約 200 L）が腹腔の 3/4 を占め，その約 80 ％が第一胃（127 L）で腹腔の左半分を占めるようになり，逆に，第二胃～第四胃の長さはそれぞれ 40 cm, 36 cm, 25 cm と減少する．成熟牛では，第二胃が最も小さくなり，ウシと同様，スイギュウ（図 8-7）においても第一胃～第四胃の長さはそれぞれ 82 cm，26 cm，28.5 cm，31 cm で，第二胃が最小である．これに対し，ヤギ（図 8-8）およびヒツジ（図 8-9）の第一胃～第四胃の長さはそれぞれ 24 cm，8 cm，7 cm，17 cm および 45.7 cm，9 cm，9.2 cm，32.5 cm で，一般的に第三胃が最も小さい．

　第一胃内腔の粘膜は無数の円錐状の乳頭（絨毛）で被われ，飼料由来の鉄分の沈着により黒褐色を呈する．第二胃は食道，第一胃および第三胃の間に位置し，内容物が発酵作用を必要とするときは第一胃へ，反芻機能のときは噴門へ，また第三胃へ送り込むときはその時間調節を行っている．このような 3 種類の機能を発揮するために，第二胃は強力な収縮力を有し，その粘膜は内容物を送り出すのに好都合な 4 ～ 6 角形の蜂巣状の隆起したひだで被われている．第一胃と第二胃の連絡口は広く，内容物は容易に移動することができる．両胃の強力な撹拌運動で食塊を破砕するのと同時に，飼料中の未破砕の粗大粒子は胃粘膜ひだ中の接触受容器を刺激することにより，口腔に再度戻され反芻される．この反芻運動は，胃の噴門に括約筋が欠損していることと，食道筋が全長にわたって随意筋である横紋筋からなることによる．第三胃では，背壁から一直線状に葉状のひだが発達しており，その表面には無数の乳頭が隆起している．第二胃からの食塊は，ひだの間の深い溝を通過しながら水分の吸収や機械的な粉砕を受け，底部の溝から第四胃に送られる．第四胃の粘膜は滑らかな柔らかい帯状のひだで，胃腺から胃液が分泌され，本格的な化学的消化が行われる．

　反芻家畜の腸管は複胃が腹腔の 3/4 を占めているため，残りの腹腔を占める

にすぎず，ウマと比較して長さ（全腸，約30〜60 m）の長い割には細く，全腸管の太さもほぼ同じである（小腸の径，約5 cm）．しかしながら，盲腸と結腸起始部は太く（大腸の径，約7.5 cm），盲腸は長さも長い（約60 cm）．小腸は十二指腸，空腸，回腸からなるが明確な境界はなく，全小腸として生後2か月齢子牛（図8-5）では20 m，若い成牛（図8-6）では25.3 mに発達し，成熟牛では全長は約25〜45 m（体長の25倍）にまで達する．小腸の中で十二指腸は全長1 mで，空・回腸は約24〜44 mである．盲腸は子牛（図8-5），若成牛（図8-6）とも36 cm，結腸は子牛（図8-5）で315 cm，若成牛（図8-6）で784 cm，直腸は子牛（図8-5）で54 cm，若成牛（図8-6）で46 cmあり，成熟牛の大腸の長さは約7〜14 mである．

　スイギュウ（図8-7）における小腸，結腸，直腸および盲腸の長さは，それぞれ22.5 m，820 cm，66 cm，42 cmである．また，ヤギ（図8-8）における小腸，大腸，盲腸の長さはそれぞれ10.7 m，261 cm，30 cmで，ヒツジ（図8-9）における小腸，結腸，直腸および盲腸の長さはそれぞれ10.7 m，435 cm，46 cm，27 cmである．

2）栄養素の消化と飼料の特性

(1) 第一胃（ルーメン）における飼料の消化

　動物が生きていくためには飼料を摂取して栄養素を消化し，それを体内に取り込んで代謝および利用する必要がある．消化管は体内にあるものの，本質的には体外であり，その中で飼料中の特異的な重合体（例えば某社ビール粕中のタンパク質）が，非特異的な単・少量体（例えばグルタミン酸やリジン）に分解される．それを動物は消化管の粘膜上皮細胞の細胞膜を通して吸収し，体内で特異的な代謝および利用（例えばN農場の33号牛が分泌する牛乳中タンパク質として合成）を行う．その消化の最初の過程が口腔内での咀嚼，分解，嚥下となる．ウシやヤギ，ヒツジなどの反芻家畜は上切歯が存在せず，下切歯と舌で牧草などを挟んで引きちぎり，発達した臼歯を左右に動かして食塊を磨り潰し，嚥下する．口腔には耳下腺，下顎腺（顎下腺），舌下腺，上・側頬腺，口唇腺などの唾液腺が存在し，ムチンを含む粘液と，粘度の低い漿液が分泌され，咀嚼や嚥下に必要な潤いを食塊に与える．1日当たりの唾液分泌量はウシで100〜180 L，ヒツジで5

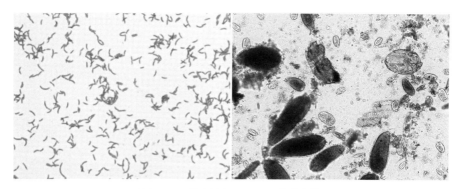

図 8-10　代表的なルーメン内微生物
左：細菌（*Selenomonas ruminantium*, 三日月の形, ×1,000）．右：プロトゾア（*Isotricha*,
Dasytricha, *Entodinium*, *Ophryoscolex*, および *Polyplastron*, ×100）

〜15 L 程度であり，耳下腺からの漿液分泌が最も多く，その中には緩衝能の高
いリン酸塩や重炭酸塩が含まれており，pH は 9 前後を示す．ヒツジ耳下腺唾液
中の塩類成分は前世紀半ばにマクドゥーガルにより分析されているが，その溶液
は「人工唾液」としてルーメン微生物の培養などに広く用いられている．なお，
単胃動物とは異なり，反芻家畜の唾液中には α-アミラーゼは含まれていない．
しかし，ルーメン内で吸収されたアンモニアが肝臓で尿素に合成され，リサイク
ル窒素として唾液中に分泌される．
　嚥下された食塊は，第一胃（ルーメン）で微生物による分解を受ける．草食動
物は繊維性植物組織の消化および発酵を行うための盲嚢などを消化管前部に有
する前胃発酵型動物と，消化管後部に備える後腸発酵型動物に分類されるが，反
芻家畜は前者であり，成牛のルーメンは 150 〜 200 L の容積を有し（内容物は
その半分程度），複胃全体（第一〜四胃）の 80 ％程度を占める．ルーメン内の
微生物は主として細菌（bacteria），原生動物（protozoa）および真菌類（fungi）
からなり（図 8-10），宿主動物が消化できない繊維成分（セルロースやヘミセル
ロース）の分解も行う．

a．細　　菌

　細菌は 1 mL 当たり $10^9 \sim 10^{11}$ 含まれているが，培養すると $10^8 \sim 10^{10}$ 程度
しか増殖しない．これは，顕微鏡などで計数できる細菌の中には，死菌や難培養
性の細菌が多く含まれているからである．現在，分子生物学的な解析からルーメ

ン内には未同定の菌種がきわめて多く存在することが知られているが，従来から広く行われてきた代表的な細菌の基準株（type strain）を用いたルーメン内代謝研究も，未だ有用である．利用する栄養基質に基づいて分類した代表的なルーメン細菌には以下のものがある．

　セルロース分解菌としては *Fibrobacter succinogenes*（コハク酸を出す繊維分解菌の意．グラム陰性）や *Ruminococci*（ルーメン内の球菌の意．グラム陽性）などがあげられ，特に *F. succinogenes* は高結晶性のセルロースも分解する強力な繊維分解菌であることが知られている．

　ヘミセルロースやペクチンを利用する菌としては *Prevotella bryantii*（Prevot と Bryant はともに微生物学者の名前．グラム陰性）や *Butyribivrio fibrisolvens*（酪酸を産生し，繊維を分解するの意．グラム陽性・不定）があげられるが，これらの細菌の繊維分解能はあまり高くなく，むしろセルロース分解菌が植物繊維を分解したときに出てくる単少糖類を主に利用していると考えられている．*P. bryantii* はルーメン内で数的にきわめて多い種で，総細菌の半分以上を占めるという報告もある．また，*B. fibrisolvens* は脂肪酸の還元に大きな役割を果たし，共役リノール酸（CLA）の産生にも関与する．

　デンプンを分解する細菌としては，*Ruminobacter amylophilus*（ルーメン内に棲んでデンプンを好むの意．グラム陰性）や *Streptococcus bovis*（ウシの連鎖球菌の意．グラム陽性）があげられる．このうち，*S. bovis* はデンプン質飼料多給時に爆発的に増殖し，急性ルーメンアシドーシスの原因菌としても知られている．

　有機酸利用菌としては *Megasphaera elsdenii*（大きな球菌の意．Elsden は微生物学者名．グラム陰性）や *Selenomonas ruminantium*（ルーメン内の三日月型細菌の意．セレナは月の女神．グラム陰性）などがあげられる．有機酸は糖の分解において産生される中間産物で，乳酸やコハク酸などがあげられる．

　この他に古細菌に分類されるメタン産生菌が存在するが，この菌はルーメン発酵を制御するうえできわめて重要であることが知られている．

b．プロトゾア

　ルーメン内に棲むプロトゾアのほとんどは体表面に繊毛が存在する繊毛虫（Ciliates）であり，繊毛が全身に密生する全毛類と，口周囲にのみ見られる貧毛類に分けられる．牧乾草などの粗飼料主体のときには，プロトゾアはルーメン液

1 mL 当たり 10 〜 50 万存在しているが，穀類を含む濃厚飼料を多給するときには数百万に及ぶこともある．プロトゾアの割合としては貧毛類に分類される中・小型の *Entodininum* の仲間が常に多数を占めるが，デンプン粒を好むことから濃厚飼料多給時には特に増加し，反対に大型の貧毛類である *Diplodinium*，*Epidinium* や *Ophryoscolex* などは減少する．

c．真　　菌

真菌類はルーメン内に 1 mL 当たり 10^3 〜 10^5 程度の密度で定着している *Neocallimastix* や *Piromyces* の仲間が知られているが，酵母（yeast, *Saccharomyces cerevisiae*）や麹菌（*Aspergillus*）なども一過性のものとして存在する．この他に，ルーメン細菌に寄生しているバクテリオファージの存在も知られている．

d．飼料成分の分解

反芻家畜そのものは繊維成分を分解する酵素を分泌しないが，ルーメン内に棲息する微生物にはセルロースを分解する *β*-グルカナーゼ（セルロースの端から切断するエキソグルカナーゼと内部から分解するエンドグルカナーゼがある）と産生されたオリゴ糖をグルコースに分解する *β*-グルコシダーゼを，またヘミセルロースを分解する *β*-キシラナーゼ（こちらもエキソ酵素とエンド酵素がある）とキシロースへと分解する *β*-キシロシダーゼなどを分泌するものが存在している．ヘミセルロース分解時には側鎖のアラビノース，グルクロン酸，フェノール酸やアセチル基を分離する酵素も働く．

ルーメン内では，細菌やプロトゾア，真菌類がそれぞれ摂取飼料の繊維分解を担う．繊維分解菌は飼料片に付着し，植物組織との間の微小空間に繊維分解酵素複合体(セルロソーム)を分泌して効率的に繊維分解を行う．植物体のリグニン(木質部)は繊維分解菌によってもほとんど分解されないため，植物組織の消化に伴い表面にリグニンが剥き出しになった段階で分解は停止する．

プロトゾアには *Polyplastron multivesiculatum*，*Eudiplodinium magii* や *Epidinium caudatum* といった大型貧毛類に強い繊維分解能力があるため，ルーメンからプロトゾアを除去（defaunation）すると繊維分解率が低下する．プロトゾアは植物の組織断片を取り込んで繊維分解を行うものと考えられる．真菌類は木質化が進んだ植物組織に好んでコロニーを形成し，仮根により物理的に侵入しながら繊維消化を進めていくことが知られている．

(2) ルーメンにおける炭水化物の発酵

　飼料中の主要な炭水化物であるデンプンやセルロースといった多糖類は，ルーメン細菌によって単少糖類にまで分解されたのち，微生物中に取り込まれ，酢酸，プロピオン酸，酪酸などの揮発性脂肪酸（volatile fatty acid，VFA）や乳酸やコハク酸などの有機酸へと分解される．ルーメン細菌の細胞膜における単少糖類の取込み（輸送）速度は，ルーメン内での糖質利用の律速過程と考えられる．その様式としては，糖類の濃度勾配を利用した拡散系や，糖類以外の物質（ナトリウムなど）の濃度勾配を利用した共輸送・対向輸送系，エネルギー利用効率の高いホスホエノールピルビン酸リン酸輸送系（PEP-PTS）などの存在が知られている．1つの細菌においても複数の輸送系が報告され，ルーメン内において基質濃度が高いときは輸送速度の速い促進拡散系が，濃度が低くなったときは輸送効率の高い PEP-PTS や共輸送系が働くものと考えられる．

　微生物におけるグルコースの発酵経路を図 8-11 に示した．ルーメン内は酸素が侵入しても通性嫌気性菌によって短時間で消費されてしまうため，きわめて嫌気度の高い環境であるといえる（酸化還元電位 $-250 \sim -400$ mV）．そのため，基本的には酸素呼吸は行われず，解糖系（エムデン・マイヤーホフ経路）を中心とした嫌気発酵が主体となるが，その原則として「基質レベルのリン酸化による ATP 獲得」と「酸化還元の収支を合わせること」があげられる．

　基質レベルのリン酸化ではエネルギー準位の高い物質から低い物質，もしくはエントロピーの低い状態から高い状態への変化を利用して，ADP のリン酸化により ATP を産生する反応である（ギブスの自由エネルギー変化 $\Delta G_0'$ -7.3 kcal）．解糖系では 1,3- ホスホグリセリン酸→ 3- ホスホグリセリン酸（$\Delta G_0'$ -11.8 kcal）とホスホエノールピルビン酸→ピルビン酸（$\Delta G_0'$ -14.8 kcal）の両反応でそれぞれ ATP が産生されるが，グルコースのリン酸化で ATP を消費するため，1分子のグルコースが2分子のピルビン酸になる間に差引き2分子の ATP が産生される．

　酢酸の産生時にはさらにアセチルリン酸→酢酸（酢酸キナーゼ）の反応で2分子の ATP を，また酪酸産生ではブチリル CoA →酪酸（酪酸キナーゼ）の反応で1分子の ATP を産生する．一方，プロピオン酸の産生ではコハク酸を経る経

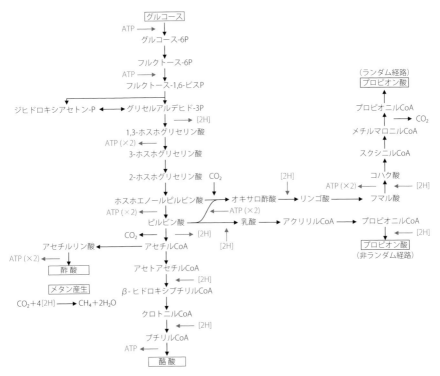

図 8-11　ルーメン内におけるグルコース代謝と VFA 産生

路（ランダム経路）ではフマル酸（フマル酸リダクターゼ）→コハク酸の反応で
2 分子の ATP が産生されるが，乳酸を経る経路（非ランダム経路）では ATP は
産生されない．これらをまとめるとグルコース 1 モルの嫌気発酵により，酢酸
産生では 4 モルの，プロピオン酸産生では 2 〜 4 モルの，酪酸産生では 3 モル
の ATP が基質レベルのリン酸化により獲得される．産生された ATP は，微生物
細胞膜上に存在するプロトンポンプや対向輸送系および共輸送系などにより，細
胞膜を隔てたプロトン勾配（プロトン駆動力，proton motive force）やナトリウ
ム，カリウムなどの濃度勾配といった別の形態の生体エネルギーに相互変換され
る．例えば，鞭毛の運動はナトリウム濃度勾配を利用するなど，細胞の機能によ
り用いられるエネルギー形態も異なる．

　解糖系における酸化還元収支に関しては，グリセルアルデヒド 3- リン酸
→ 1,3- ホスホグリセリン酸の反応で電子（その多くは代謝性水素 [2H] という形

で動く）を産生するが，酢酸を産生する過程ではアセチル CoA を産生する段階でさらに [2H] を排出する．酪酸の産生にはアセチル CoA 2 分子が必要となるため [2H] も多く産生するが，最終段階で [2H] を取り込む．プロピオン酸産生ではランダム経路，非ランダム経路ともに 2 か所で [2H] を取り込む還元的な反応となっている．粗飼料主体の自然なルーメン内発酵では，酢酸，プロピオン酸および酪酸がそれぞれ 60 ～ 80，10 ～ 20 および 5 ～ 15 ％程度のモル比率で産生されるが，この比率では [2H] 産生が過超となって酸化還元の収支を合わせられない．ルーメン内では二酸化炭素を還元してメタン（CH_4）を産生する反応がメタン産生菌によって盛んに行われており，この反応と共役して [2H] を多く産生する酢酸優勢型の発酵パターンが維持されている．この他の電子受容反応として硝酸還元や硫酸還元も知られており，硝酸塩や硫酸塩含量の高い飼料を給与するとこれらの反応も高まる．

　ルーメン内で産生された VFA はそのほとんどがルーメン壁から直接拡散により吸収され，下部消化管への流出は通常では 10 ％以下である．VFA の吸収は，イオン型（例えば CH_3COO^-）よりも極性の低い非イオン型（CH_3COOH）の方が吸収速度が速いため，乳酸などの比較的解離度の高い酸は吸収速度が遅く，ルーメン内 pH の低下を引き起こしやすい．また，イオン型で吸収された VFA はルーメン上皮細胞中で中和され，そのとき産生された重炭酸イオンがルーメン内に分泌されて pH の安定に貢献しているという説もある．酪酸は大部分が，吸収時にルーメン上皮細胞においてケトン体である β-ヒドロキシ酪酸に変換される．グルコース中のエネルギーの 80 ％程度が VFA という形態で保持され，これが動物に吸収されて門脈→肝臓→体内組織の順に代謝され，エネルギー源として利用される．反芻家畜が利用するエネルギー総量の 70 ％以上がルーメンで産生された VFA に由来する．

（3）濃厚飼料給与とルーメン発酵

　粗飼料を主体に給与したときのルーメン発酵は酢酸／プロピオン酸比（A/P 比）が 3 以上の酢酸優勢型の発酵を示すが，穀類を主体とした濃厚飼料を多給するとプロピオン酸の産生が増加し，極端な場合には A/P 比が 2 を下回ることもある．国土の狭いわが国では集約型の家畜生産が主体であり，例えば同じ乳量ならば個

体の能力を高めて頭数を少なくした方が，飼料費や施設費などの生産コストを下げることができる．しかし，粗飼料のみの乳生産は日量 20 kg 程度が限度であり，それ以上の生産には栄養素濃度の高い濃厚飼料の給与を避けて通れない．

　発酵性の高い濃厚飼料の給与はルーメン内 pH を低下させてアシドーシスを引き起こすが，それは VFA 濃度が高まることで pH 5.6 以下が長時間維持される亜急性アシドーシス（subacute rumen acidosis，SARA）と，乳酸が産生して pH が急激に 5 以下に低下する急性アシドーシス（乳酸アシドーシス）とに分けられる．近年，乳牛で問題となるのは主として SARA で，濃厚飼料の多給によりデンプン粒を好むプロトゾアは一過的に増えるものの，基本的には pH の低下に対する感受性が高いため，pH 6 以下が長時間持続するとその数は減少に転じる．

　プロトゾアはデンプン粒を摂取することでそれらに付着した細菌も捕食して，細菌の増殖を抑制する効果を示す．しかし，pH 低下によるプロトゾアの減少は，細菌の増殖を促してさらなる pH の低下をもたらす．メタン細菌も pH の低下に対する耐性が低い微生物であると同時に，プロトゾアに付着あるいは内棲し，プロトゾアがヒドロゲノソームで生成する水素を消費してメタンを産生するという共生関係にあるため，プロトゾアの減少はメタン細菌の減少へとつながる．メタン細菌の減少はルーメン内の酸化還元のバランスに影響を与え，酢酸優勢からプロピオン酸産生へとルーメン発酵パターンをシフトさせる．プロピオン酸の増加は乳牛では乳腺における脂肪酸合成や取込みを阻害して低乳脂を引き起こすとともに，pH の低下はルーメン内セルロース分解菌の増殖を抑制することで繊維消化率を低下させ，それが飼料摂取量および乳生産の減少へとつながる．

　濃厚飼料多給によるルーメン細菌の増殖促進は，グラム陰性菌外膜由来のリポ多糖からなるエンドトキシン（内毒素）を増加させ，それが体内に取り込まれて跛行や蹄病の発生や繁殖成績の低下に関与するといわれている．また，ルーメン内で多量に産生された VFA の一部が第四胃に流れ込んでその運動を抑制し，第四胃変位の発生につながるとされている．肉牛に対しても，濃厚飼料多給は肝膿瘍などの消化器障害の原因になるとされている一方で，げっぷとして排出されるメタンが減少し，吸収可能なプロピオン酸が増加することでエネルギー利用効率が向上するとともに，温室効果ガスの削減にもつながるとも考えられている．

（4）飼料の物理性とその効果

　嚥下された食塊はルーメンで微生物による分解を受けたあと，その消化残渣は第二〜四胃から小腸以下の下部消化管へと送られる．第二胃（第一胃と合わせて反芻胃と呼ばれる）は厚い筋層からなり食塊を送るポンプの役目を果たす．第三胃は内部に多くの葉状襞が存在し，食塊を選別するフィルターの役目を果たすと同時に，水分の吸収を行う．

　ヒツジを用いた研究では，第四胃以下に 1.2 mm 以上の粒度の内容物が見られないことから，それよりも大きな食塊は第三胃のフィルターを通過せず，ルーメン内に滞留して反芻刺激を誘引し，唾液の分泌を促すことが想定された．そこで，飼料中の 1.2 mm 以上の粒状物の割合を物理的有効率として，これを繊維含量に乗じたものを有効繊維（physically effective NDF, peNDF）として表すことが提案されている．すなわち，同じ繊維含量の飼料でも，粉砕などで粒度の小さくなったものはその物理的有効性も低くなる．唾液にはリン酸塩（pKa 7.2）や重炭酸塩（pKa 6.4）が含まれ，これがルーメン内に pH 6 〜 7 の間で大きな緩衝能を賦与するが，物理性の高い飼料ほど唾液の分泌量も多く，この緩衝能も強くなる．peNDF 含量は粗飼料で 40 〜 60 %，濃厚飼料で 20 %以下の値を示す．

　また，ルーメン内の緩衝能は飼料の咀嚼と関連が深いことから，咀嚼に必要な時間で飼料の物理性を表す場合もある．一定量の飼料を摂取するときに必要な咀嚼時間（摂取＋反芻時間）を粗飼料因子（roughage value index, RVI）といい，ウシでは飼料乾物 1 kg 当たり粗飼料で 50 分以上，濃厚飼料で 20 分以下の値を示す．飼料の物理性を高めることでルーメン内の発酵を安定させ，アシドーシスに由来する代謝病の抑制や，乳牛における低乳脂の発生および乳量の低下を防止することにつながる．正常な乳脂率を維持するために必要な飼料物理性の目安としては，給与飼料全体の peNDF 含量として 21 %以上，RVI として 30 分 /kg 飼料乾物以上が必要であるとされている．

（5）下部消化管での消化および吸収

　第四胃以下の下部消化管における飼料の消化および吸収は，単胃動物の機構に準じる．すなわち，第四胃ではペプシンによりタンパク質の分解が一部なされる．

ペプシンはタンパク質内部のペプチド結合を切断するエンドペプチダーゼであるが，自己触媒によって不活性型のペプシノーゲンを活性型のペプシンに変換する作用も持つ．小腸に送られた食塊は主として膵臓から分泌される消化酵素により少量体（オリゴマー）まで分解されたのち（管腔内消化），粘膜上皮刷子縁上の網目構造（糖被）を通過し，上皮細胞膜に結合した消化酵素によってさらに少量体（単量体〜三量体）に分解されて吸収される（膜消化）．糖類の管腔内消化にはアミラーゼが，膜消化にはマルターゼ，イソマルターゼやスクラーゼ（インベルターゼ）などが関与している．吸収機構としてはナトリウム共輸送系や促進拡散系が知られている．反芻家畜の小腸アミラーゼ活性は単胃動物と比べて低い値を示すが，濃厚飼料を多給してルーメン発酵を免れたデンプンの流入が持続されるとその活性は高まる．しかし，濃厚飼料を多給した場合でも，小腸由来のグルコースが，体内で利用されるグルコースの 30 ％を越えることはなく，糖新生で合成されたものが主体となる．

　タンパク質の管腔内消化にはトリプシン，キモトリプシン，エラスターゼやカルボキシペプチダーゼが，また膜消化にはアミノペプチダーゼやジペプチダーゼが関与している．アミノ酸の他に，オリゴペプチドとして吸収されるものも知られており，アミノ酸よりも吸収速度が高いものもある．アミノ酸の吸収機構としてはナトリウムとの共輸送系が知られるが，その他の輸送系も存在する．

3）栄養素の代謝と利用

（1）動物体内での酢酸と酪酸の代謝

　吸収された VFA の体内での代謝を図 8-12 に示した．酢酸と酪酸（大部分が吸収時に β-ヒドロキシ酪酸に変換）は動物細胞中のミトコンドリア内でアセチルCoA（炭素数 2）となって TCA 回路（トリカルボン酸回路）に入り，エネルギー源として酸化される．

　育成・乾乳牛などでは吸収された酢酸の 2/3 は肝臓や筋肉などでエネルギー源として酸化され，残りは脂肪の合成などに利用される．酸素呼吸で産生される二酸化炭素の 25 〜 40 ％は酢酸由来とされる．しかし，泌乳牛の場合はエネルギー要求量が高いため，脂肪組織から動員された脂肪酸が肝臓などで酢酸に変換され，それもルーメン由来の酢酸と同様に乳腺に取り込まれて脂肪酸合成やエネ

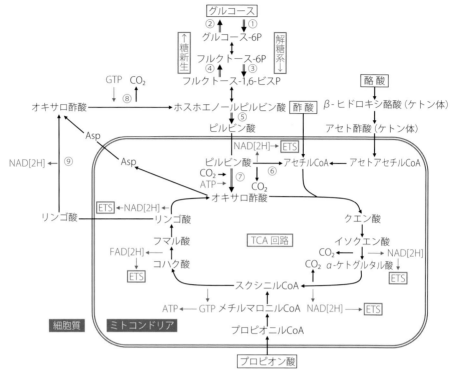

図 8-12　動物体内における VFA 代謝と解糖系および糖新生
①ヘキソキナーゼ，②グルコース 6- ホスファターゼ，③ホスホフルクトキナーゼ，④フルクトース 1,6- ビスホスファターゼ，⑤ピルビン酸キナーゼ（PK），⑥ピルビン酸デヒドロゲナーゼ，⑦ピルビン酸カルボキシラーゼ（PC），⑧ホスホエノールピルビン酸カルボキシキナーゼ（PEPCK），⑨ NAD- リンゴ酸デヒドロゲナーゼ．ETS は電子伝達系．

ルギー源として用いられる．一般の体細胞では，脂肪酸の β 酸化により産生されたアセチル CoA はミトコンドリアから出ることができないが，肝臓ではミトコンドリア内のアセチルカルニチンハイドラーゼの働きによりアセチル CoA が酢酸に変換され，拡散によりミトコンドリア外への移動が可能となる．こうした内因性の酢酸は体内酢酸全体の 40 ％に及ぶこともある．吸収された酪酸（大部分は β- ヒドロキシ酪酸）の 60 〜 80 ％は肝臓でアセト酢酸などに変換されエネルギー源として利用される．ただし，泌乳牛などエネルギー要求量の高いウシでは脂肪組織由来のケトン体も同時に肝臓で合成され利用される．

(2)　動物体内でのプロピオン酸の代謝と糖新生

　ルーメンから吸収されたプロピオン酸は，メチルマロニル CoA を経てスクシニル CoA となり（この過程で ATP 3 分子を消費），TCA 回路に入っていく（図 8-12）．このまま電子伝達系を経て酸化されることもあるが，主として肝臓（および腎臓）においては，その相当部分（50 〜 80 ％）がリンゴ酸としてミトコンドリアから細胞質に出て解糖系をさかのぼり，グルコースを産生する．これを糖新生（gluconeogenesis）といい，主要な VFA の中では酢酸と酪酸は TCA 回路で消失してしまうため，糖新生の原料としてはプロピオン酸のみが利用される．プロピオン酸以外には TCA 回路に入ることのできるアミノ酸（すなわち糖原性アミノ酸）や乳酸（→ピルビン酸）およびグルセロール（→グリセルアルデヒド 3- リン酸）からもグルコースは合成される．

　ミトコンドリアから出たリンゴ酸はオキサロ酢酸（炭素数 4）から脱炭酸してホスホエノールピルビン酸（炭素数 3）に変化したのち，→ 2- ホスホグリセリン酸→ 3- ホスホグリセリン酸→ 1,3- ホスホグリセリン酸→グリセルアルデヒド 3- リン酸（ジヒドロキシアセトンリン酸）→フルクトース 1,6- ビスリン酸（炭素数 6）→Ⓐフルクトース 6- リン酸→グルコース 6- リン酸という経路を経て→Ⓑグルコースとなる．この経路の反応ⒶとⒷは，解糖系ではホスホフルクトキナーゼとヘキソキナーゼがそれぞれグルコースを分解する方向へと働くが（図 8-12 でそれぞれ③と①），糖新生ではそれらとは異なる酵素であるフルクトース 1,6- ビスホスファターゼとグルコース -6- ホスファターゼが働くため（図 8-12 でそれぞれ④と②），これらの酵素活性の違いによって解糖と糖新生の調節が行われている．グルコース 6- ホスファターゼは糖新生を行う肝臓や腎臓では活性が高いが，グルコースの消費が激しい脳や筋肉ではその活性は見られない．

　ホスホフルクトキナーゼを促進し，フルクトース 1,6- ビスホスファターゼを抑制（すなわち解糖促進）する物質としてフルクトース 2,6- ビスリン酸が知られているが，その合成はグルコースの必要性に応じてインスリンやグルカゴンなどのホルモンを介した調節を受けている．また，ホスホエノールピルビン酸→ピルビン酸→アセチル CoA に関与する酵素であるピルビン酸キナーゼとピルビン酸デヒドロゲナーゼ（図 8-12 でそれぞれ⑤と⑥）も一方向のみへの触媒であり，

TCA 回路に入ったアセチル CoA が逆反応で戻らないようになっている.

　ピルビン酸から糖新生を行うためには，ピルビン酸→オキサロ酢酸→ホスホエノールピルビン酸という，ピルビン酸カルボキシラーゼ（PC）とホスホエノールピルビン酸カルボキシキナーゼ（PEPCK）（図 8-12 でそれぞれ⑦と⑧）が触媒する迂回ルートを取ることになる.

　動物体内において，脳や神経細胞，赤血球，骨格筋，精巣などではエネルギー源としてグルコースが必須であるため，反芻家畜では糖新生によるグルコース合成はきわめて重要である. 糖新生の原料としてはプロピオン酸が 50 〜 60 %，乳酸が 10 〜 35 %，グリセロールが 5 〜 10 %，アミノ酸が 10 〜 30 %程度と考えられているが，絶食あるいは飼料欠乏時にはルーメンからのプロピオン酸供給が減少し脂肪組織からの脂肪の動員が増えるため，グリセロール由来の糖新生が高まる.

　グルコースの利用部位としては，乾乳牛などでは筋肉で 20 〜 40 %，消化管で 20 〜 30 %，脳で約 20 %，脂肪組織で 10 %程度利用される. しかし，妊娠牛や泌乳牛ではグルコースの要求量が高まり，子宮で 30 %，乳腺で 50 %ものグルコースを利用する場合もある. 特に，牛乳中の乳糖はグルコースから合成されるため，乳腺に取り込まれたグルコースの半分以上は乳糖の合成に用いられる.

（3）反芻家畜における脂肪の代謝
a. 合　　成

　動物体内でエネルギーにゆとりがある場合には，脂肪組織で脂肪酸を合成してエネルギー源として貯蔵する. 脂肪酸の合成は細胞質において，アセチル CoA とマロニル CoA の結合によって開始され，アシル CoA の鎖長を 2 つずつ増やすことで行われる（図 8-13）. アシル基にアセチル基を結合することによりオキソ基（酸素）が 2 か所で含まれることになるが CoA 側でない酸素を，還元と脱水により除き，さらに還元することで炭素数が 2 つ増加したアシル CoA を産生する. そのアシル CoA とマロニル CoA が再度結合して以下同様に繰り返され，鎖長が延ばされる. この還元時の水素供与は，動物の生存にきわめて重要な NAD[2H] からではなく，そのリン酸化化合物である NADP[2H] から行われる. NADP[2H] の産生は，単胃動物ではペントースリン酸回路（約 60 %）と NADP- リンゴ酸

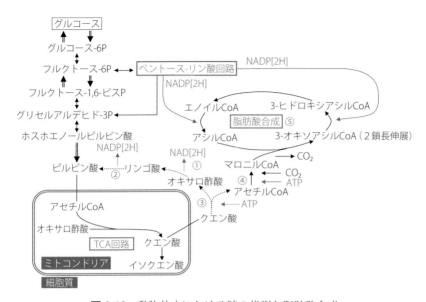

図 8-13　動物体内における糖の代謝と脂肪酸合成
① NAD- リンゴ酸デヒドロゲナーゼ，② NADP- リンゴ酸デヒドロゲナーゼ，③ ATP- ク
エン酸リアーゼ，④アセチル CoA カルボキシラーゼ，⑤脂肪酸合成酵素．クエン酸か
らオキサロ酢酸に至る経路（点線）は，反芻家畜ではその活性がきわめて低い．

デヒドロゲナーゼ（約 40 %）で行われるが，反芻家畜では後者の活性はきわめ
て低いため，主としてペントースリン酸回路で合成される．脂肪組織では脂肪酸
の合成は C14 ～ C18 の鎖長で行われるが，乳腺細胞では C4 ～ C16 の脂肪酸が
合成される．

　われわれ人間を含め単胃動物においては炭水化物の過食は脂肪の蓄積となって
表れるが，反芻家畜では糖質から脂肪酸の合成は行われない．これは，反芻家畜
では ATP- クエン酸リアーゼと NADP- リンゴ酸デヒドロゲナーゼの活性がきわめ
て低く，グルコース→アセチル CoA（ミトコンドリア）→クエン酸→アセチル
CoA（細胞質）という反応がほどんど行われないためである．反芻家畜では，脂
肪はアセチル CoA の原料となる酢酸および酪酸から合成されることになる．し
かし，肉牛の脂肪細胞を用いた研究では，筋肉内脂肪（いわゆるサシの部分）は
グルコースから脂肪酸の合成が行われるという報告もある．

b．β 酸 化

　脂肪酸の酸化（β 酸化）は，基本的に合成の逆反応をミトコンドリア内で行い，

脂肪酸をアセチル CoA 単位に分解して TCA 回路で酸化する．例えば，パルミチン酸 1 モルの β 酸化では 8 モルのアセチル CoA と 7 モルの NAD[2H] および 7 モルの FAD[2H] が産生されることから，脂肪酸の酸化では，同重量の炭水化物より 2 倍以上高い生体エネルギーを取り出すことが可能となる．β 酸化を開始するには脂肪酸が細胞質からミトコンドリアに移動する必要があり，カルニチンがその輸送担体となる．脂肪合成開始にはマロニル CoA が十分に合成されることが前提となるが，マロニル CoA は同時にカルニチン輸送系を阻害することから，合成された脂肪酸が直ちにミトコンドリア内に輸送されて β 酸化されることが防止される．

c . 乳 腺 細 胞

　乳腺細胞では乳脂肪の産生に用いる脂肪酸を酢酸などから生合成する部分（*de novo* 合成）と血中から取り込んで利用する部分とに分けられる．牛乳中脂肪酸のうち前者は C4 ～ C14 を，後者は C18 以上を構成し，C16 はこの両者から由来する．血中から取り込まれる脂肪酸は飼料および体内の脂肪組織に由来するが，ココナッツ油（C12 や C14 が豊富）や魚油（C20 以上が豊富）などの特殊な飼料を給与しない限り，C16 および C18 鎖の脂肪酸が主体となる．飼料中には C18 の不飽和脂肪酸も多く含まれるが，特に二重結合が複数存在する多価不飽和脂肪酸（polyunsaturated fatty acid，PUFA）はルーメン内微生物の細胞膜に侵入して物質の膜勾配由来の生体エネルギーを解消する（脱共役）ことから，その多給はルーメン微生物の増殖や発酵の抑制へとつながる．特に，外膜を持たないグラム陽性菌（その中にはセルロース分解菌の一部も含まれる）やプロトゾアは脂肪に対する感受性が高く，繊維分解率を低下させないためにも飼料乾物中の粗脂肪含量は 6 ％以下にすることが望ましいとされている．しかし，脂肪酸カルシウムや油実（大豆や綿実）などのルーメン内分解性の低い油脂の給与が主体となる場合には，粗脂肪含量は 8 ％程度にまであげられる．

　ルーメン細菌には，PUFA の毒性を低下させるため，水素添加して飽和化する働きのあるものが存在する．特に，*Butyribivrio fibrisolvens* は，リノール酸（c9,c12-C18：2）をバクセン酸（t11-C18：1）にまで異性化および還元する機能の主体を担っているとされている．バクセン酸の多くは他の微生物によりルーメン内でさらにステアリン酸（C18：0）にまで還元されるものの，バクセ

ン酸の一部は動物に吸収されたのち，体組織中の不飽和化酵素で共役リノール酸（c9,t11-C18：2）に変換される．反芻家畜では，この他に t10-C18：1 を経由した t10,c12-C18：2 の共役リノール酸も知られている．共役リノール酸とは共役二重結合（単結合の両側に二重結合が隣接したもの）を有するリノール酸の異性体で，マウスでは抗腫瘍・抗アレルギー・抗動脈硬化作用や肥満抑制作用などの機能性が報告されているが，ヒトへの効果は明確となっていない．

　なお，ルーメン内では微生物により中性脂肪から脂肪酸とグリセロールへの分解はなされるものの，嫌気的な条件にあるため，脂肪酸の β 酸化は行われない．グリセロールは微生物により解糖系で代謝される．

　乳牛では，濃厚飼料を多給した場合，あるいは PUFA の投与を高めた場合に乳脂率が低下する現象（低乳脂）が知られている．濃厚飼料多給による低乳脂は，ルーメン内でのプロピオン酸の産生増加に由来する糖新生の促進がインスリンの分泌を高め，それが脂肪細胞へ脂肪を貯蔵する方向に働き（糖産生説），乳腺で利用されうる脂肪が相対的に減少し C16 〜 C18 の脂肪酸の分泌低下の結果である．ただし，濃厚飼料多給による低乳脂は，乳脂肪中のすべての脂肪酸で分泌減少が見られることから，プロピオン酸そのものが乳腺での脂肪酸合成を抑制する作用があるものと考えられている．

　一方，PUFA を多給したときの低乳脂は，ルーメン内での異性化と水素添加によって産生したトランス脂肪酸（t10-C18：1）の一部が，吸収後に脂肪合成阻害効果が高いとされる共役リノール酸の1つ（t10,C12-C18：2）に変換され，それが乳腺での脂肪酸合成（C4 〜 C16）を低下させるためであるとされる（トランス脂肪酸説）．濃厚飼料多給時には，プロピオン酸産生増加とともにルーメン内での t10-C18：1 の産生も高まることから，トランス脂肪酸の効果も働くと考えられる．

（4）反芻家畜におけるミネラルおよびビタミンの代謝

a．ミネラル

　ミネラルにはグラム単位で要求される多量ミネラルと，ミリグラム単位以下で必要となる微量ミネラルがあり，前者としては陽イオンであるカルシウム，ナトリウム，カリウム，マグネシウムと陰イオンであるリン，塩素，イオウが，後者

としては鉄，銅，マンガン，亜鉛，コバルト，モリブデン，セレン，ヨウ素，クロムおよびフッ素があげられる．また，この他にも必須性が提案されている超微量ミネラルもいくつか存在する．これらのミネラルの体内での代謝および機能は単胃動物と基本的には同じであるが，反芻家畜としての特異性を持つものもあり，特にカルシウムとマグネシウムは乳牛の代謝病との関連で重要である．

　カルシウムは骨を形成するとともに，神経や筋肉における情報伝達の役割を担い，牛乳の成分としても重要である．乳牛は泌乳開始後，血中カルシウム濃度が減少し，その低下が著しい場合には起立困難などを伴う乳熱を発病する．血中カルシウム濃度の恒常性は，消化管からの吸収，骨からの溶脱（再吸収）および腎臓における尿中への排出制御によって維持されるが，副甲状腺（上皮正体）ホルモン（PTH）や活性型ビタミンDによってその調節が仲介される．分娩前のカルシウム給与や体液のアルカリ化（アルカローシス）はPTHに対するこれらの調節機構の反応性を低下させ，乳熱発生の危険性を高める．飼料中の陽イオン（ナトリウムとカリウム）と陰イオン（塩素とイオウ）の差をカチオン・アニオンバランス（DCAD）と呼ぶが，代謝性アルカローシスを防ぐためには，DCADを低く抑える必要がある（尿中pHの測定によりモニター可能）．また，血中カルシウム濃度の減少は，筋肉収縮を低下させることで消化管運動を抑制し，第四胃変位の一因になるとも考えられている．

　マグネシウムは神経伝達や酵素の活性化に重要な役割を担う．マグネシウム含量が低い火山灰土壌における草地での放牧は血中マグネシウム濃度を低下させ，ときとして興奮や痙攣を伴う低マグネシウム血症（反芻家畜に特有なことからグラステタニーとも呼ばれる）を引き起こす．特に，窒素過多の牧草では，ルーメン内で不溶性のリン酸アンモニウムマグネシウムを形成してマグネシウム吸収を抑制し，その発生のリスクを高める．また，マグネシウムは乳中への分泌も多いため，低マグネシウム血症は泌乳牛で発症率が高い．

　ナトリウムとカリウムは，体液浸透圧や血圧の調節の他，細胞内はナトリウム濃度を低く，カリウム濃度を高く維持することで，ナトリウムおよびカリウム濃度勾配による膜電位を形成する．また，この両ミネラルは血圧や体液の浸透圧および酸塩基平衡の調節という重要な役割を担うことから，消化管からの吸収や腎臓からの排泄制御を通じて速やかに調節される．一般的なウシ用飼料にはナトリ

ウムが少ないことからその補給が好ましいが，反対にカリウム濃度は高いため，前述したように泌乳牛に対しては DCAD を低くする考慮が必要となる．

　リンは骨の主要成分であるとともに細胞膜や核酸の構成成分でもあり，また ATP などの高エネルギー結合の形成にも関与する．さらに，リン酸は体液の酸塩基平衡を調節すると同時に，唾液からの分泌を通してルーメン内の緩衝能を高める．リンはカルシウムと同様に活性型ビタミンDの作用により吸収が促進される．リン含量は一般的に粗飼料で低く，濃厚飼料で高いために，穀類を多給する肥育牛では尿中に不溶性のリン酸アンモニウムマグネシウムが形成され，尿結石発症のリスクが高い（塩化アンモニウムなどの給与により予防可能）．また，過剰なリンの排泄は河川や湖沼の富栄養化など，環境汚染につながる．なお，反芻家畜ではルーメン微生物が持つフィターゼ活性のため，単胃動物では問題となるフィチン酸リンの存在を考慮する必要はない．

　微量ミネラルは，酵素やホルモンの補助因子として代謝調節に関与するものが多い．また，活性酸素やラジカルの産生を抑制して酸化ストレスを軽減するのにセレン，マンガン，銅，亜鉛が関与している．多くの微量ミネラルにはその欠乏によりさまざまな症状を呈するが，中毒症が知られているものに鉄，銅，モリブデン，セレンやフッ素などがある．また，銅と亜鉛は環境汚染物質として，畜産排泄物中の存在が問題となっている．

b．ビタミン

　ビタミンとしては，脂溶性のA，DおよびEが反芻家畜では飼料からの補給が必要となる．ただし，ビタミンDは動物の皮膚において光化学反応により合成されるため，日光浴が十分な動物では欠乏しない．他の水溶性ビタミン（B群およびC）とK（脂溶性）は体内およびルーメン微生物により合成されるため補給は必要とならない．ただし，近年ではこれらのビタミン（B_1，B_{12}，ニコチン酸，コリン，ビオチン，葉酸やC）も，添加によって乳生産などが改善されたとする報告がある．

　ビタミンAは，植物中では β - カロテンなどのプロビタミンとして存在し，体内で活性のあるレチノールやレチノイン酸へと変換される．ビタミンAは遺伝子発現や免疫機構の維持，抗酸化能の賦与などに働き，またロドプシンの生成に必要なことから，その欠乏は夜盲症や筋肉水腫（ズル）の発生および免疫能の低

下を引き起こす．レチノイン酸は脂肪細胞の分化を抑制することから，和牛生産では肉質を改善するためにビタミン A を制限する場合が多いが，欠乏症を予防するためには血中ビタミン A を 30 IU/dL 以上に維持する必要がある．

ビタミン D は，植物由来のコレカルシフェロールや体内で合成されたエルゴカルシフェロールであり，肝臓や腎臓で活性型ビタミン D（1,25- ジヒドロキシビタミン D）に変換される．活性型ビタミン D はホルモンとして働き，前述したようにカルシウムとリンの消化管からの吸収を促進する．そのため，ビタミン D の欠乏は，カルシウムとリンの代謝障害を引き起こし，幼動物ではくる病を，成獣では骨軟骨（骨軟化）症やそれに由来する跛行および骨折を発生する．

ビタミン E は主にトコフェロールとして存在し，抗酸化剤として働いて酸化ストレスを緩和する．ビタミン C やセレンとも協調して働く．ビタミン E の補給により，牛肉酸化や肉色劣化の防止および牛乳酸化臭の減少効果などが報告されている．ビタミン E の欠乏は，繁殖障害，乳房炎発症および免疫能低下につながると考えられる．ビタミン E としてはさらに活性が高いトコトリエノールが知られているが，体内での効果は不明な点が多い．

4）栄養素要求量と飼料摂取量

(1) エネルギー要求量

近代栄養学では，家畜の栄養素要求量は維持，生産（泌乳，産肉，産卵，産毛など）の要因別に求めることが一般的となっている．これは，栄養素の利用目的によってその利用効率が異なるからであり，エネルギーに関しても同様である．妊娠も一種の生産（すなわち胎子や胎盤の生産）として考えられている．エネルギー単位としては，飼料によって消化率が大きく変化する反芻家畜では，飼料が含む総エネルギー（gross energy, GE）で表示する意義は低い．家畜では GE から糞中エネルギーを差し引いた可消化エネルギー（digestible energy, DE），もしくはさらに尿中およびメタンに排出されるエネルギーを除いた，動物が実質的に利用しうる代謝エネルギー（metabolizable energy, ME）として表されているが，日本ではウシに関しては，DE の一種である可消化養分総量（total digestible nutrients（TDN）＝可消化炭水化物＋可溶化粗タンパク質＋可消化粗脂肪 ×2.25）で表示することが公定規格で定められている．

　エネルギー要求量を考えるうえでの基本となる基礎代謝量（basal metabolism, BM（R））は，生きていくために必要な最低限のエネルギー量で，絶食中の全く運動をしていないときの消費量として示され，家畜では維持のための正味エネルギー（NEm）としても表示される．基礎代謝量は体重（BW）の3/4乗（代謝体重＝$BW^{0.75}$）の関数として表され（実測的には0.73乗に近い），代謝体重1kg当たり約70 kcalであるとされている．これは，コアラやナマケモノなどの一部を除いて，ネズミからゾウまでのすべての動物に適応できる汎用式であり，エネルギー代謝量は体重よりも表面積に強く影響を受けるという仮説と一致する．絶食時には体重は減少するが，飼料を給与することで体重が増えも減りもしないバランスのとれたエネルギー量（ただし，畜舎での穏やかな運動条件下で）を維持要求量（MEm）とし，成牛の場合は代謝体重当たり成乳牛で106〜116 kcal（日本飼養標準・乳牛2006年版）という値を示されている．これは基礎代謝量の1.5倍程度であるが，運動量や気候により大きく変動し，放牧牛や厳冬期の寒冷地では1.5倍を越えることがある．

　泌乳に必要なエネルギー要求量としては，牛乳中に含まれるエネルギー含量と乳量との積（泌乳の正味エネルギー NEL）を求め，それを利用効率（NE/ME，日本飼養標準では0.62）で割った値を泌乳に必要なME要求量（MEL）とする．牛乳中の乳タンパク質と乳糖の含量はホルスタイン種ではそれぞれ3.3 %, 4.8 %前後とほぼ一定しているため，含量の変動しやすい乳脂肪分の関数として表される場合が多い．増体や肥育に関するエネルギー要求量（MEg）は，増体部分のエネルギー含量に増体量をかけ合わせたものとして算出される．しかし，月齢が進むにつれ体構成成分中にはエネルギー含量の高い脂肪の割合が増えてくることから，体重の大きいものほど増体当たりのエネルギー要求量は高くなる．妊娠のエネルギー要求量（MEpreg）は，妊娠日数の二次式あるい指数式として表され，胎子および胎盤の急成長に伴って妊娠後期に急激に高まるため，分娩2か月前頃から考慮する必要がある．妊娠のためのエネルギー利用効率は極端に低い（日本飼養標準では0.14）とされている．

　エネルギー要求量全体を，増体および妊娠している若雌泌乳牛（体重600 kg，日乳量30 kg，乳脂率3.8 %，日増体量0.20 kg，妊娠日数230日目）を例にとって『日本飼養標準・乳牛（2006年版）』を用いた推定値（1日当たりの

Mcal）で示すと，MEm が 14.1，MEL が 34.6，MEg が 3.3，MEpreg が 4.9 の計 56.8 Mcal となり，これは維持要求量の約 4.0 倍に相当する．また，ME/DE を 0.82，DE/TDN（Mcal/kg）を 4.41 という換算計数を用いて TDN を推定すると，15.7 kg/ 日になる．肉用牛として体重 400 kg，日増体量 1.0 kg の肥育牛を例にとって示すと（日本飼養標準・肉用牛 2008 年版），MEm が 10.4，MEg が 12.7 の計 23.1 Mcal となり，TDN で 6.4 kg/ 日，維持要求量の約 2.2 倍に相当する．前記の値から，乳牛における産乳のためのエネルギー要求量がいかに高いかがわかる．

（2）代謝タンパク質システム

タンパク質要求量も，基本的にはエネルギーと同様に維持，泌乳，増体および妊娠の要因別に求めることが一般的であり，生産物や排泄物中に含まれるタンパク質（純タンパク質または正味タンパク質，NP）をもとに算出される．これに体内におけるタンパク質の利用効率を考慮して，実際に小腸から消化および吸収されるべきタンパク質（代謝タンパク質；metabolizable protein，MP）を要求量として求めることが，ウシにおけるタンパク質栄養評価システムとして欧米を中心に採用されている（図 8-14）．日本飼養標準ではこのシステムはまだ完全には取り入れられていない．

維持要求量（MPm）は恒常的に排泄される内因性のタンパク質（脱落被毛や表皮，尿中の窒素代謝産物および糞中に排泄される消化酵素や粘膜由来のタンパク質）から求められ，それを補うために必要なタンパク質として表され，体重 600 kg，乾物摂取量 20 kg の乳牛では 1 日当たりの MPm として約 0.79 kg 程度となる（アメリカ NRC 飼養標準に基づいて算出）．産乳のためのタンパク質要求量（MPL）は乳中へのタンパク質産生量から求められ，日乳量 30 kg，乳タンパク率 3.3 ％の乳牛では 1 日当たりの MPL として約 1.37 kg となる．増体のためのタンパク質要求量（MPg）は，増体部分のタンパク質含量に増体量をかけ合わせたものとして表され，MEg とは逆に，増体に伴い体組成における脂肪割合が増え，タンパク質割合が減少することから，体重の大きいものほど増体当たりのタンパク質要求量は低くなる．体重 400 kg，日増体量 1.0 kg の肉牛では 1 日当たりの MPg として約 0.30 kg となる．妊娠のためのタンパク質要求量（MPpreg）

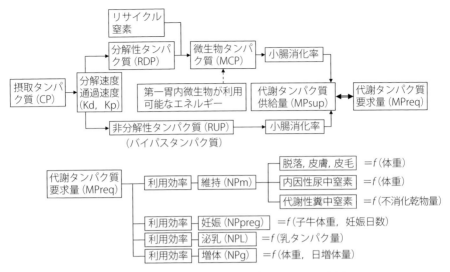

図 8-14　代謝タンパク質（MP）システムの概略
NP は正味タンパク質.

も MEpreg と同様に胎子および胎盤の急成長に伴い妊娠後期に考慮する必要がある．妊娠 230 日目の乳牛では 1 日当たりの MPpreg として約 0.26 kg となる．これらの推定値は，エネルギーと同様に多くのタンパク質が泌乳のために求められることを示している．

　反芻家畜は単胃動物とは異なり，飼料中タンパク質の相当量（約 70 %）がルーメン内で分解され，微生物タンパク質(MCP)に変換される．微生物タンパク質は，分解されなかった飼料中タンパク質（RUP，バイパスタンパク質）とともに下部消化管へ送られ分解，吸収される．そのため，代謝タンパク質の供給量を求めるためには，飼料中タンパク質のルーメン内分解率，微生物合成量の推定値，小腸におけるタンパク質（微生物および飼料バイパスタンパク質）の消化率といった数値が必要となり，代謝タンパク質システムではこれらの推定をいかに精度よく行うかが重要となる．飼料のルーメン内分解率は，飼料の種類のみならず，動物の飼料摂取量などによっても影響を受けることから，有効分解率という概念が取り入れられている（☞ 4）(3)「飼料摂取量と消化率の変動」）．

　ルーメン微生物は飼料タンパク質の分解によって生じたアンモニアやアミノ酸，オリゴペプチドおよび飼料の非タンパク態窒素化合物（核酸や尿素など）に

由来するアンモニアを取り込んでタンパク質を合成する．アミノ酸を重合して
タンパク質を合成するには多くのエネルギーが必要となるため（ペプチド結合
1つ当たりATP4分子），微生物タンパク質の合成量はルーメン内で微生物が利
用できるエネルギー源（嫌気条件下では主として炭水化物）の関数として表さ
れ，TDN摂取量1 kg当たり150～200 gの微生物粗タンパク質が合成される
と推定される．微生物粗タンパク質中の約80％が純タンパク質であり，その約
80％が小腸で消化されることから，約65％が可消化純タンパク質であるとさ
れる．また，バイパスタンパク質の小腸での消化率は飼料によって異なるものの，
多くの飼料では80～100％の値が採用されている．しかし，加熱処理などによ
り飼料中のアミノ酸と糖質との間で不可逆的なアミノカルボニル反応（メイラー
ド反応）が生じたものでは低くなる．これらを踏まえて推定した代謝タンパク質
供給量が，代謝タンパク質要求量を過不足なく充足したときに最も効率のよい飼
料タンパク質給与となる．前記の代謝タンパク質における考え方を，そのまま各
必須アミノ酸に適用した代謝アミノ酸システムも提案されている．

　微生物タンパク質のアミノ酸組成には変動があるものの，飼料タンパク質のア
ミノ酸組成とは異なる（例えば，制限アミノ酸になりやすい．リジンやメチオニ
ン含量は後者より前者で高い）ので，飼料タンパク質の生物価は微生物タンパク
質合成により改善される可能性が高い．

（3）飼料摂取量と消化率の変動

　反芻家畜の飼料摂取量に影響を及ぼす要因に関しては，主要なものとして物理
的要因と代謝的要因があげられる．物理的要因はルーメンの容積に起因するもの
で，物理的に嵩張る粗飼料に適用される．特に，消化率の低い低質な粗飼料では，
ルーメンが膨満することにより必要な飼料を摂取できないことも起こる．乳牛を
牧草だけで飼養する場合は，TDN 60％のものでも日乳量20 kg程度の生産が限
度となる．しかし，穀類や粕類を主体とする濃厚飼料は多量に摂取してもルーメ
ン内の容量が採食の制限になることはなく，むしろ要求量が満たされた時点で動
物体内で何らかの抑制因子が働くものと考えられる．単胃動物では血糖値の上昇
に伴うインスリンレベルの増加が，脳内食欲中枢に直接働いて採食抑制をもたら
すことはよく知られている．反芻家畜においても同様な調節が機能しているもの

と考えられる．図 8-15 に乳牛にお
ける飼料中エネルギー含量（TDN）
と乾物摂取量（DMI）の関係を示し
た．両者には曲線的な関係があり，
DMI は一定の TDN 含量（もしくは
粗濃比）[注] までは増加し，それ以上
では低下するようになる．最大摂取
量（図中＊）よりもエネルギーの低
いレベルでは物理的要因が，それ以
上では代謝的要因が働くものと考え

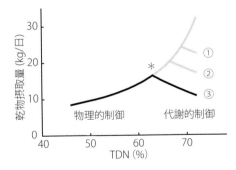

図 8-15　飼料中エネルギー含量と飼料摂取
　　量の関係
①日乳量 40 kg，②日乳量 30 kg，③日乳量 20 kg．

られる．この最大摂取量は固定的なものではなく，動物の能力に応じて右上方へ
移動していくと考えられる．すなわち，高泌乳牛ほど DMI も高くなる．この調
節機序に関してはまだ明確になっていないが，利用が増加しないまま供給量が増
えても高エネルギー過剰負荷の弊害が懸念されるため，体全体でのエネルギーの
利用量もしくは酸素の消費量に応じた何らかの摂取量調節のメカニズムが考えら
れる．栄養素の体内での代謝回転が高まると，その血中濃度は常に適正に保たれ，
ルーメン内で産生された発酵産物も拡散により速やかに吸収および利用されるこ
とから，濃厚飼料多給によるルーメンアシドーシス発生の危険性も軽減される．
DMI を高める要因としては，乳量の他に，乳成分や体重，増体量などが知られ
ているが，乳量の影響が圧倒的に大きい．また，環境の影響としてはホルスタイ
ン種などの北方系の乳牛では，日最低気温が 25 ℃以上の日が連続すると飼料摂
取量は急激に減退する．

　消化管内での飼料発酵能力は体重に比例するが，エネルギー要求量は代謝体重
に比例することから，草食動物は大型になるほどエネルギー効率的に有利となる．
ゾウやサイなどの大型陸棲草食動物は後腸発酵動物であるため，ルーメンによ
る効率的な繊維やタンパク質の分解および利用という恩恵を受けないかわりに，
ルーメンによる物理的な飼料摂取量の制約も受けない．これは飼料のさらなる効
率的な利用よりも，強い競争力に依存した飼料摂取量の増加を重視する合理的な
選択と考えられる．

注）粗飼料と濃厚飼料の給与比率．

　繊維成分を中心に飼料はルーメン内で一定時間滞留することにより，微生物による十分な発酵を受けてその利用性が高まる．ルーメン内の食塊は一定以下（1.2 mm 以下）の粒度にならないと第三胃の襞を通過できないとされているが，乳牛のように動物進化の過程で予測できないほどに採食量が高まると（維持の3倍以上），比較的粒度の大きな飼料片も下部消化管に流出するようになり，通過速度が高まる．すなわち，乾乳牛（DMI 9 kg/ 日程度）では飼料のルーメン通過速度（kp）は平均して 3.5 ％/ 時であるが，泌乳能力が向上するにつれて高まり，日乳量 20 kg（DMI 17 kg/ 日）では 4.9 ％/ 時に，日乳量 40 kg/ 日（DMI 25 kg/ 日）では 6.2 ％/ 時にまでなる（日本飼養標準・乳牛 2006 年版）．ルーメンからの通過速度が上昇すると，ルーメン内で十分に分解，発酵されずに流出する消化片が増加し，ルーメン内での飼料消化率は減少する．デンプンなど小腸で消化可能な成分は，DMI が増加しても全消化管での消化率に対する影響は低いものの，下部消化管での消化が期待できない繊維成分の消化率は，全消化管全体でも低下する．通過速度に影響を与える要因としては，DMI や飼料の粗濃比，繊維含量，物理的有効性などが知られているが，DMI の影響および DMI に影響を及ぼす乳量の関与がきわめて大きい．

　高能力牛におけるルーメン内での通過速度の増加は飼料成分の有効分解率を低下させるとともに，飼料中の TDN も低く推定される．この TDN の低減は特にエネルギー含量の高い飼料で大きいとされ，その低下分を飼料増給により補足する必要がある．日本飼養標準では乳量が 15 kg 増えるごとに，飼料給与量を4 ％ずつ増やすように提案している．また，飼料成分の有効分解率（ED）は以下の式で表される．

$$ED（\%）= a + b \times kd/(kd + kp) \times 100$$

　a はルーメン内ですぐに分解される可溶性画分，b は微生物によって時間をかけて分解される画分（ともに飼料中％で表示）であり，kd は b 画分の分解速度，kp は飼料の通過速度（ともに％ /h で表示）である．$kd/(kd + kp)$ は，ルーメンからの総消失速度（＝分解＋流出）に対する分解速度の割合を表し，飼料側の特性（kd）と同時に動物側の特性（kp）によってその利用性が決められることが示されている．これまで，飼料成分表をはじめとして飼料の特性は静的な固定値で示されてきたが，今後は動物の条件によって変動する動的な値として示され

るようになる．ルーメン内におけるタンパク質の分解性は日本飼養標準では有効分解性タンパク質（ECPd）として表現されており，分解速度の低い飼料ほど通過速度の影響を被り，利用性の変動も大きくなる．

2．ラ　ク　ダ

　ラクダは偶蹄目，ラクダ科，ラクダ属に分類される動物で，背中に1つのこぶを持つヒトコブラクダ（*Camelus dromedarius*）と，2つのこぶを持つフタコブラクダ（*Camelus bactrianus*）がある．ヒトコブラクダは BC 3000 年頃にアラビアで家畜化され，現在は主に北アフリカや中東で飼育されており，体長 2.5 〜 3.0 m，体重は 450 〜 700 kg 程度である．一方，フタコブラクダは BC 2500 年頃に東アジアの高原で家畜化され，現在は中央アジアの草原地帯を中心に飼育されており，体長 2.2 〜 2.5 m，体重 400 〜 600 kg 程度である．乾燥地帯や砂漠地帯における荷物輸送や交通手段として古くから利用されてきており，最近ではラクダ競走（競駝）のレース用や，砂漠観光地での乗用としても利用されている．また，乳，毛，皮なども利用され，特に中東地域では遊牧民族のタンパク質源として肉も利用されている．寿命は約 30 年と長く，乾燥に強く，乏しい飼料にも耐えうるため，乾燥地帯で飼育される家畜として重要である．

図 8-16　ヒトコブラクダ（*Camels dromedarius*）
モロッコで乗用に利用されている．（写真提供：古野順平氏）

1）消化器の形態

　ラクダは多室複合胃を有する草食性反芻家畜で，同じ反芻家畜であるウシの消化器系と比較すると，ラクダの舌には舌尖に正中溝が存在することや，第一〜三室の3つの嚢からなる複胃であることが大きな相違点である．フタコブラクダの複胃（図8-17）では第一室が最大（55×65 cm）で，横溝により前嚢と後嚢に分けられ，それぞれ多数の溝を有する帯状に突出した前腺嚢部，または楕円状に突出した後腺嚢部が認められる．第二室は小さな楕円形（20×30 cm）の突出した嚢で，第三室は長い管状（15×80 cm）を呈している．第三室はウシの第三胃と第四胃の連続したもので，その近位部はウシの第三胃への移行途中であることから，ラクダの複胃は典型的な反芻類の複胃に進化する1段階前の多室複合胃と考えられる．

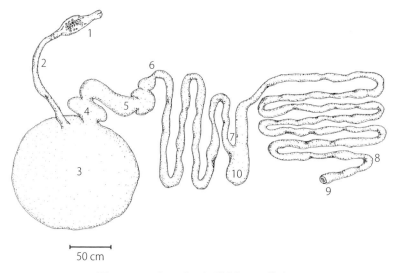

50 cm

図8-17　フタコブラクダ消化器の模式図
1：舌，2：食道，3：第一室，4：第二室，5：第三室，6〜7：小腸，7〜8：結腸，8〜9：直腸，10：盲腸．（山内高円氏 原図）

2）栄養素の消化と吸収

　ラクダの好む草本類には刺のあるものが多いが，これをキリンのように口を大

きく開けて長い刺を囲い込み，非常にゆっくりと時間をかけて咀嚼することで物理的消化を行う．ラクダの歯の構造は，固い果実，種，木枝，また骨をも砕いて食べられるようになっているが，下顎は上顎より狭いので，上と下の歯が噛み合うためには左右どちらか一方で噛まなければならない．1 つの食塊を噛む回数は，一般的に 1 秒に 1 回，平均で 40 〜 50 回といわれており，これは同じような飼料を摂取するキリンの咀嚼と非常によく似ている．唾液の成分組成は他の反芻家畜のものとほぼ同様であるが，1 日当たりの分泌量は 30 L で，ウシ（200 L）に比べて少なく，ヒツジの 2 倍程度である．

　ラクダは反芻家畜と同じように反芻し，摂取された飼料は前胃において微生物による発酵を受ける．微生物発酵の結果，炭水化物からは酢酸，プロピオン酸，酪酸といった揮発性脂肪酸（VFA）が生成され，これらは前胃壁から吸収されて，エネルギー源として利用される．前胃液中の脂肪酸のうち，酢酸が 58 ％，プロピオン酸が 22 ％，酪酸が 18 ％程度であり，VFA 濃度はウシ，ヤギ，ヒツジなどと比べて高いとされているが，この理由は明らかではない．小麦稈や牧乾草を給与して消化試験を行うと，中性デタージェント繊維消化率は 50 〜 55 ％，ヘミセルロースおよびセルロース消化率は，それぞれ 51 〜 67，58 〜 62 ％程度である．

　タンパク質は，前胃内での微生物発酵によってアミノ酸や，さらにアンモニアにまで分解され，これらを利用して増殖した微生物体タンパク質はそれ以降の消化管で消化，吸収され，利用される．微生物に利用されなかったアンモニアは，前胃壁から吸収され，肝臓で窒素代謝の最終産物である尿素となり，腎臓から尿中に排泄されるが，一部は唾液や胃壁からの分泌によって前胃に取り入れられ，微生物ウレアーゼによりアンモニアに分解され，再度微生物によって利用される．主に低タンパク質飼料を摂取するラクダは，こうした窒素のリサイクル系がウシ，ヤギ，ヒツジなど他の反芻家畜に比べて非常に効率的であるとされている．特に，乾燥環境に対する適応から，水の摂取が制限されているときには，消化管に流入する尿素の量が増加し，尿素の腎臓排泄に必要な水の量を減らす．

3）栄養素の代謝と利用

　ラクダが酷暑や乾燥に対する強い耐久力を持ち，長期間の絶水に耐えられるの

は，水分損失をできるだけ抑えるように尿の濃度を高めて排尿量を1日1L程度のごく少量にする，体重が25％も減少した脱水状態では唾液の分泌量を1日6L程度に減少させる，鼻穴を閉じて呼気の水分を鼻腔で結露させ粘膜から吸収して回収するなど，適応できる代謝機能を備えているためである．どれだけ濃度の高い尿をつくれるかということは，どれだけ塩分が高い水を飲めるかということでもあり，ウシは1.0〜1.5％，ヒツジやヤギは1.5〜2.0％程度までの塩水しか飲めないが，ラクダはこの2〜3倍の濃度の塩分を含んだ水でも飲むことができる．また，鼻腔粘膜からの吸収によって，呼気から逃げていく水分の1/4から半分も回収することができるとされている．ヒトの場合は体重の10％程度の水分が失われると生命に危険が及ぶが，ラクダでは約40％が失われても生命を維持でき，そのかわりに渇いたときには一気に大量の水を飲む．

ラクダの1日の飲水量は，水分が高い飼料を摂取しているときで20〜30L，砂漠を旅するときには1日おきに45L，さらに水の摂取しにくい環境では，一度に80L，最高で130L以上もの水を飲むことが記録されている．気温が44〜46℃，相対湿度が14％，風が強く一時曇りの日では，放牧中4日間水を飲まずにいられ，さらに夜間の最低気温が21℃まで下がれば，飲水は6〜7日ごとでもよい．乾期に放牧した家畜の飲水間隔を観察したスーダンの例では，ウシで2日，ヒツジおよびヤギは4日であったのに対し，ラクダでは8日であった．

ラクダは血液中に水分を蓄えていることが明らかにされており，血液中に吸収された大量の水分が体中を循環している．ラクダ以外の哺乳類では，血液中に水分が多すぎるとその水が赤血球中に浸透し，その圧力で赤血球が破裂してしまうが，ラクダでは水分を吸収して2倍に膨れ上がっても破裂することはない．こうした赤血球の細胞膜や，毛細血管の構造も脱水に耐えられるようになっている．また，こぶに蓄えた脂肪は食物が不足したときの予備エネルギーになるが，脂肪が完全に代謝されてエネルギーとなるときにほぼ同量の代謝水が生じ，これを利用できる．しかし，この脂肪の酸化には吸気からの酸素が必要であり，呼気中に失われる水分とのバランスはマイナスである．

ラクダの体脂肪は背中のこぶに集中して存在し，これは強烈な背中への直射日光による体温の上昇から身を守る断熱材として働く．さらに，皮下には脂肪がほとんどなく，体毛は非常によい断熱効果を持っているため，効率よく熱を放散

することができる．一方，ラクダの体温は外気温の変動によって1日のうちに変動し，アルジェリアの砂漠に棲むラクダの例では日没時に39℃，日の出時に36℃であり，特に飲水が制限されて脱水状態にあるときは，40℃対35℃にまでなる．熱をため込むことは，暑い環境に適応する方法として一般的に哺乳類で見られるが，ラクダにおけるこうした体温の大きな変動は，熱を蓄積できるだけでなく，昼の間に熱が入ってくるのを防いで極力水分の損失を減らし，夜の間に熱が逃げていくのを防いでエネルギーの損失も減らすことになる．

　飼料条件が悪くなると，ウシやヒツジといった反芻家畜は飼料を反芻胃に長く滞留させ，微生物による発酵時間を長くして低質飼料の消化を高めようとする．乾期には，反芻胃の容積がウシで57％，ヒツジで75％も大きくなり，飼料の反芻胃内滞留時間がそれぞれ27％，46％も長くなるとされている．ラクダも同様の戦略をとるが，乾期になると枯れてしまう草よりも，地上高1m以上の多種多様の植物のうち乾期でも常緑で比較的良質の植物を選択する能力が優れているため，反芻胃はウシやヒツジほどは大きくならずに35％程度，滞留時間も18％長くなる程度である．

　反芻家畜は，一般的な哺乳類のエネルギー源として重要なブドウ糖ではなく，微生物発酵によって生成されたVFAを主なエネルギー源とするため血糖値が低いが，「偽反芻動物」とされるラクダの血糖値は130mg/dL程度とウシやヒツジのそれより高く，また変動しやすい．一方で，血液中尿素態窒素濃度は他の反芻家畜より低いとされている．ラクダにおける脂肪酸合成の主な部位は，他の反芻家畜と同様脂肪組織で，肝臓の役割は小さく，脂肪酸合成を調節する鍵酵素はアセチルCoAカルボキシラーゼである．

4）食性，栄養素要求性と欠乏

（1）食性と飼料

　ラクダは，木本類の葉や新芽，小枝から草本類まで幅広く摂取するが，ケニアでの観察によると木や灌木の葉が食物の77％を占め，草より葉を食べるタイプの植物食動物である．乾期であっても常緑で比較的栄養価が高く，また水分含量が草ほど変動しない木や灌木の葉を選択して採食する能力が優れているため，他の草食動物に比べて飼料条件の悪い環境でも耐えられる．また，草食動物が摂取

すると栄養素の吸収を阻害するとされる．タンニンの含量が低い植物種のみを選択採食していることも観察されている．一方で，木や灌木の葉がなくなれば，すぐに食物を草に移行するという適応力も持っており，ケニアの自然草地でウシが30程度の限られた種の地上の草と地上高1m以下の低木の葉のみを摂取していたのに対し，ラクダは60種以上の植物を採食していた．

　植物を選択する能力はラクダの行動範囲にも現れ，草地や飼料木の質に関係なく，1本の草，木から数回摂取しては別の飼料を求めて移動する行動を繰り返し，2.5時間の放牧中に5km移動することも観察されている．こうした採食行動の特徴を持つラクダは，過度に植物を食べつくすことなく，植物の再生力を維持しつつ行える，生態系と調和した放牧飼養に適した家畜であり，選択する植物の高さによって他の家畜との棲分けも可能である．また，水不足や乾燥に強いと水場から遠く離れた広範囲に生える植物を採食でき，「砂漠の船」といわれるラクダは1日に20〜40kmも移動できる．

（2）栄養素要求性と欠乏

　ラクダの飼料摂取量は，ウシやウマなど他の草食家畜と比べて少なく，乾物で体重の1.5〜1.7％程度とされているが，自然草地での放牧時には1.6〜3.8％と，つなぎ飼いで乾草を給与された場合の1％程度に比べて多いことが報告されている．ラクダの成体を維持するためには5kgの乾物を摂取する必要があり，120kgの荷物を運搬して1日に6時間，30kmの距離を移動する場合には，穀物飼料をときどき併給しつつ6〜7kgの乾物が必要とされている．妊娠初期および中期の飼料乾物摂取量は，乾乳期と同程度で体重の1％ほどであるが，泌乳期には約70％増加する．

　より低品質で繊維質な小麦稈やエンバク稈を唯一の飼料とした場合，乾物摂取量は体重の0.6〜0.7％にまで低下するが，これに高タンパク質の濃厚飼料を併給することで，粗飼料摂取量や総乾物摂取量をある程度までは改善することができる．一方で，飲水は飼料摂取量に影響し，飲水間隔が5日になると，配合飼料を1日に2kg併給した場合でも麦稈摂取量は25％低下する．

　体重300kgのラクダでは，維持に必要な代謝エネルギー量は1日1頭当たり約5,500kcalで，これは代謝体重（体重の0.75乗）1kg当たり76kcalに相当

する．ラクダは体組織の蓄積のために 68 ％の効率で飼料中のエネルギーを利用
でき，飼料エネルギーの利用効率が他の反芻家畜と比べて高く，維持の代謝エネ
ルギー必要量が少ない．暑熱環境時には，一般的に動物のエネルギー要求量が
増加するが，体重 450 kg のラクダにおける維持のための代謝エネルギー要求量
は約 8,800 kcal で，ウシより少なく，ウマと同程度か若干少ないとされている．
ラクダ競走に用いる場合には，1 km 当たり約 480 kcal の代謝エネルギーが必要
とされ，例えば 10 km レースでは 4,800 kcal の代謝エネルギーを補給する必要
がある．

　タンパク質に関しては，体重 450 kg の使役用あるいはレース用ラクダで，可
消化粗タンパク質として 1 日 300 g が必要とされており，窒素の利用やリサイ
クル効率が高いラクダのタンパク質要求量は，ウシやウマより少ない．また，ビ
タミンの要求量については，血液中のビタミン濃度が反芻家畜とほぼ等しいこと
から，反芻家畜と同程度と考えられる．

◇◇◇◇◇◇◇◇◇◇◇◇◇◇◇◇◇◇◇◇ **練 習 問 題** ◇◇◇◇◇◇◇◇◇◇◇◇◇◇◇◇◇◇◇◇

　8-1. ウシに濃厚飼料を多給した場合に発生する問題点には何があるか説明しなさい．
　8-2. ルーメン内で発生する VFA の中で，吸収後にグルコースに変換されるものは何か．ま
た，他の VFA はなぜグルコースにならないのか説明しなさい．
　8-3. 乳牛で低乳脂が発生する原因とメカニズムは何か，説明しなさい．
　8-4. 飼料摂取量とルーメン内での飼料消化性の関係について説明しなさい．
　8-5. ラクダが酷暑や乾燥に対する強い耐久力を持つ理由について説明しなさい．

第9章

家禽の栄養学

1．ニワトリ，シチメンチョウ

　家禽としてのニワトリは卵用，肉用および観賞用に飼育され，目的ごとに飼養される種は異なる．これらを含めたすべての種は，東南アジアの野生種である赤色野鶏（セキショクヤケイ，*Gallus gallus*）を改良して作出された．一方，野鶏はアジアに4種が存在し，これらをニワトリの原種とする見方もある．これらのヤケイを原種として，世界各地に伝播し，肉用，卵用，兼用，愛玩用などさまざまな目的に沿った改良がなされた．現在，ニワトリは世界に約200種があるとされる．日本においても，欧米などを経由して，また直接に導入され，長い年月をかけてさまざまな固有の系統が形成されていった．

　肉用鶏は，肉専用種と卵肉兼用種，地鶏が用いられる．現在は，効率的生産のために育種改良された肉専用種が市場の多くを占めている．卵肉兼用種には，横斑プリマスロック，ロードアイランドレッドなどがある．卵用鶏には劣るが，産卵率が比較的高く，産肉性も高いという特徴を持つ．この点から地鶏や地域特産鶏の種鶏や原種鶏として使われるケースも見られる．

　採卵鶏は，産卵率が高い性質を持つニワトリの性質を特化し，季節性を排除した鶏種を基礎に改良され，180日以上にわたって高産卵率を維持する．日本では1億3,000万羽以上が飼育されているが，その多くは卵専用種である白色レグホーン種をベースにしたコマーシャル鶏である．一方で，機能性卵や高級食卵として付加価値を付けられたものの多くには，ロードアイランドレッド種を基礎とした赤色卵やピンク卵が使われることが多い．

　白色卵と赤色卵については，卵殻色以外の違いについて栄養的な差は報告されていないが，鶏種としての特徴がそのまま鶏卵に移行することがある．近年，飼

料に添加した魚粉のにおいが鶏卵に移行することについて，欧米間で差があった
ことに注目し，その鶏種の違いが要因であることが報告されている．すなわち，
アメリカで多い白色レグホーンでは魚臭のもとであるトリメチルアミンの分解酵
素を持ち，トリメチルアミンは卵中に移行しないが，ヨーロッパで多い赤色卵を

図9-1　ニワトリ（*Gallus gallus domesticus*）
（写真提供：唐澤　豊氏）

図9-2　シチメンチョウ（*Meleagris gallopavo*）
（写真提供：唐澤　豊氏）

産むロードアイランドレッド系の産卵鶏ではこの酵素を持たないためトリメチルアミンが卵中に移行して魚臭が付くというものである．このことは，餌に何を使うかによっても鶏種の選択の余地があることを示している．

　また，ニワトリ，シチメンチョウともに卵性の鳥類であることから，母親の栄養が卵質および孵化した雛の品質に関わるが，近年では種卵中への栄養素投与による栄養管理法が開発されて，胚の時期からの栄養管理が可能な点が他の動物と異なる特徴である．

1）消化器の形態

　家禽では，口唇にかわって皮膚の角質層が強固に発達した円錐状の 嘴（くちばし）が見られる．ニワトリ，シチメンチョウ，ホロホロチョウなどの鶉鶏目の嘴は，穀類をついばみやすい先の尖った低円錐形を呈している．口腔には歯や頬がなく，軟口蓋も欠損しているため，口腔と咽頭腔が連続して広い口咽頭を形成し，大きな食塊でも鵜呑みにすることができる．また，口蓋壁表面には多数の粘液を分泌する唾液腺の開口が見られる．ニワトリの舌の長さは2.5 cmで（図9-3），食物の嚥（えん）下は舌の前後運動によって行われる．この後方へ向いている舌乳頭が食餌や水を後方へ送り，逆流を防いでいる．また，粘稠な唾液もこれを補助している．喉頭では，家畜の喉頭蓋に相当するものがなく，嚥下時には，単に喉頭の入口にある粘膜ひだが反射的に閉じることにより喉頭口が閉鎖され，その上を食物が通過して食物が咽頭から食道に送られる．

　そ嚢は腹側の食道壁が胸郭に入る直前でポケット状に拡張してできた憩室（けいしつ）で，皮膚と密着して正中線より右側に位置している．筋胃の充満時は，固い穀類や木の実を高体温と飲水で膨軟，軟化したり，丸飲みした生肉の貯蔵の役目を行うが，ここでは消化は進行しない．筋胃の空虚時はそ嚢の入口が閉鎖されており，食物は直接胃へ送られる．飽食状態のニワトリのそ嚢は3.5×5 cmまでにも拡張する（図9-3）．

　腺胃は食道の続きで紡錘形（ニワトリでは4 cm，図9-3）を呈し，肝臓の両葉間の溝の背側に位置して，さらに短くて狭い中間帯を経て筋胃に移行する．ここで初めて塩酸やペプシノーゲンが分泌されるが，消化作用は起こらない．

　筋胃（砂嚢）は厚い筋性の円盤状器官で，周辺部の筋層はミオグロビンに富む

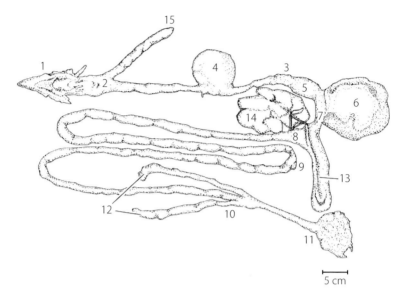

図 9-3　ニワトリ（雄）消化器の模式図
1：舌，2〜3：食道（生体時 33 cm），4：そ嚢，5：腺胃，6：筋胃，7〜8：十二指
腸，8〜9：空腸，9：メッケル憩室，9〜10：回腸，10〜11：直腸，11：総排泄腔，
12：盲腸，13：膵臓，14：肝臓，15：気管．（山内高円氏 原図）

4 種の平滑筋の筋塊からなり，中央部の腱中心に付着している．非対称的に配置
した筋層の収縮により，収縮運動に加えて回転運動も伴う．胃内には食塊ととも
に採食した多くの砂粒（グリット）が見られる．食塊は胃における砂粒との強力
な収縮運動によって破砕され，消化液の浸潤が起こるが消化は進まない．それゆ
え，胃内面はこのような胃内での激しい機械的破砕，摩擦運動による粘膜の損傷
を防ぎ，また胃壁を守るために，筋胃腺から分泌されたケラチン様物質が表層で
硬化した固いケラチン様膜（コイリンと呼ばれる糖とタンパク質の複合体）で
覆われている．また，胃内面は逆流してきた胆汁色素により黄色の色調を帯びて
いる．ニワトリ（雄，体重 1.4 kg，体長 30 cm，図 9-3），シチメンチョウ（雄，
体重 4.6 kg，体長 102 cm，図 9-4）の筋胃はそれぞれ 5 cm，4.8 cm で，体長
比で示すと 0.2，0.05 となり，体のサイズと比較してニワトリの筋胃は大きいこ
とがわかる．

　飛翔のため鳥類は腸管が短く，大腸が極端に短いのが特徴であり，全腸を体
長比で比較するとウシが 28 でニワトリが 5.2 である．また，太さも小腸と大腸

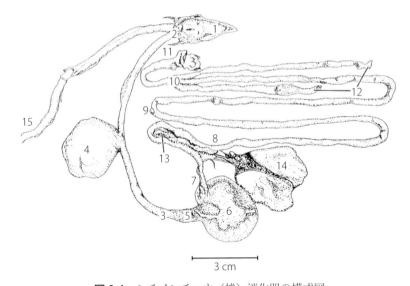

図 9-4　シチメンチョウ（雄）消化器の模式図
1：舌，2 ～ 3：食道（生体時 46.7 cm），4：そ嚢，5：腺胃，6：筋胃，7 ～ 8：十二
指腸，8 ～ 9：空腸，9：メッケル憩室，9 ～ 10：回腸，10 ～ 11：直腸，11：総排泄腔，
12：盲腸，13：膵臓，14：肝臓，15：気管．（山内高円氏 原図）

間で差がなく，迂曲も少ない．小腸は十二指腸，空腸および回腸からなり，後 2
者は長い腸間膜を有している．

　十二指腸は筋胃の後背内側から起こり，その右壁に沿って総排泄腔近くまで下
行したのちに，反転して上行しており，腸間膜によって筋胃，肝臓および盲腸に
固定されている．下行部と上行部で形成する十二指腸ワナの間に細長い膵臓が介
在しており，十二指腸ワナの上行部末端部で膵臓からの 3 本の膵管（1 本は細い）
が管腔内に開口する．さらに，そのすぐ遠位部に肝臓の左葉から出る肝管が，胆
嚢を経由することなく肝腸管として直接開口するが，右葉からの肝管は胆嚢管を
分岐して胆汁を胆嚢に送ったのちに，総胆管として十二指腸に開口する．便宜的
にここまでを十二指腸と見なしており，その長さはニワトリが 22.5 cm でシチ
メンチョウが 29.8 cm である（図 9-3，9-4）．

　十二指腸以降，孵卵中に卵黄嚢と中腸を結び付けていた卵黄腸管の痕跡である
メッケル憩室（卵黄憩室）までを便宜的に空腸と呼んでおり，その長さはニワト
リが 58 cm で，シチメンチョウが 71.2 cm である（図 9-3，9-4）．

　メッケル憩室以降，盲腸との接合部までが回腸で，その長さはニワトリが
54 cm，シチメンチョウが 79.2 cm である（図 9-3，9-4）．家畜では，腸間膜付
着部の対側に多数の集合リンパ小節（パイエル板）が存在して外表面からも観察
できるが，家禽では盲腸盲端の近くの回腸部に 1 個しか存在しない．

　家禽の腸管で家畜に存在しない最も特徴的な器官は，長くて左右 1 対の盲腸で，
左右とも腸間膜によって回腸に固定されている．盲腸の長さは腸管機能によって
迅速に変化するが，ニワトリで 12 cm，シチメンチョウで 28.7 cm である（図
9-3，9-4）．

　盲腸との結合部以降は大腸である．家禽の大腸は極端に短く，結腸と直腸の
区別は困難で，尿管や生殖器とともに広い総排泄腔（シチメンチョウで 2.3 cm）
に開口する（膀胱も欠如）．それゆえ，単に直腸（ニワトリで 8.3 cm，シチメンチョ
ウで 15.3 cm，図 9-3，9-4）と呼ぶことが多い．

2）栄養素の消化と吸収

（1）炭 水 化 物

　ニワトリは一般的に雑食性で穀物が飼料原料として用いられるため，デンプン
（アミロース）消化能力は高いが，ほとんどが下部消化管に依存している．鳥類
の口腔は物理的に飼料をついばんだり，猛禽に見られるように引きちぎるなどの
採食には機能を持つが，消化に関しては哺乳類と異なり唾液中の α-アミラーゼ
活性が低い．また，その下のそ嚢は貯蔵には役割を果たすが，やはりアミラーゼ
活性は低く，実質的な消化は十二指腸以下，膵液中に含まれる α-アミラーゼに
依存する．

　アミロースを形成する α-1,4 結合以外の，特に α-1,6 結合はその後，腸粘膜
のオリゴ-1,6-グルコシダーゼ（イソマルターゼ）により分解される．

　さらに，腸管上皮細胞の小刷子縁膜上の酵素であるスクラーゼとマルターゼに
よって二糖類であるショ糖とマルトースはフルクトースとグルコース，もしくは
グルコース 2 分子に分解される．これらの活性は哺乳類と同等であるが，ラクター
ゼ活性を持たないため乳糖を分解できない．哺乳類が分娩直後から摂取する母乳
中の糖により腸内環境が整えられるのに対し，鳥類で哺乳類の乳糖に相当する栄
養素については明らかにされていない．

　糖の吸収は Na^+ 依存性の能動輸送によりナトリウム・グルコース共同輸送体において小腸上皮細胞に取り込まれ，グルコーストランスポーター 2 を介して門脈中に放出される．

　セルロースなどの食物繊維に関しては，ニワトリ，シチメンチョウともに大きな盲腸内と大腸内に食物繊維分解菌が認められているが，滞留時間が短くほとんど消化されない．

(2) タンパク質，アミノ酸

　タンパク質およびアミノ酸は一般的な単胃動物の哺乳類，すなわちブタやヒトと同様に消化吸収が行われる．すなわち，消化は胃 - 十二指腸で行われ，アミノ酸や低分子ペプチドの吸収は十二指腸と空腸上部で行われる．タンパク質は大まかに胃で胃酸とペプシンによる消化を受けて軟化し，十二指腸においてトリプシンやキモトリプシン，カルボキシペプチダーゼによって 1/3 が遊離のアミノ酸に，残りの 2/3 が 2 〜 6 分子によって構成されるペプチドに分解される．

　アミノ酸のほとんどは共輸送体，すなわちトランスポーター型の輸送を受け，そのうちの多くは能動輸送による Na^+ 依存型である．このトランスポーターは各アミノ酸特有であるが，いくつかのアミノ酸では同じトランスポーターで輸送されることが知られている．

　一方で，受動型拡散により取り込まれるアミノ酸もあり，この場合はチャネルによる取込みが行われる．

　また，ペプチドは一般的にトランスポーターによる輸送である．ペプチドはこのとき膜上に存在するペプチダーゼにより，トリもしくはジペプチドかアミノ酸まで分解されて取り込まれる．

　直腸や盲腸においても低率のアミノ酸吸収が認められている．アミノ酸吸収速度はニワトリの方がシチメンチョウより高い．

(3) 脂　　肪

　タンパク質同様に消化はヒトやブタなどの単胃動物と同様であるが，吸収に特徴がある．中性脂肪であるトリアシルグリセロールは胃液と十二指腸において胆汁により乳化されたのち，膵リパーゼにより 1 および 3 位のエステル結合が分

解して，アシル基（脂肪酸）2分子が離脱して脂肪酸と 2-モノアシルグリセロールとして十二指腸の腸管粘膜の細胞において吸収されたのち，これらは再エステル化を受けてポートミクロン（哺乳類のカイロミクロンに相当）として，直接門脈中に入り循環血液に達する．

（4）消化試験

　ニワトリは総排泄腔から糞尿混合物を排泄するので，消化率特にタンパク質のそれを求めるためには，直腸を総排泄腔から分離し，腹腔にその末端を接合した人工肛門を作成する必要がある．この方法は，腸管に分布する神経系の機能を阻害する恐れがあるとともに，人工肛門からの排泄を維持するための労力を要することから，近年は用いられていない．飼料のアミノ酸消化率は，回腸末端カニューレを装着した雄鶏を用いて測定することが多い．また，真の代謝エネルギー測定法として開発された方法（成雄鶏を48時間絶食後，定量の飼料を口から食べさせたあと，48時間の混合排泄物を全量採取し，飼料と排泄物のエネルギーから算出する）を用いて，アミノ酸有効率を求めることもできる．この方法ではニワトリに外科的手術を施す必要がないので，アニマルウエルフェアに配慮したものといえる．

（5）飼料の通過速度

　一般に，飼料は消化管内では液体部分と粒子部分に分かれる．液体部分の消化管通過速度は速く，粒子の通過速度は遅い．ニワトリやシチメンチョウでは最初に食べた飼料が糞中に現れるまでに要する時間は 2〜2.5 時間以内で，半分は 4〜5 時間以内に排泄される．全量排泄には 24 時間程度を要する．ただし，盲腸糞は 72 時間後に排泄される場合がある．

（6）腸糞と盲腸糞

　ニワトリやシチメンチョウは，通常の糞，すなわち腸糞と盲腸内で滞留してから排泄される盲腸糞の2種類の糞を排泄する．
　腸糞は1日に15回以上排泄されるのに対し，盲腸糞は不消化物や未吸収物とともに，総排泄腔から押し上げられた尿が微生物によって発酵作用を受け，最終

的に1日に1〜2回排泄される．外見は光沢のあるタール状で，においも強い．

（7）成長と消化吸収

　これまで述べた栄養素の消化吸収は1週齢以上の，消化管が発達した状態での仕組みであり，ニワトリ，シチメンチョウともに孵化直後の餌付け時には異なるシステムを持っている．

　胚発生中から発達した卵黄嚢は，胚発生中の栄養素や卵黄中ホルモンなどの取込みを行うが，栄養素の消化に関する酵素系は発達したときの腸管と同様に備えていることが明らかにされている．ただし，吸収に関しては食作用により細胞に取り込まれ，血流中をたどって胚に取り込まれる．

　孵化直後の雛は残存卵黄を持ち，前記の胚の時期と同様の機構と，卵黄嚢と空回腸を結ぶ卵黄茎を通じて消化管から消化吸収を受ける2つのシステムが存在する．しかし，この時期糖代謝系の酵素活性が低く，脂肪から徐々に炭水化物食への順応が行われる．これは卵中の糖類は1％以下で，エネルギー源がほとんど脂肪に依存しているためである．

3）栄養素の代謝と利用

（1）炭 水 化 物

　動物の生命活動を支える多くの化学反応やその調節系，およびほとんどのエネルギーはグルコース代謝の過程で生産される代謝産物や，高エネルギーリン酸化合物に依存し，糖栄養状態のモニタリングは膵臓（および脳）で，代謝は主に骨格筋と肝臓で行われている．これはグルコース消化能が低く，実際に食餌からほとんど摂取しない肉食動物においても同様で，グルコースは生命の根幹に関わる化合物であるといえる．

　ニワトリやシチメンチョウにおいて吸収された単糖類は，栄養状態により一部は肝臓においてグリコーゲン合成に用いられ，一部はグルコースとして血流中を体の各組織に輸送される．筋肉においても肝同様に栄養状態によりグリコーゲン合成が行われ，貯蔵される．

　グルコースはヘキソキナーゼの触媒を受けてリン酸化されてグルコース6-リン酸となり，グリコーゲン合成，ペントースリン酸経路および解糖系のいずれか

の経路で代謝される．膵臓では血中グルコース濃度に依存してこれらの反応が行われ，これがインスリン分泌調節に関与することから，同化および異化に関わる多くの栄養素がグルコースと関係するといえる．

　また，ペントースリン酸経路や解糖系で産生される NADPH および NADH は脂肪酸の合成に利用されるため，グルコース代謝は脂肪の代謝においても重要である．しかし，ニワトリ，シチメンチョウは孵化前の脂肪を主なエネルギー源とする間はこの経路が盛んに働く一方で，成鶏においてはほとんど働かない．孵化前のニワトリではヘキソキナーゼ活性が非常に低くグルコース代謝がほとんど行われないこと，卵中の糖質含量も低いことから，糖新生により得られたグルコースが主な解糖系の原料と考えられる．

(2) タンパク質，アミノ酸

　ニワトリのタンパク質，アミノ酸代謝の特徴は，哺乳類と異なり最終代謝産物として主に尿酸を排泄することである．卵生で強固な卵殻中で陸上発生する鳥類において，内部環境維持が重要であり，毒性のあるアンモニアや可溶性で浸透圧に影響する尿素ではなく，不溶性の尿酸は鳥類の発生に適している．尿酸の合成系は一般的に核酸塩基（アデニン，グアニン）のものと共通である．尿酸の炭素，窒素原子はアスパラギン酸，グルタミンアミド，グリシンなどに由来し，尿酸合成が盛んな状態ではグリシンを飼料から供給する必要があるので，準必須アミノ酸とされている．尿酸合成の最終段階を触媒するキサチンオキシダーゼの活性は飼料中タンパク質量の増加によって増大する．過剰に供給された窒素を排泄するために尿酸生成が役立っていることを示すものである．

　また，尿素回路が不完全でアンモニアと二酸化炭素からアルギニンの生合成が行えないために，哺乳類と異なり必須アミノ酸となっている．

　含硫アミノ酸の代謝にも特徴が見られ，システインからのタウリン合成経路は哺乳類と同様の代謝経路を持つが，哺乳類と異なりシステイン酸経路が主となる．ニワトリの骨格筋にはリジンを代謝してグルタミン酸を生成する系が存在し，リジンを過剰に給与すると主要な旨味成分であるグルタミン酸濃度が増加するので，鶏肉の品質制御法として注目されている．

　他のアミノ酸代謝については，一般的なタンパク質，アミノ酸代謝と同様に行

われる．

（3）脂　　　肪

　吸収運搬に鳥類の特徴があることはすでに述べたが，循環血中に達したポートミクロン（リポタンパク質）は組織に運ばれ，組織中のリポプロテインリパーゼによって分解される．遊離した脂肪酸は，組織中でエステル化されトリアシルグリセロールとして脂肪組織に蓄積されるか，β 酸化による短鎖化を受けてアセチル CoA になり，TCA 回路に入る．また，グリセロールはフルクトースまたはグルコースに転換されるか，ピルビン酸を経て TCA 回路に入る．

　脂肪酸合成は哺乳類が脂肪組織で行うのに対し，ニワトリでは肝臓で行う．脂肪酸合成に必要な NADPH は，哺乳類ではペントースリン酸経路やリンゴ酸酵素によるリンゴ酸からピルビン酸に変換する過程から供給されるが，前述の通り成鶏ではペントースリン酸経路はほとんど働かないため，主にリンゴ酸酵素による反応から供給される．

　また，哺乳類で見られ，脂肪代謝能が高い褐色脂肪組織は鳥類では見られない．

4）食性，栄養素要求性と欠乏

（1）食性と飼料

　飼育下でのニワトリ，シチメンチョウはトウモロコシや大豆粕など穀類を中心とした飼料で飼育されるが，野外では昆虫，動物の死骸，草，野菜などなんでも食べる雑食性の動物である．他の鳥類と同様の身体的特徴を残すため，飛翔のために消化管は短く，消化管内通過速度も前述のように速い．そのため，タンパク質やデンプン，脂肪の類の消化性は高いが，消化に時間がかかる繊維含量の高い飼料の利用性は低い．大きな盲腸を持つにもかかわらず，繊維質の利用性が低い理由については明確ではない．

　ニワトリは摂取する栄養素量によって摂取量を調節し，特に低エネルギーもしくは低タンパク質飼料を給与すると摂取量を増加させる．そのため，タンパク質とエネルギーどちらかのみ不足すると，それに合わせて摂取量を増加させ，結果としてもう一方の過剰摂取につながるため，栄養バランスが非常に重要である．

（2）栄養素要求性と欠乏

a．エネルギー

　飼料のエネルギーはいわゆる三大栄養素，すなわち炭水化物，タンパク質，脂肪より供給され，動物においては消化および吸収できるエネルギー（可消化エネルギー），そこから代謝に利用できるエネルギー（代謝エネルギー），その中で体に蓄積されるエネルギーに分けられる．

　ニワトリはガスとして失われるエネルギーは無視できるほど少量であることと，糞尿分離が難しい，換言すれば尿の回収も容易であることから，代謝エネルギーを要求量の単位として用いることが多い．各栄養素の持つエネルギーは炭水化物，脂質およびタンパク質それぞれ，4.1，9.4，5.6 kcal/g となっており，アミノ酸は尿酸形成時にエネルギーを消費することから正味 4 kcal/g 程度と評価される．

　そのため，代謝エネルギーは，実測と同時に次の計算式で求めることができる．

　　ME（kcal/100g）＝ 3.84× 可消化粗タンパク質

　　　　　　　　　　　　＋ 9.33× 可消化粗脂肪＋ 4.2× 可消化可溶性無窒素物

　代謝エネルギーは，呼吸，循環，消化管活動，最小限の筋運動などの生理的仕事と成長や生産に関わる部分に分けることができ，前者を維持エネルギー，後者を生産エネルギーと呼ぶ．安静にした生産を行わない動物では維持エネルギーは，体表面積に比例し，体表面積は体重と相関があることから，鳥類の維持エネルギー量は次の式で推定できる．

　　　維持エネルギー量（kcal/ 羽・日）＝（log（体重（g））－ 1.128）/0.021

　摂取量の決定と，それに伴う各成分の含量を決定するために，代謝エネルギー要求量は一般的に初めに決定される．そして家禽の場合，肉用鶏（ブロイラー，若鶏）では 0 〜 3 週齢の前期およびそれ以降の後期ともに 3.1 kcal/g 飼料と同じであるが，卵用鶏では育成期は幼雛期（0 〜 4 週齢），中雛期（4 〜 10），大雛期（10 〜初産）までそれぞれ 2.90，2.80 および 2.70 kcal/g と異なる．また，産卵期は日産卵量 56 および 49 g 当たりそれぞれについて要求量が示されているが，いずれも 2.8 kcal/g 飼料である（日本飼養標準・家禽（2011 年版））．

b．タンパク質，アミノ酸

　ブロイラーでは代謝エネルギー要求量（kcal/g 飼料）が週齢が進んでも一定であったのに対し，タンパク質要求量（飼料中%）は成育ステージごとに異なり，前期および後期それぞれ 20.0 %および 16.0 %である．産卵鶏の育成期では，幼雛期，中雛期，大雛期それぞれ，19.0 %，16.0 %および 13.0 %で，産卵期では日産卵量 56 および 49 g に対してそれぞれ 15.5 %および 14.3 %と異なる（日本飼養標準・家禽（2011 年版））．シチメンチョウのタンパク質要求量は 0 〜 4，4 〜 8，8 〜 12，12 〜 16，16 〜 20 および 20 〜 24 週齢それぞれ，28 %，26 %，22 %，19 %，16.5 %および 14 %である（NRC，1994）．

　また，単胃動物ではタンパク質の栄養はアミノ酸の量として評価する必要性が示されており，ニワトリのアミノ酸要求量は各種動物の中でも正確に求められており，全必須アミノ酸について要求量が提示されている．ただし，シスチンおよびチロシンは実際の運用上それぞれの前駆体であるメチオニンおよびフェニルアラニンと合わせた表示と，必須アミノ酸であるメチオニンおよびフェニルアラニンの要求量という形で表示される．

　また，グリシンとセリンはそれぞれがそれぞれの前駆体であるため合わせて表示されるとともに，これらの前駆体であるスレオニンからの合成は十分でないことから独立して表示される．

c．ビタミン

　ニワトリは，生合成可能なビタミン C 以外のビタミン欠乏に対して感受性が強く，ビタミン発見において実験動物として貢献したという歴史を持つ．

　ビタミン A はプロビタミン A となるカロテノイド類による代替が可能であるが，ビタミン A（レチノール）としての効力は 10 %程度である．一方で，産卵鶏では卵黄色制御にカロテノイドが用いられるが，高い抗酸化性により飼料への添加は食卵の品質保持に効果があることや，この応用として種鶏の受精率向上や種卵の保存性向上が可能である．ビタミン D では D_2 の効力は D_3（コレカルシフェロール）の 1/32 程度の効果しかないため，一般的にはビタミン D_3 が用いられる．ビタミン E は抗酸化剤であり，酸化ストレスによって酸化されることから，酸化環境から種卵を保護するために，種鶏への十分な給与が不可欠である．不足によって幼雛期の脳軟化症，浸出性素質もしくは筋萎縮症を引き起こす．飼料栄

養に関係するビタミンKは植物性のK_1（フィロキノン），菌性のK_2（メナキノン）および合成品のK_3（メナジオン）が存在し，K_1とK_3はK_2に代謝されて効力を発揮する．通常腸内細菌による供給は小量である．K_2は血中のプロトロンビン合成に関与し，欠乏すると血液凝固が起こりにくくなる．また，骨形成にも関与することから欠乏は骨形成不全を引き起こす．

　ビタミンB群は栄養素の代謝に関与するビタミンの総称であるが，ニワトリではそれぞれの欠乏でさまざまな症状が起こることが知られている．ビタミンB_1（チアミン）欠乏は飼料摂取量の低下，体重減少，脚弱，多発性神経炎と一連の症状を引き起こす．ビタミンB_2（リボフラビン）欠乏は主な神経幹の上皮とミエリン鞘が侵され，下痢，足指の麻痺と捻じれを引き起こす．また，種鶏の飼料に不足すると卵中への移行量が低下し，雛が孵化しなくなる．この症状は再び飼料に十分量を給与しても改善せず，直接種卵中に投与する必要がある．ナイアシン（ニコチン酸）欠乏は炭水化物，脂肪およびタンパク質の代謝に異常が起こり，それにより皮膚や神経の障害，貧血が起こる．ビタミンB_6欠乏は食欲低下とそれに伴う成長遅延，脚痙攣などを引き起こす．パントテン酸欠乏はリボフラビン同様に種鶏において種卵へのパントテン酸移行量の低下を招き，雛の孵化率が低下する．葉酸はC_1化合物転移酵素の補酵素で，C_1の担体として働くことから，欠乏によりホモシステインからメチオニンの再合成に関わるアミノ酸やプリンの代謝不全，メチル基供与の不足などの問題が起こる．ビタミンB_{12}欠乏は食欲低下とそれに伴う成長遅延，飼料効率の低下を招き，死亡率が増加する．

　シチメンチョウのビタミン要求量は育成期にはニワトリより高い．一方で，成鳥になるとほぼ同じである．

d．ミネラル

　成長中のニワトリはともかく，産卵中のニワトリは非常に高い産卵率を示すこともあり，卵殻を形成するカルシウム（Ca）の要求量が非常に高い．さらに，産卵生理上，卵殻形成は夜間に行われるため，Caは飼料から直接供給することができない．そこで，脛骨および大腿骨に形成される骨髄骨に一時的に貯えられたのち，供給される．吸収時にCa：Pの存在比は$1 \sim 2$である必要があり，ビタミンD_3の十分な供給が不可欠となる．これらが満たされないと，通常の骨からCaやPを動員してまで産卵を行う．

　また，鉄（Fe）は卵中に 1 mg と高濃度に含まれるため，産卵鶏では不足しやすい．銅（Cu）も Fe の吸収に関与し，さらにヘモグロビンの合成にも関係するため欠乏は貧血を引き起こす．ニワトリではマンガン（Mn）の要求量が他の動物より高く，不足は脚弱症を引き起こす．亜鉛（Zn）の不足は胚発生異常を引き起こし，孵化率が低下する．

　シチメンチョウのミネラル要求量はビタミン同様育成期にニワトリより高く，成鳥ではかわらない．

2．ウ　ズ　ラ

　ウズラ（図 9-5）は鳥綱，キジ目，キジ科，ウズラ属に分類される小型の鳥である．ウズラ属あるいはウズラ属以外の種を合わせると世界各地で 40 種を超える．日本でウズラを指す学名は，*Coturnix japonica* であり，これは日本で家禽化されたものである．ウズラは主に北海道から東北で夏に繁殖し，冬になると関東から九州に渡来し越冬する．もともと，愛玩用に飼育されていたウズラは，大正時代に本格的な育種改良が進められ，実用的なウズラが作出された．欧米では，食肉用の大型種の飼育が主であるが，日本のウズラは主に卵生産のために飼育されている．食肉用には，産卵を終えた雌や 60 〜 70 日間飼育した若雄が出荷されている．

図 9-5　ウズラ（*Coturnix japonica*）の雄（左）と雌（右）
（写真提供：木下圭司氏）

表9-1　ウズラとニワトリの一般性能と産卵性能の違い		
	ウズラ	ニワトリ
孵卵期間	17日	21日
餌付け体重	7 g	36 g
性成熟体重	120 g	1,650 g
50％産卵日齢	40～50日	150日
初産時卵重	7 g	43 g
平均卵重	10 g	63 g
平均産卵率	75～80％	75～80％
採卵期間	10か月	13～15か月
飼料摂取量	21 g	110 g
飼料要求率	2.5	2.5
経済寿命	1年	2年

（うずらの飼養衛生管理マニュアル，2009より作成）

ウズラは性成熟までの期間が短く，小型で産卵率も高いため，実験動物としても広く利用されている．

　日本全体のウズラの飼養羽数は約600万羽で，そのうちの約2/3は豊橋市を中心とする三河地方で飼育されている．初産日齢は約40～50日であり，約

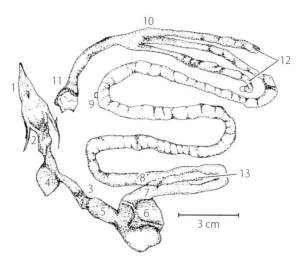

図9-6　ウズラ（雄）消化器の模式図
1：舌，2～3：食道（生体時5.3 cm），4：そ嚢，5：腺胃，6：筋胃，7～8：十二指腸，8～9：空腸，9：メッケル憩室，9～10：回腸，10～11：直腸，11：総排泄腔，12：盲腸，13：膵臓．（山内高円氏 原図）

10 gの卵をほぼ毎日産卵する（表 9-1）．産み初めの産卵率は 90 ％を超えるが，次第に産卵率が低下するため，経済寿命は約 1 年である．

1）消化器の形態

基本的にはニワトリの消化器と同じ形態で，ウズラ（雄，体重 97 g，体長 17.5 cm）の筋胃，十二指腸，空腸，回腸，盲腸，直腸および総排泄腔の長さは，それぞれ 1.4 cm，8.7 cm，17.1 cm，16 cm，6.3 cm，3.6 cm，0.5 cm である（図 9-6）．小腸，大腸および全腸の長さを体長比で比較すると，ニワトリ（体重 1.38 kg, 体長 30 cm）がそれぞれ 4.5，0.27，5.2 であるのに対し，ウズラでは 2.5，0.2，3.0 である．ウズラの方がかなり短い腸を有し，飛翔能力が高いこととも一致する．しかしながら，盲腸の体長比ではニワトリ（0.4）に近い長さで（0.37）ある．

2）栄養素の消化と吸収および代謝

栄養素の消化および吸収の機構は，基本的にニワトリとほとんどかわらないと考えられている．ウズラでも，小腸管腔内のグルコースや中性アミノ酸がナトリウムとの共輸送による経細胞輸送で吸収されることが報告されている．各種飼料原料の粗タンパク質消化率と代謝エネルギー価も，ニワトリとウズラで大差ないことから，消化および吸収の機構がニワトリと同様であることがうかがえる．

産卵期を迎えると，卵巣で産生されたエストロゲンが肝臓に作用し，卵黄

表 9-2　ウズラ卵と鶏卵の栄養成分の比較（全卵，生）

		ウズラ	ニワトリ	単位
エネルギー		179	151	kcal
水　分		72.9	76.1	g
タンパク質		12.6	12.3	g
脂　質		13.1	10.3	g
炭水化物		0.3	0.3	g
灰　分		1.1	1.0	g
無機質	カルシウム	60	51	mg
	マグネシウム	11	11	mg
	リン	220	180	mg
	鉄	3.1	1.8	mg
	亜　鉛	1.8	1.3	mg
	銅	0.11	0.08	mg
ビタミン	A	350	140	μg
	D	2.5	1.8	μg
	E	1.3	1.6	mg
	K	15	13	μg
	B_1	0.14	0.06	mg
	B_2	0.72	0.43	mg
	ナイアシン	0.1	0.1	mg
	B_6	0.13	0.08	mg
	B_{12}	4.7	0.9	μg
	葉　酸	91	43	μg
	パントテン酸	0.98	1.45	mg
	ビオチン	19.3	25.4	μg
コレステロール		470	420	mg

可食部 100 g 当たり．（日本食品標準成分表，2010 より作成）

前駆体タンパク質や脂質の合成が急速に上昇し，これらの血液中濃度も上昇する．この代謝的変化は，卵生動物一般に見られる現象と同様である．

　卵の殻にはまだらの模様があり，これは卵殻形成の最後にプロトポルフィリンと呼ばれる色素が沈着するためである．ウズラ卵の単位重量当たりのタンパク質含量とアミノ酸組成は鶏卵と大差ないが，脂質（トリアシルグリセロール），鉄，ビタミン A，ビタミン D，ビタミン B_1，ビタミン B_2，ビタミン B_{12} が鶏卵よりも多い（表 9-2）．また，脂肪酸組成を鶏卵と比べると，エイコサペンタエン酸やドコサヘキサエン酸が多い．これらの大部分は，後述するように飼料原料に使用される動物性タンパク質源に由来するものと考えられている．

3）食性，栄養素要求性と欠乏

　野生ウズラは平地から山地の草原，農耕地，牧草地，河川敷などに棲息し，草の種子，穀類，昆虫類などを餌としている．ウズラ用の配合飼料の原材料は養鶏用飼料とほぼ同じだが，飼料の粗タンパク質レベルを高くする必要があるため，動物性タンパク質である魚粉を多く使用する場合が多い．

　孵化後ウズラは約 40 〜 50 日で性成熟に達し，これはニワトリの 1/3 程度である．また，産卵期の雌ウズラは体重 150 g 前後で，10 g 前後の卵をほぼ毎日産卵する．体重に対する卵重の比率は 7 〜 8 ％程度で，産卵鶏の 3 ％前後に比べてかなり大きい．したがって，ウズラは飼料の粗タンパク質要求量が産卵鶏よりも高く，『日本飼養標準・家禽（2011 年版）』では育成期で 24 ％，産卵期で 22 ％に設定されている（表 9-3）．それぞれの必須アミノ酸の要求量もニワトリよりも高い．飼料の代謝エネルギー要求量は 2,800 kcal/kg であり，これはニワトリと大差はない．

表 9-3　産卵期のウズラとニワトリの栄養素要求量の比較

	ウズラ	ニワトリ	単　位
エネルギー	2,800	2,800	kcal/kg
粗タンパク質	24.0	15.5	％
Arg	1.25	0.65	％
Gly + Ser	1.70	0.51	％
His	0.40	0.16	％
Ile	1.00	0.52	％
Leu	1.70	0.76	％
Lys	0.90	0.65	％
Met	0.45	0.33	％
Met + Cys	0.80	0.54	％
Phe	1.10	0.44	％
Phe + Tyr	2.00	0.77	％
Thr	1.10	0.45	％
Trp	0.25	0.17	％
Val	1.10	0.57	％

（日本飼養標準・家禽（2011 年版）より作成）

　産卵期には，卵殻形成に必要なカルシウム（育成期 0.8 %，産卵期 2.5 %）と非フィチン態リン（育成期 0.30 %，産卵期 0.35 %）を十分に与える必要がある．育成期から産卵期にかけて要求量が高くなる栄養素は他にも，亜鉛，マグネシウム，ビタミン A，ビタミン D_3，ビタミン E およびパントテン酸があり，不足しないように注意が必要である．

3．ホロホロチョウ

　ホロホロチョウはサハラ砂漠以南のアフリカが原産地の鳥で，4 属 7 種に分類されている．これらの中で，古くから家禽として飼育されてきたものは *Numida* 属のカブトホロホロチョウ（*Numida meleagris*）で，野生種では体長が 53 〜 63 cm，体重は 1,150 〜 1,600 g である．この鳥の家禽化されたものでは，成体重が 3,500 g を越えるものもあり，大型の系統の雄では 12 週で 1.8 kg に達する．ホロホロチョウは雌雄の外観には大差がないが，体重は雌の方がわずかに軽い．家禽として世界中で飼育されているホロホロチョウには，野生種に近いものから改良種までさまざまな系統がある．家禽化されたホロホロチョウには真珠斑，白色およびラベンダーと呼ばれる羽装がある．また，採肉性や産卵性を改良されたコマーシャルのホロホロチョウも世界各地で販売されている．生産量と消費量は

図 9-7　カブトホロホロチョウ（*Numida meleagris*）
（写真提供：小川　博氏）

フランスが最も多く，1999年の雛生産量は約4,800万羽，食肉としての生産量および消費量が，それぞれ5万7,000tおよび5万3,300tとされる．これは食鳥の消費量の約2.5％に当たり，1人当たり年間0.9kgを食したことになる．ヨーロッパではイタリアの年間雛生産量が1,500万羽と多い．

1）消化器の形態

　ホロホロチョウの消化器系で最も特徴的なことは，十二指腸が特に筋性に富んでいることである．ホロホロチョウ（雌，体重1.13 kg，体長45 cm）の筋胃，十二指腸，空腸，回腸，盲腸，直腸および総排泄腔の長さは，それぞれ3.5 cm，13 cm，36 cm，40 cm，14.7 cm，12.5 cm，1.7 cmである（図9-8）．小腸，大腸および全腸の長さを体長比で示すと，ホロホロチョウは2.0，0.27，2.6で，前述のニワトリの半分以下である．これは，家畜化された動物ほど腸が長いことと一致する．しかしながら，体重の重いシチメンチョウ（雄，体重4.6 kg，体長102 cm）の1.9，0.15，2.2とほぼ同じ長さで，両者とも体重の軽いウズラよりも短いことになる．

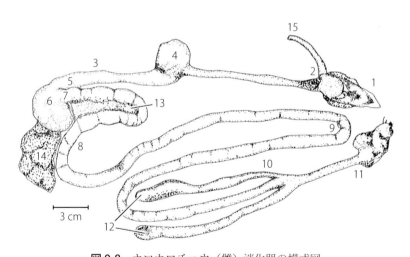

図9-8　ホロホロチョウ（雌）消化器の模式図
1：舌，2〜3：食道（生体時26.5 cm），4：そ嚢，5：腺胃，6：筋胃，7〜8：十二指腸，8〜9：空腸，9：メッケル憩室，9〜10：回腸，10〜11：直腸，11：総排泄腔，12：盲腸，13：膵臓，14：肝臓，15：気管．（山内高円氏 原図）

2）栄養素の消化と吸収および代謝

　ホロホロチョウにおける栄養素の消化，吸収については，ニワトリとほぼ同様であると考えられている．

　ホロホロチョウではトウモロコシ，大豆粕，綿実ミール，フスマなどの見かけの代謝エネルギー価はニワトリと比べて差がない．したがって，ホロホロチョウの飼料エネルギーの利用能力は，飼料の繊維含量の多少に関係なくニワトリと同等であると見なされる．

3）食性，栄養素要求性と欠乏

（1）食性と飼料

　野生のホロホロチョウは 50 〜 100 羽ほどの群を作り，主に植物の種子，草の葉，甲虫，バッタ，シロアリ，アリなどの昆虫類をついばみながら移動する習性があり，ときに小さなヘビやカエル，鳥の雛などまで補食することがある．ホロホロチョウ用の飼料はニワトリの場合よりも高タンパク質のものが望ましいが，日本国内ではホロホロチョウ用に配合された飼料は市販されておらず，多くがニワトリのものを代用している．キジやシチメンチョウ用の飼料を代用することも多い．

　ホロホロチョウは飼料中のアスペルギルスなどのカビによる中毒が起こりやすい．また，9 群（合計 11 万羽）のホロホロチョウにおいて，10 〜 14 日齢に 25 〜 80 ％の割合で，飼料の何らかの毒性によると考えられる失明が生じたとの報告がある．

（2）栄養素要求性

　ホロホロチョウのタンパク質要求量とエネルギー要求量は表 9-4 に示した通りである．ホロホロチョウのタンパク質要求量について改良種を用いて検討した報告では，育成用飼料のタンパク質含量は，4 週齢までは 24 〜 26 ％，5 〜 8 週齢では 19 〜 20 ％，9 〜 12 週齢では 15 ％以上が推奨されている．この場合，飼料の代謝エネルギーとして 3.01 Mcal/kg は必要である．ホロホロチョウに低タンパク質の飼料を給与した場合，飼料の消費量が増え体脂肪は減少しない．前

表 9-4　真珠斑灰色ホロホロチョウのタンパク質およびエネルギー要求量

週　齢	体重（g）		タンパク質要求量 （g/ 日）		代謝エネルギー要求量 （kcal/ 日）	
	雄	雌	雄	雌	雄	雌
1	64	92	2.55	2.62	37	50
2	165	165	4.46	4.12	68	78
3	249	166	6.58	5.76	104	109
4	395	391	8.53	7.34	140	139
5	566	536	10.00	8.64	170	165
6	748	694	10.86	9.54	193	186
7	929	857	11.16	10.08	207	201
8	1,100	1,018	10.99	10.23	214	211
9	1,255	1,171	10.53	10.10	215	216
10	1,389	1,313	9.89	9.77	214	218
11	1,504	1,442	9.19	9.32	210	218
12	1,599	1,556	7.87	8.82	206	216
13	1,678	1,656	7.87	8.31	201	213
14	1,741	1,742	7.31	7.83	197	210
15	1,793	1,816	6.83	7.39	193	207
16	1,833	1,879	6.10	7.00	190	204
17	1,866	1,931	6.10	6.66	187	201
18	1,891	1,976	5.83	6.37	185	199
19	1,911	2,012	5.62	6.12	183	197
20	1,927	2,043	5.44	5.92	182	195

(Sales, J. and Du Preez, J., 1997) © World's Poultry Science Association

記の飼料とほぼ同じ条件で，雌雄を混飼して求めた飼料要求率は，8週齢まで
は約 2.6，12 週齢までは約 3.3 である．また，その場合の生体重は 8 週齢で約
900 g，12 週齢では約 1,400 g であるが，ホロホロチョウの最近の銘柄では 12
週齢時に 1,800 g 以上に達するものもある．

　種禽の育成期用飼料には，0 ～ 4 週齢では 2.99 Mcal/kg，20 ％ CP，1.2 ％リ
ジン，5 ～ 12 週齢では 2.89 Mcal/kg，15 ％ CP，1.0 ％リジン，13 ～ 22 週齢
では 2.89 Mcal/kg，12 ％ CP，1.0 ％リジンが推奨されている．産卵期には 1 日
1 羽当たり 298 kcal，14.5 g のタンパク質，580 mg のリジン，530 mg の含硫
アミノ酸，3.8 g のカルシウムおよび 0.45 g の有効態リンが必要である．

4. 水 禽 類

　野生の水禽類の中で家禽となった鳥は，ガンカモ目，ガンカモ科のアヒルとガチョウのみである．アヒルは，渡り鳥であるマガモが中国やヨーロッパで別々に家禽化されたものである．代表的な品種である 'ペキン' は白色の肉用種で，体重は雄 4 kg，雌 3.5 kg，産卵数は年 150 ～ 200（70 ～ 80 g）個である．その他に，'カーキーキャンベル'，'青首アヒル'，'大阪アヒル' などの品種がある．

　ガチョウは，ヨーロッパ野生のハイイロガン，ナイル野生のナイルガンおよび中国野生のサカツラガンが，それぞれ別個に家禽化されたものである．サカツラガンから家禽化されたシナガチョウは，頭にこぶを有し，体重は雄 5.5 kg，雌 4.5 kg，産卵数は年 60 ～ 80（150 g）個で，羽色が白色のものと褐色のものがある．前者は，外敵に対する警戒心がガチョウの中で最も強い．一方，バリケン（*Cairina moshata*）はタイワンアヒルとも呼ばれ，ブラジルやペルーに生息していた野生種のマスコビーが家禽化されたものであるが，品種としてはまだ成立していない．アヒルとは属が異なるが近縁で，両者との雑種はドバン（土藩）と呼ばれ不妊である．顔面が赤く，隆状突起があり，鳴かないのが特徴である．体重は雄 4.5 ～ 6.3 kg，雌 2.3 ～ 3.2 kg で，羽色が黒色（野生）のものと白色のものがある．

図 9-9 アヒル（*Anas plathyrhynchos domestica*）
（写真提供：小川　博氏）

アヒル肉の主な産地はアジアで，特に中国では全生産量（約403万t，2010年）の3/4を占め，ガチョウ肉は約252万t（2010年）が生産されている．

1）消化器の形態

　ニワトリの消化器系と比較して，アヒルの最も顕著な差異は，嘴や舌が水中の飼料を濾過しながら採食しやすいように，平たいへら状に変化していることである．嘴の表面は吻側端の硬く角化した嘴縁を除いて，知覚に敏感な薄いケラチンで被われている．嘴縁からは機械的受容器である神経末端を持つ多くの管が真皮に分布し，食物を識別する感覚器として重要であり，これにより水中の餌を容易に探し当てることができる．また，嘴の外側縁には，櫛状の2列の角質性の嘴板（ばん）がある．

　舌は肉質性で，舌尖の背側正中部には採食した飼料が集まりやすいように浅い舌溝があり，舌根には肉質性のクッションの役目を果たしている舌隆起が存在する．また，舌の外側縁全域には2列の剛毛があり，その舌根部には歯状突起が

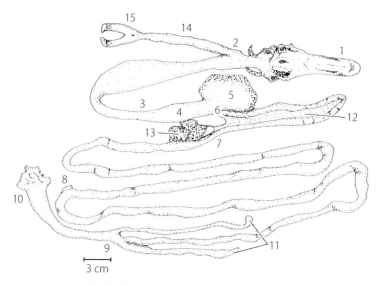

図9-10　アヒル（雌）消化器の模式図

1：舌，2〜3：食道（生体時39 cm），4：腺胃，5：筋胃，6〜7：十二指腸，7〜8：空腸，8：メッケル憩室，8〜9：回腸，9〜10：直腸，10：総排泄腔，11：盲腸，12：膵臓，13：肝臓，14：気管，15：気管支．（山内高円氏 原図）

散在している．歯状突起により草などを食いちぎり，舌の剛毛と嘴の嘴板がからみ合うことにより，餌とともに採食した水や泥を濾過して吐き出せるような構造に変化している．

　また，鳥類特有の食道壁の一部がポケット状に拡張してできたそ嚢に相当する器官は，形態学的には存在しない．反面，食道扁桃と呼ばれる集合性の食道リンパ小節を有する．小腸はニワトリよりも迂曲が顕著で，十二指腸ワナ以外に空腸および回腸にもワナが見られる．

　アヒル（雌，体重 1.9 kg，体長 63 cm）の筋胃，十二指腸，空腸，回腸，盲腸，直腸および総排泄腔の長さは，それぞれ 7.6 cm，31.7 cm，84.8 cm，74.5 cm，16.2 cm，13.5 cm，1.0 cm である（図 9-10）．小腸，大腸および全腸の長さを体長比で比較すると 3.0，0.2，3.5 で，ニワトリよりも短いが，シチメンチョウやホロホロチョウよりも長い腸を有することになる．

2）栄養素の消化と吸収

　水禽類においては，飼料は多量の水とともに嘴から摂取されることから，排泄物の水分含量が多いが，栄養素の消化，吸収についてはニワトリとほぼ同様である．ニワトリと異なるのは，ポケット状のそ嚢を有しないため，膨大した食道が一時的に飼料を貯蔵し，潤化と軟化を行う器官の役割を果たす点である．胸部の食道と腺胃の収縮はニワトリに比べてより活発である．ペキン種を用いた，配合飼料，トウモロコシ，裸麦，マイロおよび玄米の消化に関する研究では，粗タンパク質，粗脂肪および可溶無窒素物の消化率は，直腸遠位端を 100 とすると，玄米以外の飼料では回腸中央部までに 2 時間で到達し 97 ％以上，回腸遠位部には 2 時間 30 分で到達し 98 ％以上の消化率に達する．粗繊維については玄米以外の飼料において回腸中央部で 30 ％，回腸遠位部で 82 ％に達する．玄米では消化管内通過時間は著しく長いことが報告されている．アミノ酸の消化率は種や性で異なるだけでなく，同一種の系統間でも異なり，アヒルやガチョウではニワトリよりも低い．アヒルとガチョウでは一般的にガチョウで高い．

3）栄養素の代謝と利用

　アヒルの雛における熱産生，エネルギー，脂肪およびタンパク質の蓄積は，ニ

ワトリよりも高く，特に脂肪の蓄積はブロイラーよりも早い時期に急速になり，蓄積量も多い．脂肪酸合成に必要な NADPH は，ニワトリと異なりピルビン酸 - リンゴ酸サイクルとペントースリン酸経路の両方によって供給されていると推察されている．また，1 %の L- アルギニンの補充により，肝臓の脂質生成酵素活性が低下し，と体の脂肪蓄積と腹部脂肪細胞の大きさを抑制し，筋肉とタンパク質の増加と胸筋内の脂肪蓄積を促進する．

　肥育後期において，12.4 %以上の低タンパク質飼料と 4 種の制限アミノ酸である L- リジン塩酸塩，DL- メチオニン，L- スレオニンおよび L- トリプトファンをバランスよく配合することで，成長とと体の品質には有意な差が生じないとの報告がある．

4）食性，栄養素要求性と欠乏

（1）食性と飼料

　アヒル，ガチョウ，バリケンの野生原種は，水面採餌性の水鳥で，頸が比較的長く，嘴は平らで幅の広い形状をしており，水面に浮いた植物の種子などを，嘴ですくい取ったり，頭を水中に入れて底の藻や水草，種子などを嘴で濾し取ったりして食べるのに適している．雑食性があり，小魚や貝，昆虫なども食する．嘴の形状や餌の食べ方から，餌が散乱しやすい粉餌よりもペレットの方が適している．

（2）栄養素要求性（水，タンパク質，エネルギー）

　アヒルを飼育する際，水浴用の水は必ずしも必要としない品種もあるが，飲水はニワトリ以上に必要とする．ニワトリのブロイラーでは 11 ～ 32 日齢において飼料の 2.3 倍の水を必要とするのに対し，ペキン種では 5 ～ 22 日齢において飼料の 4.2 倍の水を必要とする．給水器は水樋，ニップル給水器，ベル形給水器などのニワトリ用のものが使用できる．飲水の欠乏は高温環境下における体温の上昇を招いたり，鼻孔を分泌物などで塞いだりする場合があり，長時間の飲水制限は不適切である．

　日本飼養標準に示されているアヒルのエネルギー，タンパク質，無機物およびビタミン要求量は表 9-5 に示した通りである．アヒルの代謝エネルギー（ME），

CP および制限アミノ酸であるリジンとメチオニンの要求量は，日本飼養標準によると，育成期では 0 〜 4 週齢が ME 2.9 Mcal/kg，CP 22 %，リジン 0.9 %，メチオニン 0.40 %，4 週齢から初産までが ME 2.9 Mcal/kg，CP 16 %，リジン 0.65 %，メチオニン 0.30 %で，産卵期では ME 2.9 Mcal/kg，CP 15 %，リジン 0.60 %，メチオニン 0.27 %が推奨されている．メチオニンは体の維持と成長に対する制限アミノ酸であるが，メチオニン＋シスチンとして育成期には 0.80 %，

表 9-5　アヒルのエネルギー，タンパク質，無機物，ビタミン要求量

栄養素	単　位	育成期		産卵期
		0 〜 4 週齢	4 週齢〜初産	
代謝エネルギー	Mcal/kg	2.90	2.90	2.90
	MJ/kg	12.1	12.1	12.1
粗タンパク質	%	22.0	16.0	15.0
カルシウム	%	0.65	0.60	2.75
非フィチンリン	%	0.40	0.30	0.35
マグネシウム	%	0.05	0.05	0.05
カリウム	%	—	—	—
ナトリウム	%	0.15	0.15	0.15
塩　素	%	0.12	0.12	0.12
鉄	mg/kg	—	—	—
銅	mg/kg	—	—	—
亜　鉛	mg/kg	60.0	60.0	
マンガン	mg/kg	50.0	50.0	
ヨウ素	mg/kg	—	—	
セレン	mg/kg	0.2	0.2	—
ビタミン A	IU/kg	2,500	2,500	4,000
ビタミン D$_3$	IU/kg	400	400	900
ビタミン E	IU/kg	10.0	10.0	10.0
ビタミン K	mg/kg	0.5	0.5	0.5
チアミン	mg/kg	—	—	—
リボフラビン	mg/kg	4.0	4.0	4.0
パントテン酸	mg/kg	11.0	11.0	11.0
ニコチン酸	mg/kg	55.0	55.0	55.0
ビタミン B$_6$	mg/kg	2.5	2.5	3.0
ビオチン	mg/kg	—	—	—
コリン	mg/kg	—	—	—
葉　酸	mg/kg	—	—	—
ビタミン B$_{12}$	mg/kg	—	—	—
リノール酸	%	—	—	—

（日本飼養標準・家禽（2011 年版）より作成）

産卵期には 0.55 ％を満たせばよい.

　ガチョウにおいては『日本飼養標準・家禽（2011 年版)』には記載されていないが，ME，CP およびリジンとメチオニンの要求量はアヒルと大差ない.

5．ダ チ ョ ウ

　ダチョウはダチョウ目，ダチョウ科，ダチョウ属に分類される世界最大の鳥で，*Struthio camelus* の一種のみであるが，亜種として 4 種が存在し，首や脚の色からレッドネック系とブルーネック系に分けられる．亜種の中でも大型のレッドネック系には北アフリカダチョウ（*S. c. camelus*）とマサイダチョウ（*S. C. massaicus*)，ブルーネック系にはソマリアダチョウ（*S. c. molybdophanes*）と南アフリカダチョウ（*S. c. australis*）があり，19 世紀後半に南アフリカにおいて北アフリカダチョウと南アフリカダチョウの交配を中心として育種されたアフリカンブラック（*S. c. varietas domesticus*）が，現在，家禽として飼養されているダチョウの大部分を占めている．頭高は 2.1 ～ 2.5 m，体重は 105 ～ 125 kg もあり，1.2 ～ 1.5 kg もの世界最大の卵を産む．雄は体の羽根が黒く，風切羽と尾羽は白くて，雌は灰褐色をしている．頭頚部は細かなビロード状の綿毛で覆われ，わき，ももはほとんど裸出している．脚は長くて強く，足指は大きな鉤爪の付いている中指

図 9-11　ダチョウ（*Struthio camelus varietas domesticun*）
アフリカンブラック種.（写真提供：河合正人氏）

と外指の 2 本で，3 本指のエミューやレアとは異なる．

1）消化器の形態

　成鶏の腸管の長さは，小腸が全腸管の長さのうち 90 ％，盲腸が 7 ％，直腸が
3 ％を占めるのに対し，ダチョウは，全腸管の長さのうち小腸が 41 ％，盲腸が
5 ％，結直腸が 54 ％で，盲腸接合部以降の，いわゆる後部腸管がたいへん長くなっ
ている．

　舌は小さく先は丸い．口内に味蕾細胞はない．食道は咽頭の後ろから腺胃まで
で，ニワトリのように食道の中間にそ嚢を持たない．そのかわりに，食道の始め
の部分は小袋（gullet）状に伸縮して食物を貯蔵できる．胃は腺胃と筋胃があるが，
両者はニワトリのものより近接している．筋胃には，食物を摺り砕くため，成鳥
で約 1.5 kg の小石が存在する．

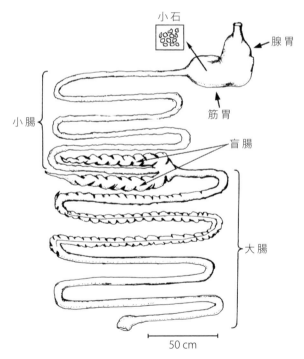

50 cm

図 9-12　ダチョウの消化器
（唐澤　豊氏 原図）

表9-6　ダチョウの消化管の長さと容量

部　位	8.2％繊維飼料を与えたとき		14％繊維飼料を与えたとき	
	長さ（m）	容積（kg）	長さ（m）	容積（kg）
腺　胃		2.16（18）		3.03（16）
筋　胃		2.79（23）		4.24（22）
十二指腸	1.07（ 6）	0.40（ 3）	0.96（ 5）	0.35（ 2）
空　腸	1.64（10）	0.63（ 5）	1.54（ 9）	0.64（ 3）
回　腸	4.20（25）	1.51（12）	3.78（21）	1.37（ 7）
盲　腸	0.85（ 5）	0.74（ 6）	0.89（ 5）	0.98（ 5）
結直腸	9.26（54）	4.02（33）	10.45（59）	8.73（46）

体重約100 kgのダチョウ，（　）内の数字は全体に占める割合.　（Baltmanis, B. A. et al., 1997）

　小腸は十二指腸，空腸，回腸からなり，長さは成鳥で6mある．十二指腸は約1mで，ここには膵管と胆管が開口し，それぞれ消化酵素，胆汁が分泌される．空腸は盲腸末端が付着しているところで終わり，以後回盲分岐部までが回腸である．

　結直腸は回盲分岐部から始まり総排泄腔までで，成鳥で8〜11mもある．1対の盲腸は成鳥で直径5〜6cm，長さ60〜80cmで，ここには多くの微生物が棲息している．ダチョウでは，その大きさから，結直腸が発酵の主要な場所である．盲腸，結直腸には，反芻動物のフローラに似た嫌気性菌が高濃度で棲息している．

　総排泄腔は，糞洞（coprodeum），尿洞（urodeum）および肛門洞（proctodeum）からなっていて，大腸は糞洞に開口している．ニワトリと違って，糞尿は同時排泄でなく，まず尿を，続いて糞を排泄し，盲腸糞は排泄しない（図9-12，表9-6）．

2）栄養素の消化と吸収

（1）炭水化物，タンパク質，脂肪

　歯がないため，摂取された飼料は咀嚼されることなくそのまま腺胃に入り，ここで胃酸やペプシンと混和されてから筋胃に移動する．腺胃は収縮力に富んでおり，膨張するため多量の飼料を貯蔵できる．筋胃には，飲み込まれた大小の小石（グリット）が存在し，飼料はここで物理的な消化（破砕，微細化）を受けてから小腸へと送られる．

　タンパク質,炭水化物,脂肪,ビタミンおよびミネラルの大部分の消化と吸収は,小腸で行われる.十二指腸では主として消化が,空腸では消化と吸収の大部分が行われ,そして回腸でも引き続き消化と吸収が行われる.その消化と吸収の機構はニワトリとほぼ同じであるが,ダチョウにおける飼料の消化管内平均滞留時間はニワトリやシチメンチョウ,エミューといった他の家禽の 3 〜 10 時間に比べて非常に長く,ペレット状配合飼料で 30 時間,イネ科牧草では 50 〜 60 時間であり,完全通過時間は 4 〜 8 日にもなる.

(2) 繊　　維

　盲腸,結腸,直腸および回腸に棲息する細菌のいくつかは,セルロースの加水分解に必要な β-1,4 グリコシダーゼ酵素や,牧草などに含まれる構造性炭水化物のヘミセルロース,ペクチン,リグニンなどを消化する酵素を産生することから,ダチョウは細菌の力を借りてこれらの食物繊維を消化することができる.また,盲腸内微生物叢がニワトリのそれとは大きく異なり,微生物生態系はルーメン微生物生態系と同程度に多様で,細菌の門(phylum)レベルでの分布はルーメンやウマ大腸での観察結果と類似しているといわれている.

　成鳥の繊維消化能力は反芻家畜に匹敵するほど高く,細胞壁,ヘミセルロース,セルロースをそれぞれ 47,66 および 38 ％消化できるといわれている.イネ科牧草の繊維消化率はサイレージで低いものの配合飼料と同程度であり(表 9-7),

	イネ科牧草			配合飼料
	生　草	乾　草	サイレージ	
有機物	70.0[ab]	62.9[bc]	54.1[c]	77.3[a]
粗タンパク質	72.1[ab]	66.1[bc]	58.1[c]	79.9[a]
粗脂肪	79.1[a]	71.1[a]	55.7[b]	77.4[a]
中性デタージェント繊維	64.8[a]	62.1[a]	46.1[b]	47.5[b]
酸性デタージェント繊維	55.1[a]	56.2[a]	41.0[b]	45.5[b]
ヘミセルロース	77.1[a]	69.6[a]	53.9[b]	51.3[b]
セルロース	65.3[a]	62.9[ab]	53.5[ab]	53.1[b]
総エネルギー	71.8[ab]	62.1[b]	51.2[c]	76.0[a]

表 9-7　成ダチョウにおけるイネ科牧草と配合飼料の消化率

異符号間には 5 ％水準で有意差があることを示す.
中性デタージェント繊維:ヘミセルロース,セルロースとリグニンの合計.
酸性デタージェント繊維:セルロースとリグニンの合計.(松谷陽介:北海道畜産草地学会報,2014)

生草や乾草の中性デタージェント繊維（NDF）消化率は 62 〜 65 %，ヘミセルロースおよびセルロース消化率はそれぞれ 70 〜 77，63 〜 65 %である．繊維消化の最終産物は酢酸を主とする揮発性脂肪酸（VFA）で，下部消化管から吸収された VFA によって必要なエネルギーをまかなうことができる．

（3）消化と加齢

　繊維やタンパク質，脂肪の消化率は，加齢によって増加する（表9-8）．3 週齢ではニワトリ程度の繊維消化能力であり，十分に繊維を消化することができないため，エネルギーとして利用できない．そのため，スターター飼料の繊維含量を 8 %未満に抑える必要がある．しかし，生後 10 週齢まで NDF 消化率は直線的に増加し，さらにその後も増加して成ダチョウでは 60 %を超えるようになる．脂肪の消化能力も成長に伴って同様に高まるが，若齢のダチョウでは非常に低いので，飼料の脂肪水準は 3 週齢以上になるまでできるだけ低く抑えた方がよい．

表9-8　異なる年齢のダチョウにおける NDF および脂肪の消化率と見かけの ME 含量

	3 週	6 週	10 週	17 週	30 か月
NDF 消化率（%）	6.5[c]	27.3[b]	51.2[a]	58.1[ab]	61.7[a]
脂肪消化率（%）	44.5[c]	74.3[b]	85.4[a]	91.2[a]	92.8[a]
ME（MJ/kg）	7.2[d]	9.3[c]	10.9[b]	11.5[a]	11.8[a]

異符号間には 5 %水準で有意差があることを示す．
NDF：ヘミセルロース，セルロースとリグニンの合計．
ME：代謝することのできるエネルギーのこと．（Cilliers, S. C. and Angel, C. R.：The Ostrich（Deeming, D. C. ed.），CAB International, 1999）

3）栄養素の代謝と利用

　ダチョウの基礎代謝は他の鳥類に比べて特に低く，非燕雀類のそれの 58 %にすぎないといわれている．一方，鳥類でありながら，反芻家畜と同じように脂肪酸代謝と密接に関連したエネルギー代謝が行われており，大腸内の微生物発酵によって生成された酢酸，プロピオン酸，酪酸といった VFA がエネルギー源として利用される．繊維消化能力が完全には発達していない体重が 7kg 程度の幼鳥でもエネルギー要求量の 52 %，6 か月齢で体重が 46kg 程度に成長すると，76 %が VFA から供給される．

　ニワトリや他の鳥類の結直腸は短いのに対し，ダチョウの結直腸は 8 ～ 11 m と長い．他の多くの鳥類と同じように，消化管と尿管が一緒になった総排泄腔を持つが，その構造は異なるため，ダチョウでは糞と尿が別々に排泄され，液体部分のみが尿として排泄される．そのため，ニワトリやライチョウのように盲腸を介した尿窒素の回収系は存在しないと考えられている．

4）食性，栄養素要求性と欠乏

（1）食性と飼料

　ダチョウの食性は，本来，雑食性とされているが，野生ダチョウの食物選択性や嗜好性，あるいは消化管内容物に関する調査結果から，草食性といっても差し支えなく，牧草や野草といった粗飼料を主体に飼養することができる．用いられる粗飼料としては，乾草やサイレージといった牧草，青刈り飼料，野草，野菜屑，農業生産副産物および食品製造副産物などがあり，これらはいずれも 0.5 ～ 3 cm に切って与える．

　アルファルファは嗜好性が高く，タンパク質やビタミン含量が高い牧草で，ダチョウ用飼料として利用されることが多く，国内外で調製，利用されている専用飼料もアルファルファミールとエネルギー含量が高いトウモロコシを主体に構成することが多い．その他，オーチャードグラス，イタリアンライグラス，ペレニアルライグラス，クローバーなどの牧草の嗜好性も高い．青刈り飼料は季節や成育ステージによって化学成分含量や栄養価が変化するため刈取り時期に気を付け，ハクサイ，キャベツ，レタスなどの野菜類，サツマイモ茎葉，ニンジンやダイコンの葉などは高水分のため軟便に注意が必要である．また，ビートトップサイレージは若鳥で便秘を引き起こす危険性が指摘されている．

　コーンサイレージやグラスサイレージも繁殖鳥の飼養に問題なく使えるが，これらの粗飼料は消化管が十分に発達した 4 ～ 6 か月齢以降の鳥に対してのみ徐々に増量して与えるべきとされ，オランダの例では繁殖用ダチョウには無制限に，育成ダチョウには 1 日に 700 ～ 1,500 g を与えている．一方で，イネ科生草，乾草，サイレージのいずれかのみを成ダチョウに自由に摂取させた場合，飼料摂取量は水分を除いた乾物で体重の 0.5 ～ 0.8 ％と，ペレットタイプの配合飼料の 3.6 ％に比べて非常に少なくなる．これには筋胃内での粗飼料の微細化や滞留，消化管

内通過が関係しており，ダチョウにおいても反芻家畜と同様，消化管内での粗飼料の動態によって摂取量が制限されている可能性が考えられる．

　このように，飼料の100％を粗飼料とした場合，十分な採食量が得られない場合があることから，粗飼料を主体としつつ補完的に濃厚飼料を併給して飼養すべきと考えられる．配合飼料にはそのためのものと，一方，配合飼料主体で飼養するための繊維質を多く含んだものがあり，またその形態もマッシュタイプやペレットタイプがあるが，ダチョウによる自由採食量は幼鳥期で体重の6〜8％，育成期で3〜4％，成鳥で2〜2.2％である．イネ科乾草とアルファルファミール主体のダチョウ専用配合飼料を同量ずつ無制限に与えると，成鳥の採食量は体重の2％前後であったことから，適切な混合割合で濃厚飼料を併給することにより，すべての生育段階ではないが，粗飼料主体でのダチョウ飼養が可能となる．

(2) 栄養素要求性と欠乏

　ダチョウの生産性を最大にするための栄養素要求量は，まだ明らかにされておらず，現在ではニワトリあるいはシチメンチョウの栄養素要求量に基づいて調製されたダチョウ用飼料が世界的に使われている．ダチョウの飼料要求率（体重増加量に対する飼料摂取量の比率）は，0〜4か月齢で2，4〜6か月齢で3.8，6〜10か月齢で5.5，10〜14か月齢で10となっており，ブロイラーには及ばないが，ブタと同程度である．なお，年をとったダチョウの飼料要求率が高い原因は，維持のための代謝エネルギーの利用率が低下するためと考えられる．

a．エネルギー

　維持と成長のために必要な代謝エネルギー要求量を体重1kg当たりで表すと，1か月齢（体重3.3kg）242，2か月齢（9.1kg）202，3か月齢（16.6kg）150，4か月齢（25.0kg）116，5か月齢（36.2kg）101，6か月齢（47.9kg）90，7か月齢（58.2kg）76，8か月齢（67.4kg）66，9か月齢（75.8kg）60，10か月齢（83.7kg）55，12か月齢（91.9kg）42，16か月齢（103.2kg）38，20か月齢（110.7kg）36kcal/kg/日となる．このときの飼料1kg当たりの代謝エネルギー含量は，3,756kcalを最高値として成長とともに低下し，12か月齢以降は1,600kcal程度となる．

　家禽用に用いられている各種飼料原料の代謝エネルギー含量をダチョウとニワ

トリで比較すると，ダチョウの方が高くなっている．この差は構造性炭水化物を多く含む飼料ほど大きく，ダチョウではニワトリより粗飼料を効率よくエネルギー源として利用できることを示している．また，加齢に伴って繊維成分消化率が高くなるため，家禽の代謝エネルギー含量を成ダチョウに適用すると，実際のエネルギー含量は 41 %ほど過剰となる．

b．タンパク質，アミノ酸

　一般に，ダチョウ用飼料の粗タンパク質含量は 15 〜 24 %の範囲であり，幼鳥では高く，繁殖・産卵鳥では 19 %，維持・休産鳥については 15 %が推奨されている．タンパク質およびアミノ酸要求量についても，家禽のデータが準用されているが，ダチョウの維持のためのタンパク質要求量はニワトリと比べて低い．また，アミノ酸のうちリジン，メチオニン，シスチン，イソロイシン，スレオニンやバリンの維持のための要求量はニワトリより少なく，逆にロイシン，アルギニン，ヒスチジンの要求量は多いとされている．同一の飼料をダチョウとニワトリに給与した場合，ダチョウの方が各アミノ酸の真の消化率は高く，飼料タンパク質の真の蓄積率も高いが，タンパク質やアミノ酸の消化，吸収率がダチョウにおいて高い理由は明らかになっていない．

c．ビタミン，ミネラル

　幼鳥では脂肪の消化能力が低く，また脂溶性ビタミンの 1 つであるビタミンE が卵に蓄積しにくく卵黄から雛への移行量が少ないことから，ビタミンE 不足予防のため配合飼料 1 kg 当たり 80 〜 100 IU の添加が推奨されている．ビタミンC は体内で合成されるため必ずしも家禽に必要ないが，幼雛期や繁殖，産卵期といったストレスを受けやすい時期には有効とされている．

　ミネラルも，ビタミンと同様にバランスよく摂取させることが重要であるが，強い骨や硬い卵殻をつくるためにはカルシウムとリンが十分に給与される必要がある．特に，育成期と繁殖期には多量のカルシウムを必要とするため，炭酸カルシウムをグリットとして給与するのも有効な手段である．脚の奇形予防のためにはマンガンとセレンの添加が効果的とされており，一方で亜鉛メッキされた給餌器や飲水器からの亜鉛過剰摂取は，モリブデンや鉄の過剰摂取と同様，銅の利用性を低下させ，低色素貧血を生じ，骨形成異常や孵化率の低下などを引き起こすので注意が必要である．

◇◇◇◇◇◇◇◇◇◇◇◇◇◇◇◇◇◇◇◇◇ **練 習 問 題** ◇◇◇◇◇◇◇◇◇◇◇◇◇◇◇◇◇◇◇◇◇

9-1. ウズラの飼料タンパク質の要求性について特徴的な点を説明しなさい.

9-2. ホロホロチョウの飼料タンパク質要求性について特徴を述べなさい.

9-3. アヒルにおける飼料の消化に関わる消化器の役割で, ニワトリと最も異なる点について述べなさい.

9-4. ダチョウにおけるエネルギー代謝の特徴について説明しなさい.

9-5. ニワトリの消化管を口腔以下器官組織ごとに示し, 機能を説明しなさい.

9-6. ニワトリがアルギニンとグリシンを必須アミノ酸として要求する窒素代謝上の特徴を説明しなさい.

9-7. ニワトリでは可消化エネルギーを求めるよりも, 代謝エネルギーを求める方が容易である. これに関連するニワトリ消化器の特徴を述べなさい.

第10章

野生動物の栄養学

1．シ　カ

　シカ（ニホンジカ；偶蹄目，シカ科）は前後肢とも4本の指（趾）を持ち，繁殖期に雄だけに枝角（antler）が発達するというシカ科動物特有の形態的特徴を有しており，後述するカモシカとは明らかに異なる野生の反芻動物である．わが国において，シカは家畜としても飼育され，体重は雌が30〜100 kg，雄が40〜200 kgで，雄の方が大きく，肉や皮とともに漢方薬の材料となる袋角（鹿茸，ベルベット）が利用されている．その他，シカ科の動物で家畜化されているものとして，トナカイ，アカシカ，ダマシカ，ルサジカ，ワピチ（エルク），ミュールジカ，オジロジカなどがある．

図 10-1　ニホンジカ（*Cervus nippon*）
（写真提供：池田昭七氏）

1）消化器の形態

　シカは草食性で複胃を有している．シカの消化器の形態は，反芻家畜のものと類似した特徴を示しているが，体のサイズが同程度のヤギやヒツジのものと比べて，胃，肝臓，膵臓はいく分小さく，腸は全体的に短い（図10-2, 10-3）．さらに，ウマ，ラットと同様に肝臓に胆囊を欠くのも大きな特徴である．体重が50 kg前後の雌のシカでは，複胃の容量の合計が約5 Lで，その86％を第一胃が占め，腸管の長さは平均で小腸が10.5 m，大腸が4.85 m（盲腸，約23 cm）で，肝臓の重量は640 g（体重の1.3 %），膵臓の重量は50 g（体重の0.1 %）である（池田昭七，2000）．

2）栄養素の消化吸収

　1日の飲水量は，暑熱環境時や水分含量が少ない飼料給餌時には，4.6 L/頭，

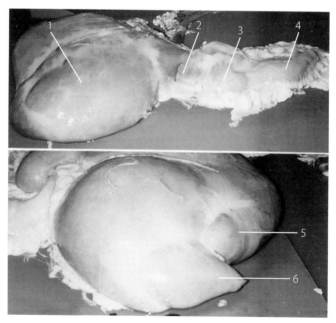

図10-2　ニホンジカの胃の外景
1：第一胃，2：第二胃，3：第三胃，4：第四胃，5：第一胃背囊，6：第一胃腹囊.（写真提供：池田昭七氏）

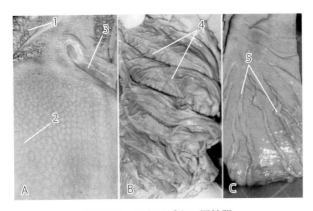

図 10-3　ニホンジカの胃粘膜
A：第一胃と第二胃，B：第三胃，C：第四胃，1：第一胃乳頭，2：第二胃小室，3：第
二胃溝（食道溝），4：第三胃葉，5：第四胃らせんひだ．（写真提供：池田昭七氏）

サイレージなど水分含量が多い飼料給餌時には，約 1.4 L/ 頭である．

　約 4.2 kg/ 頭 / 日の生草と 0.6 kg/ 頭 / 日の配合飼料を混合した飼料の消化率は，粗タンパク質 66.2 %，粗脂肪 52.2 %，NFE 66.6 %，粗繊維 52.1 %となり，粗繊維の消化率がウシよりも低いことが特徴的である．アルファルファヘイキューブを主体とした消化試験において，シカの飼料消化率は夏期，冬期ともにヒツジより低く，ヒツジと同様に夏期よりも冬期の方が低下した．また，エゾジカを用いた消化試験でも，乾物消化率は夏期よりも冬期が低く，乾草給与時の成分消化率は，夏期よりも冬期の粗タンパク質消化率が高く，粗繊維消化率は低かった．その理由として，冬期における飼料片の消化管内通過速度が速まるためだと考えられている．エゾシカを用いた研究では，飼料のルーメン内滞留時間は，夏期が59 時間，冬期が 49 時間となり，それぞれヒツジ（夏期 80 時間，冬期 76 時間）より短くなった．ウシでは，寒冷環境下において，熱生産量を増大させるために，飼料摂食量が増加し，ルーメン活動の活性化により，飼料片の消化管通過速度が速まり，飼料の消化率が低下することが知られている．しかし，前述のようにシカの飼料摂食量は冬期に減少する．飼料摂食量が減少する冬期において，飼料片の消化管内通過速度が速い原因については，これまで消化管の形態的特徴から説明する試みがある．反芻動物はその特徴から，繊維消化能力が高い green eater 型，繊維消化能力が低い concentrate selector 型とその中間型に分類され，多くのシ

カ科動物の前胃は，その容積が小さく，繊維を多く含む草本類の消化には適さず，concentrate selector 型とする見解である．しかし，チモシー乾草給与時における粗繊維，ヘミセルロース消化率は，それぞれ 66.9 %，74.3 %（以上，ヒツジ），64.2 %，71.6 %（以上，エゾシカ）で，繊維消化能力が高いヒツジとの差は小さいことから，シカの飼料消化特性は green eater 型に近いと示唆する報告もある．詳細なメカニズムについては，今なお，解明されていない．

　ルーメン内における総 VFA 濃度は，119.7 〜 126.4 mmol/L の範囲にあり，季節の影響は認められない．さらに，その内訳として酢酸，プロピオン酸，酪酸および酢酸／プロピオン酸（A/P）比は，夏が 66.0 mol%，24.1 mol%，4.3 mol%，2.7，秋が 65.4 mol%，21.5 mol%，6.1 mol%，3.0，冬が 66.1 mol%，21.9 mol%，5.4 mol%，3.0，春が 61.8 mol%，29.9 mol%，3.5 mol%，2.1 となり，季節変動する．

3）体重と摂食量

　シカは地域亜種によって体格が大きく異なっている．6 歳前後の雄の体重は，エゾシカが 120 kg，ホンシュウジカが 60 〜 100 kg，キュウシュウジカが 50 kg，ヤクシカが 35 kg，ケラマジカが 30 kg である．図 10-4 に冬期に捕獲されたシカの年齢別体重を示した．雌雄ともに，成長に従って体重は増加するが，カモシカと異なり，性的二型の差が大きい．雌では 1 歳を過ぎるとその増加傾向は緩慢になり，3 歳以降，ほぼ同じである．一方，雄は 2 歳から 5 歳にかけて急激に増加し，6 歳を超えると減少するようである．また，同じホンシュウジ

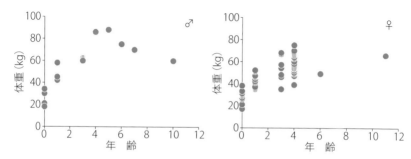

図 10-4　南アルプス山麓で冬期に捕獲されたシカの年齢別体重
いずれも血抜き後の体重．

カでも，可食植物量が限られている地域では，体重が軽い．例えば，岩手県五葉
山で捕獲されたシカと宮城県金華山島で捕獲されたシカの体重を比べると，雄で
は 30 ～ 40 ％程度，雌では 20 ％前後，金華山島のシカの方が軽い．

　また，餌資源が限られる冬期では約 10 ％の体重減少が認められている．しか
し，このような体重減少は，必ずしも餌資源の不足だけによるものではないと考
えられる．シカの体重と摂食量を調べた研究によれば，シカに粗飼料を不断給餌
したにもかかわらず，摂食量と体重は冬期に減少し，春期に再び回復するという
季節変化を示すことが報告されている．乾草主体の摂食量調査の結果，冬期の代
謝体重当たりの摂食量は 43.9 g 乾物（DM）/ 日で，代謝体重当たりの摂食量が
82.2 gDM/ 日となる夏期の半分程度となる．さらに，摂食量の変化傾向は雌雄
や妊娠の有無でも異なる．飼料効率（日増体量 g/1 日当たりの摂食量）の季節
変化を図 10-5 に示した．空胎雌では，10 月以降，3 月にプラスに転じるまで飼
料効率はマイナスとなる．妊娠雌は，分娩後にマイナスの値を示し，一時的にプ
ラスに転じるものの，2 月まで飼料効率はマイナスとなる．成雄では，交尾期の
秋以降，2 月まで飼料効率はおおむねマイナスの値を示す．なお，亜成獣個体で
は摂食量の季節変化は少ないといわれている．一般的に，寒冷環境下で動物は体
温維持のために熱生産量を増加させるべく摂食量を増大させる．しかし，前述の

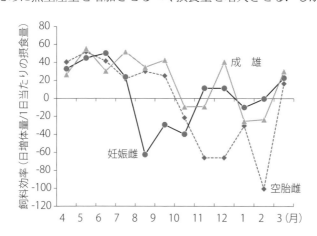

図 10-5　ホンシュウジカにおける飼料効率の季節変化
空胎雌は 6 ～ 11 歳で体重 45.5 ～ 54.9 kg．妊娠雌は 7 ～ 10 歳で体重 55.7 ～
72.5 kg，8 月に分娩．成雄は 4 ～ 6 歳で 79.8 ～ 122 kg．空胎雌はケージで単飼，妊
娠雌と成雄はそれぞれパドックで群飼．（池田昭七，1999 を参考に作図）

ようなシカで認められる冬期に摂食量が低下するという季節変化は，気温の変化では説明できない．気温以外の要因として，松果体から分泌されるメラトニンの存在があげられる．メラトニンは，生殖腺の発達と機能を抑制する他，概日リズムを制御していることが知られている．メラトニンの投与によって摂食量の調節ができることがアカシカの研究で明らかとなっている．短日処理によってアカシカの飼料摂食量は減少する．そして，メラトニン分泌は短日処理下で低下するので，シカにおける冬期の摂食量低下は，内分泌機能の変化によって生じるものであり，その結果，体重も減少していると考えられる．また，成雄における交尾期の体重減少は，交尾行動や形成したハーレムから他の雄を追い出す攻撃行動の多さといった活動量の多さによって，体重が減少すると考えられている．事実，交尾期における雄ジカの摂食行動時間配分は，2/3 程度減少し，性行動，闘争行動頻度が増加する．しかし，交尾期が終わった 12 月以降，飼料効率が減少していることから，成雄であってもメラトニンの影響は生じていると考えられる．

4）摂食植物と嗜好性

シカの摂食生態特性は基本的にグレーザー（grazer）といわれているが，シカは草地と林地を行き来する林縁の動物（図 10-6）であるので，生息地の植生に応じて摂食植物は可塑的に変化する．関東以北の落葉広葉樹林に生息するシカは，

図 10-6　林縁部で草を食むシカ

ササを中心とするイネ科植物の摂食割合が多く，関東以西の常緑広葉樹林に生息するシカは，常緑樹の葉や堅実類を多く摂食するため，ややブラウザー（browser）的な摂食生態特性を示す．降雪などにより可食植物が限定的になる冬期は，同じ植生区分である地域でも，越冬場所の植生によって摂食植物も異なる．冬期に牧草地周辺で捕獲された個体と山林内で捕獲された個体の胃内容物を比較すると，牧草地捕獲個体の胃内容物は，山林捕獲個体に比べてグラミノイド（イネ科植物の総称）やササの含有率が有意に多く，山林捕獲個体は牧草地捕獲個体よりも落葉広葉樹の枯葉や木質の含有率が高い（表 10-1）．木質類の多くは樹皮である．一般的にシカによる樹木の剥皮は，餌資源が不足する冬期に多く見られる（図 10-7）．例えば，富士山シラビソ植林地では，3 月から 4 月にかけてシカによる樹木の剥皮が多く，栃木県のヒノキ植林地では，樹木の剥皮面積と冬期の食物供給量との負の相関が報告されている．しかし，北八ヶ岳での調査では，餌資源が豊富な夏期にも樹木の剥皮が認められており，今後，シカによる樹木の剥皮の季節性に及ぼす栄養学的な要因解明が望まれる．

　シカの不嗜好性植物は，カラムシ属，センリョウ属，トウダイグサ属，ヤマゴボウ属，テンナンショウ属，ジンチョウゲ属，ピサカキ属，シロダモ属，ハイノキ属，クスノキ属，ボルトノキ属，マキ属，コバノカナワラビ属，カナワラビ属など，タンニンやアルカロイド物質を多く含む広葉草本類である．しかし，摂食植物種が限られると，これら植物の一部もシカは摂食するようで，シカの高い摂食圧による自然生態系の撹乱や希少植物の衰退，消失が全国で報告されている．

　数種の牧草に対するシカの嗜好性は，アカクローバー＞アルファルファ＞チモシー＞ペレニアルライグラス≒オーチャードグラスの順で高く，飼料中のタンパ

表 10-1　長野県南部の牧草地周辺および山林内で捕獲されたシカの胃内容物組成

	落葉広葉樹の枯葉	サ　サ	グラミノイド（ササを除く）	木質類	堅実類
牧草地捕獲個体（n ＝ 18）	10 %	31.5 %	53 %	5.5 %	0 %
山林捕獲個体（n ＝ 44）	48.5 %	7 %	3 %	35 %	6.5 %

捕獲地である牧草地は，イネ科牧草が優占し，その周囲はカラマツ植林地で林床部はクマイザサが優占していた．山林はカラマツ植林地と落葉広葉樹林で林床植生は疎らであった．　　　（亀井利活，2011）

図 10-7　北八ヶ岳でシカに剥皮されたシラビソ

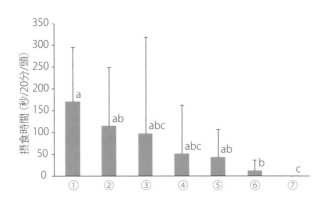

図 10-8　飼育ジカに同時提示した各飼料の摂食時間
①配合飼料，②圧ぺんトウモロコシ，③牧草，④ビートパルプ，⑤ヘイキューブ，⑥鉱塩，⑦乾草（イタリアンライグラス）．異文字間に有意差あり（P ＜ 0.05）．牧草以外は摂食未経験飼料．（亀井利活ら，2011）

ク質含量が高いものほど，嗜好性が高い．また，牧草と摂食経験がない飼料に対するシカの嗜好性を調べた研究では，糖蜜とトウモロコシを含む配合飼料の嗜好性が最も高く，次いで，圧ぺんトウモロコシ，牧草の順で高かった（図 10-8）．野生ジカの誘引に，鉱塩や醤油など，塩分を用いることがあるが，塩分に対する嗜好性は低い．オジロジカを用いた研究でも，鉱塩やミネラル飼料に対する嗜好性の低さが報告されている．なお，妊娠中のオジロジカの雌は，鉱塩に対して糖

蜜よりも高い嗜好性を示すことがある.

2．カ モ シ カ

　カモシカ（ニホンカモシカ；偶蹄目，ウシ科）は亜高山帯から高山帯にかけて
生息する日本固有の野生反芻動物で，生物地理学上あるいは進化史上における生
きた標本と考えられている．山村の人々にとって，カモシカの肉は貴重なタンパ
ク源で，角や毛皮はわずかな現金収入の道であったことから，1900 年代の初め
に乱獲によって絶滅の危機に瀕したが，1934 年から「天然記念物」に，1955
年から「特別天然記念物」に指定され，保護が強化されてきた．カモシカは偶蹄
目，ウシ科に属し，ニホンジカなどのシカ科の動物とは異なり，四肢の指（趾）
が各 2 本で，雌雄とも常に洞角（horn）を有し，体重が同程度で（平均 37 kg），
外部形態に雌雄差がほとんど見られない（妊娠中の雌の平均体重は 42 kg で，や
や重い）.

1）消化器の形態

　カモシカは草食性で複胃を有し，第一胃の腹嚢が背嚢よりも後方に突出し，第
二胃が第三胃よりも大きく，ウシよりもヤギの胃に類似した形態的特徴を有して

図 10-9　ニホンカモシカ（*Capricornis crispus*）
（写真提供：池田昭七氏）

いる．カモシカの胃内容物の重量は最高でも7 kg前後で，ヤギやヒツジのものより著しく少なく，カモシカの胃はやや小さくニホンジカのものに類似している．カモシカの腸各部の平均的な長さは，小腸が13.5 m，盲腸が35 cm，結直腸が5.8 mで，体の大きさが同程度のヤギやヒツジのものと，ニホンジカのものとの中間くらいである．

　カモシカの肝臓は平均重量が668 g（体重の1.8 %）で，ニホンジカと同程度である．カモシカの肝臓の形態は反芻家畜のものと同様に右葉，左葉，方形葉，尾状葉からなり，尾状突起や乳頭突起を有している．胆嚢は方形葉と右葉との境

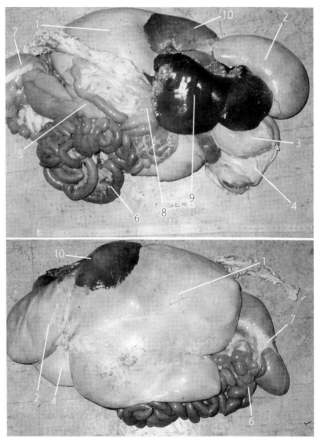

図10-10　カモシカの内臓（上：右側，下：左側）
1：第一胃，2：第二胃，3：第三胃，4：第四胃，5：十二指腸，6：空回腸，7：盲腸，8：膵臓，9：肝臓，10：脾臓．（写真提供：大島浩二氏）

界に位置しているが，その直径は 1.0 〜 1.5 cm と著しく小さく，胆汁は通常ほとんど含まれていない．カモシカの膵臓は平均重量が 45 g（体重比，0.12 %）で，ヤギよりやや小さく，ニホンジカのものと同程度である．膵臓の形態はヤギやニホンジカのものと類似している（図 10-10）．

　また，カモシカの内臓諸器官の中で最も特徴的であるのは脾臓で，成体において平均重量が 141 g で，ヤギの約 1.6 倍もあり，著しく大きい（図 10-10）．

2）栄養素の消化吸収

　基本的には，一般の反芻家畜と同様である．カモシカの乾物消化率はウシの乾物消化率を上回るとの報告もあるが，*in vitro* によるルーメン液内の消化試験の結果では，他の反芻動物と比較して大きな差はないとの結論が得られている．さらに，ルーメン液内（pH 5.7）の VFA 組成などは，他の反芻家畜と一部異なる．高橋ら（1996）の実験では，カモシカのルーメン液内 VFA 濃度（酢酸：48 mol%，プロピオン酸：36.5 mol%，酪酸：15.5 mol%，P/A 比：0.76）は，濃厚飼料多給（酢酸：40.9 mol %，プロピオン酸：49.0 mol%，酪酸：10.1 mol%，P/A 比：1.21）と粗飼料多給（酢酸：59.0 mol%，プロピオン酸：30.0 mol%，酪酸：11.0 mol%，P/A 比：0.54）ヒツジのルーメン液内 VFA 濃度のほぼ中間を示す．しかし，その後の *in vitro* 試験によって，カモシカのルーメン液はプロピオン酸劣勢型，酢酸優勢型の産生特性を示し，ルーメン液内の高いプロピオン酸濃度は，プロピオン酸の高い産生能力を示すものではなく，プロピオン酸発酵を助長する植物を選択して摂食しているからだと考えられている．事実，カモシカが摂食している常緑植物一般成分分析値は，おおむねイタリアンライグラス乾草と濃厚飼料の中間であった．

3）体重と摂食量

　成獣カモシカの体重は，約 30 〜 40 kg である．図 10-11 にカモシカの成長曲線を示した．雄は 2.5 歳まで急激に成長し，その体重は 10.5 歳までほぼ一定であるものの，高齢になると緩やかに減少する．一方雌は，5.5 歳まで成長し続け，雄で見られたような高齢時での減少傾向は認められない．カモシカでも，冬季から春季までの間，代謝率と食物摂取量が減少するため，その結果として体重も減

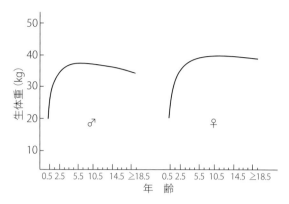

図 10-11　カモシカの成長に伴う体重の変化
（Miura, S., 1986 を改変）

少する. 岐阜県, 長野県で秋から春にかけて捕獲された 925 頭のデータによれば,
冬季における体重減少率は, 5 〜 23 ％となり, 幅がある. 例えば, 老成獣雄の
体重減少率は 5 ％程度であるのに対して, 老成獣雌のそれは 20 ％と大きい. そ
の一方, 幼獣の場合は性別に関係なく, 摂取エネルギーが, 脂肪の蓄積というよ
りも体の成長に用いられるため, 冬季での体重減少はほとんど認められない. 亜
成獣, 成獣では, 冬季における体重減少率（16 〜 21 ％）に性差, 年齢差は認
められていないが, 妊娠した成獣雌（15 ％）と非妊娠の成獣雌（23 ％）との体
重減少率に大きな差があり, 妊娠の有無による栄養摂取量と脂肪の蓄積量, 胎子
の有無の違いを反映しているようである. いずれにしても, カモシカの場合, な
わばりを保有し, その範囲内で生活しているので, 冬季における体重減少率は,
年齢, 性別だけではなく, なわばり内に存在する摂食植物が積雪によって埋もれ
てしまうか否かが, 大きく左右する.
　大町山岳博物館（1991）では, 飼育環境下で自然の木の葉を用いたカモシ
カの摂食量調査が行われた. その結果, 2 歳の飼料摂食量は, 最少が 4 月の
464.4 gDM で, 最多が 10 月の 991.1 gDM, 11 か月齢の飼料摂食量では, 最少
が 4 月の 359.7 gDM, 最多が 9 月の 879.9 gDM であった. いずれも成長期の個
体であったので一概にはいえないが, 秋に摂食量が増加し, 不断給餌下であって
も, ニホンジカのように冬から春にかけて摂食量が減少するという季節変化を示
した. また, 年齢によっても摂食量は変化し, 老齢個体になると体重 1 kg 当た

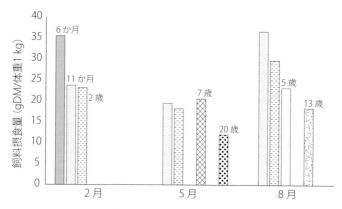

図 10-12　3 シーズンにおけるカモシカの年齢別飼料摂食量
（大町山岳博物館，1991 を参考に作図）

りの飼料摂食量は，若齢個体よりも減少する（図 10-12）．以上の結果から，カ
モシカの飼料摂食量は季節や年齢による変化があるものの，平均体重 35 kg で
試算すると，1 日当たりおおむね体重の 2 ～ 3 ％ DM の餌を摂食しているよう
である．

4）摂食植物と嗜好性

　摂食植物を求めて移動するシカと異なり，形成されたなわばり内で生活するカ
モシカは，生息場所の植生によって食性も異なる．カモシカの摂食植物種数は，
長野県では 54 科 133 種，青森県では 68 科 177 種，福島県では 51 科 128 種
である．また，同じ長野県内であっても，捕獲場所によって摂食植物が大きく異
なる（図 10-13）．さらに，摂食される植物の林床などにおける優占度は季節に
よっても異なるので，摂食植物種の季節変化も大きい．カモシカの場合は，摂食
生態特性がグレーザー（grazer）であるウシやニホンジカと異なり，良質な木本
の葉を食べるブラウザー（browzer）であるので，グラミノイドの摂食割合が比
較的低い．摂食植物種の周年変化を摂食痕から調べた鈴木ら（1978）の調査に
よれば，どの季節においてもカモシカによる摂食が認められた植物は，10 種（ヤ
マアジサイ，タマアジサイ，ノリウツギ，クロイチゴ，クマイチゴ，マユミ，ハ
ナイカダ，リョウブ，ニワトコ，オオカメノキ）あり，いずれも落葉広葉樹であっ
た．これら年間を通じて摂食される植物は，ニホンカモシカにとって，嗜好性が

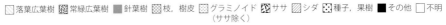

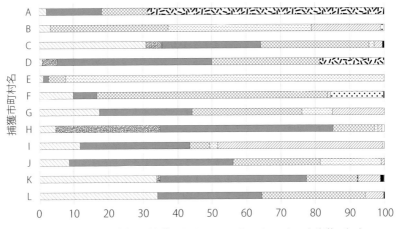

図 10-13　長野県南部で捕獲されたカモシカのルーメン内容物（％）
（岸元良輔，2006 のデータをもとに作成）

高い基本的な餌資源植物であるといえる．事実，日本全体を俯瞰したときのカモシカの分布域は，落葉広葉樹林帯と重複している．胃内容物からカモシカの摂食植物の季節変化を捉えると，夏（38 種），早春（18 種），秋（9 種），冬（8 種）の順で摂食植物種が減少し，夏は落葉広葉樹と草本類が摂食植物であるが，深積雪期になると常緑針葉樹，落葉広葉樹の越冬芽となる．

　いずれにしても，カモシカの摂食植物は季節によって，その生息地に出現する植物種も異なることから，明確な嗜好性を明らかにすることは難しい．動物園で飼育されているカモシカを用いたカフェテリア試験の結果，ダイズ，アズキ，モミジイチゴ，タニウツギ，ヒノキの摂食量が多く，チマキザサは摂食されなかった．Deguchi ら（2001）は，摂食量（y）と栄養成分の関係から嗜好性に影響する要因を重回帰式から明らかにした．その結果が（10-1）式である．

$$y = 1.65 \, (CP) + 0.56 \, (NFE) + 0.38 \, (DM) - 57.45$$
$$(R^2 = 0.54, \ P < 0.05)$$
(10-1)

　ここで，CP：粗タンパク質（％），NFE：可溶無窒素物（％），DM：乾物（％）．

　以上の回帰式より，カモシカは栄養価と乾物率が高い植物を選択摂食していることが明らかとなった．また，落葉広葉樹に対しては現存割合に合致した摂食の

多さを示し，広葉草本は高い選択制，針葉樹，常緑広葉樹およびシダ類には低い
嗜好性を示し，グラミノイドは敬遠する傾向のあることが明らかになっている．
その一方，アルカロイドなどの有毒成分を多く含み，一般の家畜にとっては中毒
を引き起こす毒草の摂食も確認されている．例えば，イケマ，ハシリドコロ，コ
バイケイソウ，ツルシキミ，トチノキ，フジウツギなどである．カモシカだけに
認められるという繊毛虫（*Epidinium ecaudatum forma capricornisi*）があるので，
摂食植物の分解，消化が一般家畜とは異なり，解毒されているのかもしれない．

3．ヌートリア

　ヌートリア（*Myocastor coypus*）は南アメリカ原産の帰化動物で水辺で生活す
る齧歯類である．モルモットと同様にテンジクネズミ科に属する．ヌートリアの
本来の名はコイプ（coypu）といい，その毛皮製品をヌートリアと呼ぶが，わが
国ではヌートリアが動物自身の名となっている．日本への渡来は明治後期が最初
であるが，本格的な輸入と飼育が始まったのは昭和になってからである．第二次
世界大戦が終了するまで，毛皮用動物として広く飼育されていたがその後ヌート
リア飼育は衰退し，現在では主に近畿・中国地方を中心に野生化し，灌漑溝，堰

図 10-14　ヌートリア（*Myocastor coypus*）
（写真提供：坂口　英氏）

に及ぼす損害や，農作物に被害を与える動物として，駆除対象動物にもなっている．

ヌートリアの肉はヨーロッパ，南アメリカの多くの地域で食用とされている．成獣は体長 40 ～ 65 cm，体重 5 ～ 10 kg である．毛皮は厚く，下毛を覆う粗い剛毛が生えている．柔らかく密な下毛は腹部で長さ約 2 cm，背側で長さ 2 ～ 5 cm で密度はやや低い．色は背が黄褐色から赤褐色で，腹側は薄黄色である．

1）消化器の形態

ヌートリアの口腔内には発達したよく目立つ橙色の門歯（切歯）があり，歯肉からの長さは 3.5 ～ 4.5 cm もある．口から肛門までの腸管の長さは全体で 480 ～ 520 cm，食道が全消化管長の 3 ％，小腸が 60 ～ 65 ％，盲腸が 8 ～ 9 ％，結・直腸が 19 ％で，小腸は 300 cm 以上あり最も長い．胃から後ろの消化管組織湿重量は全体で約 250 g で，そのうち胃は 10 ％，小腸は 41 ％，盲腸 21 ％，結

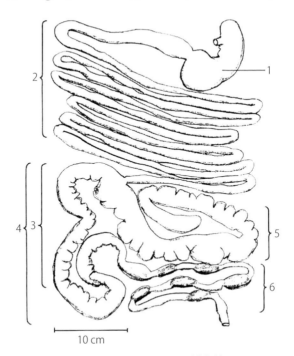

10 cm

図 10-15　ヌートリアの消化管
1：胃，2：小腸，3：近位結腸，4：大腸，5：盲腸，6：遠位結腸・直腸．（坂口　英氏 原図）

腸 28 ％である．また，全消化管内容物の存在部位を重量で比較すると，全消化管内容物のうち，胃には 13 ％，盲腸に 27 ％，近位結腸に 18 ％，遠位結腸に 10 ％存在する．このように，微生物発酵が行われる後部腸管の発達が著しい．

　胃は腺胃部分が大部分を占め，内面は襞状になっている．十二指腸の起点部に膨らみがあり，外見は胃の後部がくびれているように見える．

　大腸には連続する膨起があり，盲腸の 4/5，近位結腸の全体に及ぶ．結腸膨起部（憩室）の内面は皺壁を伴う溝が前後方向に走っている．結腸は憩室運動，分節運動，蠕動運動など複雑な運動を行うが，溝部の運動は管腔部の運動とは一致せず，主に口の方向に伝播する逆蠕動である．

2）栄養素の消化と吸収

（1）消化管機能

　ヌートリアの盲腸には長時間内容物が貯留されることから，消化管内容物滞留時間は比較的長い．口から肛門まで食餌残渣が移動するのに要する最短時間は 5～6 時間であるにもかかわらず，消化管全体の内容物平均滞留時間は 45 時間である．

　ヌートリアの結腸は分節運動，蠕動運動など複雑な運動を行うが，前述した膨起部の運動は管腔部の運動とは一致せず，主に口の方向に伝播する逆蠕動である．

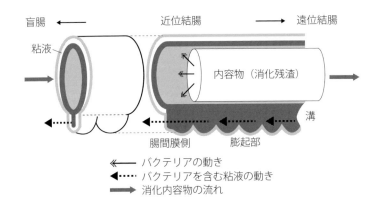

図 10-16　粘液トラップ型結腸微生物分離機構（概念図）
下部へと移動する消化管内容物から微生物が粘液層に移行し，微生物を含む粘液は近位結腸膨起部にある溝に移動する．溝内に移動した粘液は逆蠕動によって盲腸へと運ばれる．

結腸内の微生物の一部は結腸管腔内周辺部に分泌される粘液に移行し，取り込まれた微生物は粘液とともに膨起部に移行する．膨起部の逆蠕動によって微生物は連続する膨起部内の溝を通って盲腸に運ばれる（図 10-16）．このような微生物を盲腸に逆送し微生物の流出を防ぐ機能は，粘液トラップ型結腸分離機能と呼ばれている（☞ 図 7-9）．

（2）炭水化物

前述した結腸の微生物逆送機構によって盲腸内の微生物活性は高く保たれ，また長い内容物滞留時間により繊維消化が高いレベルで行われる．実際，ヌートリアの繊維消化率は後腸発酵型動物の中では高い（☞ 表 7-2）．ヌートリアとモルモットにアルファルファを 50 ％含む同じ飼料を与えたときの繊維消化率は，それぞれ ADF 42 ％，31 ％，NDF 48 ％，38 ％である．

（3）タンパク質

ヌートリアのタンパク質消化率は他の後腸発酵動物に比べて高い．アルファルファを 50 ％含む配合飼料で飼育したとき，見かけの粗タンパク質消化率はモルモットで 60 ％，ヌートリアでは 76 ％であった．モルモットは同様の飼料条件下ではマーラやウサギ，ハムスター，デグー，オオミミマウスと比べて同等の粗タンパク質消化率を示す．

このヌートリアの高いタンパク質の利用性は，前述した大腸の微生物活性を高く保つ結腸分離機構と食糞によってもたらされている．すなわち，結腸分離機構によって盲腸内に集められ増殖した微生物の体タンパク質は，良質のタンパク質としてヌートリアに摂取され消化吸収される．食糞を阻止するとタンパク質消化率は明らかに低下する．

ヌートリアは日内周期的に食糞を行う．食糞時（主に夜間）にはタンパク質含量が高く繊維含量の低い糞（軟糞）を排泄して食べる．飼育下のヌートリアは夜半から午後にかけて盛んに食糞を行う．食糞をするときのヌートリアは，直接肛門から軟糞を口に取り，咀嚼してから飲み込む．この食糞行動は連続して平均約 7 回繰り返され，この連続した一連の食糞行動は約 50 分間隔で 1 日に平均約 7 回行われる．したがって，1 日当たりの総食糞回数は約 50 回程度である．

ヌートリアが摂取する軟糞中のタンパク質は，植物タンパク質では制限アミノ酸になりがちなリジンやメチオニンの含量が高い．したがって，植物質飼料を食べるヌートリアにとって，食糞は摂取するタンパク質の量の確保だけではなく，栄養価（必須アミノ酸組成）を改善していることになる．

3）栄養素の代謝と利用

盲腸内で産生される短鎖脂肪酸の生成量は実測されていないが，繊維消化率がモルモット以上に高いこと，容量の大きな盲腸を備えていることから，短鎖脂肪酸がヌートリアの栄養に貢献する程度は高いことが予想される．酢酸や酪酸はエネルギー源や脂肪合成素材として利用される．また，プロピオン酸は糖新生素材や非必須アミノ酸の炭素骨格としても利用される．

4）食性と栄養素要求性

野生状態のヌートリアは主に薄暮から夜間に摂食するが，飼育下ではその限りではない．野生下での食べ物は主として植物質，特に水草やアシであるが，イガイやカタツムリ，その他の小動物もしばしば食べる．ヌートリアはさまざまな植物質飼料を受け入れる．ジャガイモ，大麦，クローバー，トウモロコシ，乾草，緑草，豆類，根菜類，キャベツ，リンゴ，パン，ウサギ用ペレット飼料，草食獣用ペレット飼料などが飼料として用いられる．本来，水辺に棲む動物なので，飼育には水浴のための水槽を備えることが望ましい．栄養素要求量に関する具体的な情報はほとんどないが，草類と穀類を組み合わせて与えれば，ヌートリアは十分に成長し繁殖する．また，市販の草食動物用の固形配合飼料（粗タンパク質15.5 %，粗繊維 20 %）を与えることで，十分に飼育は可能である．

4．ニホンライチョウ

ニホンライチョウ（*Lagopus mutus japonicus*，キジ目，キジ科）は，主に中部山岳地帯の北アルプスや南アルプスの 2,400 m 級以上の高地に生息し，特別天然記念物である．これは，世界で最南部に生息するライチョウで，現在の推定羽数は 3,000 弱の絶滅危惧種である．日本にはその他，北海道の森林地帯に棲む

図 10-17　ニホンライチョウの冬姿
（写真提供：宮野典夫氏）

エゾライチョウ（hazel grouse）がいる．両者とも成鳥の全長は約 36 cm，体重
は 360 〜 400 g で雄が少し大きい．

1）消化器の形態

　ライチョウの食性は，植物食であるため，筋胃が発達している．成鳥の小腸は
103 cm，大腸は 11 cm であるが，盲腸がたいへんよく発達していて 47 cm もあ
る（図 10-18）．盲腸は回盲分岐部の基部から約 1/6 までは，非常に細くて筋肉
質で，それより遠位から盲端手前までは回腸より太く，盲端部はニワトリと違っ
て少し尖った形状をしている．後部腸管が発達しているという点でダチョウに似
ているが，ダチョウは盲腸よりも結直腸が長く発達している．盲腸には多くの微
生物が棲息している．

2）栄養素の消化と吸収および代謝

　食性は植物食であり，大腸，盲腸の，いわゆる後部腸管が発達しているので，
穀物食のニワトリよりむしろ，草食性のダチョウに近いタンパク質，炭水化物，
脂肪などの消化，吸収が行われるものと思われる．しかし，現在までのところ詳
細は研究されていない．ライチョウは，体の割には非常に大きな盲腸を持ってい
るのが特徴である（表 10-2）．このように長い盲腸が，ライチョウの生存にとっ

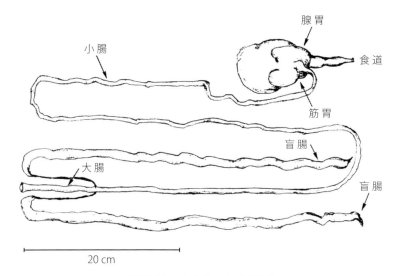

図 10-18 ライチョウの消化器
（唐澤 豊氏 原図）

鳥	体 重 (g)	小 腸 (cm/kg 体重)	大 腸 (cm/kg 体重)	盲 腸 (cm/kg 体重)
ニワトリ	1,950	84	6	22
コウライキジ	1,300	77	8	31
ヨーロッパヤマウズラ	400	148	20	73
野生シチメンチョウ	7,300	31	3	12
カラフトライチョウ	550	144	22	191
ニホンライチョウ	502	207	22	188
ズアカカンムリウズラ	188	430	45	120

表 10-2 鳥類の盲腸の長さ

盲腸は両側の合計の長さ. （唐澤 豊, 1990）

てどのような役割を栄養生理上果たしているのか興味ある点である．盲腸には多くの微生物が棲息することから，この微生物活動との関連が考えられる．ライチョウは繊維含量の多い飼料を食べているが，盲腸には繊維を分解する細菌がいて，酢酸，プロピオン酸，酪酸などの低級脂肪酸を生産する．これらの脂肪酸は，盲腸壁から吸収されてライチョウの代謝エネルギーとして利用される．盲腸で発生したこれらの低級脂肪酸は，ライチョウの維持のエネルギー要求量の 9 ％を供給するといわれる．しかし，これより大きいという見解もある．

　また，盲腸内では微生物によるビタミンの合成が行われる．これは，盲腸壁からほとんど吸収されないので，栄養的意義はほとんどないといわれている．最も大きな栄養的意義を持つといわれるのが，盲腸を介する尿窒素の回収系の存在である．これは，腎臓を経て排泄される尿がニワトリやライチョウではいったん総排泄腔に溜まり，糞と一緒に排泄されるが，そのとき約34%の尿は直腸を経由して総排泄腔から盲腸内に入り，盲腸微生物の働きで主成分の尿酸やその他の窒素化合物が分解されてアンモニアになり，このアンモニアが盲腸壁から吸収されて，肝臓で非必須アミノ酸の合成に窒素源として利用されるというものである．この系の存在はニワトリで証明されたものであるが，盲腸が特に長く，低タンパク質飼料を摂取しているライチョウにとって，廃棄物である尿中の窒素化合物を回収して再利用するというこのシステムは，たいへん有益であるといえる．特に，飼料条件が厳しい冬のライチョウにとって，その栄養学的意義はきわめて大きい．また，総排泄腔から結直腸を経て盲腸内へ尿が流入することによって，水分や塩類が回収されている．

3）栄養素要求性と欠乏

　ニホンライチョウの1日の飼料摂取量は，低地人工飼育下で人工飼料を給与した場合，20〜22g（乾物量）で，タンパク質摂取量は3.4〜3.75g，代謝エネルギーは76〜84kcalである．このとき，体重変化は見られないことから，これらの値を，ほぼそれぞれの維持要求量と考えてよい．一方，エゾライチョウの場合，1日の飼料摂取量は，雄は春〜夏に17〜18g，秋〜冬に18〜21gといわれ，雌は5月の産卵期に21gと最も多くなっている．エネルギー摂取量は，雄が74〜88kcal/日，雌が52〜91kcal/日であるといわれる．

4）食性と飼料

　ニホンライチョウは，ガンコウラン，コケモモ，ミヤマハンノキ，カバノキ類，コメバツガザクラ，ハイマツなどの高山植物の葉，花，実，芽を食べている．主体は芽と葉である．春から初秋にかけての雛の育成期には昆虫類も食べるが，基本的には植物食の鳥である．季節によって採食地，植物群落，食べる植物の部位もかわる．同じ植物でも春先は芽を，夏は花を，秋は実を食べるというように，

季節の変化に応じて食べるものが変化する．冬季間は特に葉や芽を主体とする飼料にならざるを得ない．このとき，飼料成分は繊維含量が多く，タンパク質や可溶性糖類は少なくなるので，一般的にいえば，低タンパク質で低カロリー摂取になる．エゾライチョウは，春先はヤナギなどの落葉広葉樹の芽，種子，カタバミ，シロツメクサなどの草の芽，雛の育成に欠かせないテントウムシ，ゾウムシ，バッタ，アリなどの昆虫類を，初夏から夏にはヤマザクラ，ニワトコやマタタビの実，秋には落葉広葉樹の冬芽，果実，草の葉などを，冬には落葉広葉樹の冬芽を食べている．

5. 猛 禽 類

　猛禽類とは，タカ目およびハヤブサ目（昼行性）とフクロウ目（夜行性）に属する鳥の総称であり，世界に約 400 種が分布する．タカ目には，各種のワシ類，タカ類，コンドル類，ハゲワシ類などの幅広い鳥種が，また，ハヤブサ目には大小のハヤブサ類，チョウゲンボウ類に加えて，カラカラ類が含まれる．一般に鋭い嘴と鉤爪を持ち，大きさは体重 40 〜 50 g のコビトハヤブサやサボテンフク

図 10-19　ハヤブサ（*Falco peregrinus*）
（写真提供：室伏三喜男氏）

図 10-20　フクロウ（*Strix uralensis*）
（写真提供：小宮輝之氏）

ロウから，最大で 14 kg に達するアンデスコンドルまでさまざまである．他の
多くの鳥種とは異なり，雄よりも雌が大きい．

1）消化器の形態

　猛禽類はすべて動物食であり，ほとんどの種で嘴は餌動物を引き裂くのに適し
た鋭い鉤状をしている．タカ目およびハヤブサ目では，家禽に比べると未発達で
はあるもののそ嚢が認められるが，フクロウ目ではそ嚢を全く欠く．腺胃に続く
筋胃の発達は，動物食のために顕著ではない．十二指腸はハヤブサ属のように 2
重ループを形成する種もあれば，ノスリ属（タカ目タカ科）やフクロウ目のよう
に 1 重の種もある．膵臓は，ハヤブサ属およびフクロウ目では十二指腸のルー
プをほぼ埋めており，特に 2 重ループの前者では大きい．一方，ノスリ属の膵
臓は小さく，十二指腸のループの一部を埋めるに留まる．肝臓は 2 葉に分かれ

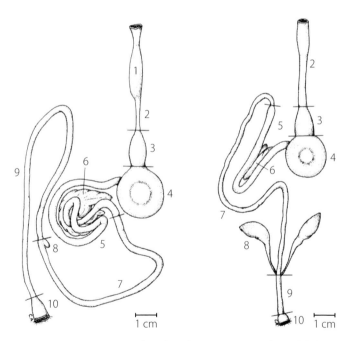

図 10-21　アメリカチョウゲンボウ（*Falco sparverius*）の消化管（左）
とアメリカキンメフクロウ（*Aegolius acadicus*）の消化管（右）
1：そ嚢，2：食道，3：腺胃，4：筋胃，5：十二指腸，6：膵臓，7：空回腸，8：盲腸，
9：結腸，10：総排泄腔．（赤木智香子氏 原図）

ており，比較的大きく，胆嚢が隣接している．

　タカ目およびハヤブサ目とフクロウ目の消化管形態の最大の相違点は，盲腸の大きさである．タカ目やハヤブサ目では盲腸は退化しており，痕跡程度のものが 1 対（ノスリ属など）または 1 個（ハヤブサ属など）認められるに過ぎないのに対し，フクロウ目は家禽に見られるような発達した 1 対の盲腸を有する．

　消化管の長さは種によって異なるが，体重 108 g，全長 25 cm のアメリカチョウゲンボウ（ハヤブサ属）で，腺胃 1.5 cm，筋胃 2.0 cm，十二指腸 12 cm，空回腸 12 cm，結腸 16 cm，盲腸 0.5 cm，総排泄腔 1.7 cm である．結腸が長いのがハヤブサ属の特徴で，ノスリ属やフクロウ目では短い．また，体重 85 g，全長 20 cm のアメリカキンメフクロウで，腺胃から総排泄腔までの長さ（盲腸を含む）は 35.6 cm で，そのうち 7.4 cm（20.8 %）を 1 対の盲腸が占める．

2）栄養素の消化と吸収

　猛禽類では，鋭い鉤爪のある足で餌動物をしっかり押さえて鉤状の嘴で引き裂くことが，咀嚼にかわる消化の第 1 段階である．しかし，かなり大きな塊でも嚥下し，特にフクロウ目でこの傾向が強い．その後，胃内で酵素による化学的消化を受けるが，筋胃は未発達なため機械的消化は顕著ではない．

　猛禽類の消化液の詳細については研究が進んでいないが，胃液についてはタカ目およびハヤブサ目でおよそ pH 1，フクロウ目でおよそ pH 3 であり，ペプシンが多く含まれることが知られている．また，昆虫や甲殻類などの節足動物を捕食する機会の多い種では，腺胃でキチナーゼ（キチン質分解酵素）が分泌される．キチン質は節足動物の外骨格を形成する炭水化物であり，キチナーゼが胃内での昆虫や甲殻類の初期消化を助けていると考えられる．

　猛禽類の消化生理の最大の特徴としては，ペリットの排出があげられる．ペリットとは，毛，羽毛，骨，鱗，外骨格などの餌動物の不消化部分が胃内で固められたもので，通常毎日，口から吐き出される．なお，このペリット排出は，猛禽以外の動物食，雑食の鳥類でも見られる．ペリットは筋胃内で形成され，食道を含めた上部消化管の筋肉の働きで排出されるが，哺乳類の嘔吐や反芻とは異なるメカニズムによる．光周期や餌が視野に入るといった視覚刺激に加え，胃内からのタンパク質および脂質の消失がペリット排出の大きな刺激となっている．タ

図 10-22　マウスを摂取したフクロウ類のペリット

カ目およびハヤブサ目のペリットにはほとんど含まれない骨が，フクロウ目では多く含まれているが（図 10-22），これは前述の胃液 pH の相違を反映したもので，タカ目およびハヤブサ目の強酸性の胃液が骨の大部分を溶解することによる．

　また，タカ目およびハヤブサ目と同様の食性でありながら，フクロウ目は発達した盲腸を有する．草食獣では，盲腸は微生物による繊維質発酵の場としてよく知られているが，動物食のフクロウ目に大きな盲腸が存在する理由については解明されていない．水分吸収に大きく関与していることが示唆されている他，盲腸内には多くの微生物が常在するために，発酵が行われていると考えられている．盲腸を通過した内容物は，家禽と同様に，特異臭のある滑らかな盲腸糞として定期的に排泄される．

　吸収は小腸以下で行われるが，植物食の鳥に比べて絨毛が発達しており，高い吸収率が予想される．

3）栄養素の代謝と利用

　猛禽類の栄養素の代謝については知見が限られているが，餌の代謝効率は一般に非常に高く，小型哺乳類や鳥類を摂取した場合，68 〜 88 ％が代謝される．基礎代謝量は $78 \times$ 体重 $kg^{0.75}$（kcal），また，平均的な実験室環境での 1 日の代謝量は小〜中型猛禽で 100 〜 160 kcal/kg，大型猛禽で 40 〜 80 kcal/kg とされる．

4）食性，栄養素要求性と欠乏

　猛禽類の餌動物は種によって大きく異なるが，哺乳類，鳥類，両生類，爬虫類，魚類に加え，昆虫や甲殻類，巻貝など多岐にわたり，もっぱら屍肉を摂取する種や，屍体の骨や骨髄を好んで食べる種もある．また，決まった動物グループしか捕食しない種もある一方で，状況に応じてさまざまな動物を利用する種もある（表10-3）．

　猛禽の詳しい栄養素要求性については，未だ研究が進んでいない．例として，体重1 kgの飼育猛禽への平均的給餌量をもとに，各栄養素の1日当たりの必要摂取量を計算すると次のようになる．1日当たりマウス100 gを摂取し，その全エネルギーが172 kcal，粗脂肪7.7 g，粗タンパク質18.2 g，カルシウム（Ca），リン（P），マグネシウムがそれぞれ970 mg，560 mg，52 mg，微量元素としては亜鉛，銅，マンガン，鉄がそれぞれ2.2 mg，0.2 mg，0.3 mg，4.5 mg，ビタミンAおよびDはそれぞれ18,900 IU，3.3 IUである．なお，飼育下での1日当たりの給餌量の目安は，体重100～200 g，200～800 g，800～1,200 g，1,200 g以上の猛禽で，それぞれ体重の20％，10％，15％，6～8％である．猛禽用フードも開発されてはいるが，まだ研究の余地が残る状態で，餌動物に必要に応じてサプリメントを加えて給餌することを現時点では推奨している．

　不適切な餌が原因でよく見られるのがPの過剰に伴うCaの欠乏で，成長中の雛でその影響は顕著である．健康な骨の成長および維持には，摂取Ca：P比が

表 10-3　各種猛禽の食性と飼育下での給餌の目安

種（体重，g）	主な食性	1日の給餌の目安（給餌量，g）
アメリカチョウゲンボウ（110）	哺乳類，爬虫類，昆虫	マウス（25）
アナホリフクロウ（150）	哺乳類，昆虫	マウス（50）
コミミズク（300）	哺乳類	マウス（50）
フクロウ（750）	哺乳類，鳥類，爬虫類，昆虫	マウス，ラット（100）
ハヤブサ（800）	鳥類	ウズラ，ヒヨコ（100）
トビ（1,000）	屍肉，哺乳類，鳥類，魚類	マウス，ヒヨコ，魚（100）
ヒメコンドル（1,400）	屍肉	ラット，ニワトリ（150～200）
ミサゴ（1,500）	魚類	魚（250）
イヌワシ（4,000）	哺乳類，鳥類	ウサギ，ラット，ニワトリ（300）
ハクトウワシ（4,500）	哺乳類，鳥類，魚類，屍肉	ラット，ニワトリ，魚（300）

およそ 1.5：1 でなければならない．動物全体を摂取すればこの比は保たれるが，筋肉や内臓のみでは 1：40 〜 55 と大きく逆転し，特にビタミン D_3 の不足があると骨軟化症やくる病を発症しやすい．猛禽を含めた多くの鳥類では，尾の付け根にある尾脂腺から分泌される油脂を嘴に取って羽根に塗り付ける．油脂に含まれる前駆物質が紫外線によってビタミン D_3 に変化し，羽繕いの際に口から摂取されるが，飼育下で日光に当たる機会が少ないとこの供給源が断たれるため注意を要する．その他，主に魚を給餌している猛禽ではビタミン B_1（チアミン）欠乏症が見られる．これは，魚類では死後短時間でチアミナーゼが活性化され，給餌時にはほとんどのチアミンが分解されているからである．

　また，羽毛の形成には十分なタンパク質（特にシスチン）が必要であり，加えて亜鉛も構成成分として重要である．これらが換羽期に不足すると，羽毛異常の原因となる．

◇◇◇◇◇◇◇◇◇◇◇◇◇◇◇◇◇◇◇◇ **練 習 問 題** ◇◇◇◇◇◇◇◇◇◇◇◇◇◇◇◇◇◇◇◇

　10-1. タカ目およびハヤブサ目とフクロウ目の消化管形態の主な相違点を 2 点説明しなさい．
　10-2. 猛禽類で見られる「ペリットの排出」とは何か説明しなさい．
　10-3. 主に魚を給餌される猛禽で欠乏しやすいビタミンの種類とその理由を説明しなさい．
　10-4. シカの分類および角，骨格，体形などの雌雄差と内臓諸器官の特徴について説明しなさい．
　10-5. カモシカの分類および角，骨格，体形などの雌雄差と内臓諸器官の特徴について説明しなさい．

第 11 章

魚の栄養学

　魚類の種類は約 2 万程度といわれ，そのうち日本の近海や河川および湖沼に生息しているものは約 3,000 種で，魚市場で取引きされている魚は約 400 種である．人為的に生産（養殖）されている主な淡水魚と海水魚はそれぞれ 10 数種類で，各魚種の栄養要求の解明や飼料の開発が行われている．本章で取り扱う主な魚の養殖生産量と配合飼料生産量（2014 年度）を表 11-1 に示す．両生産量ともブリ（*Seriola quinqueradiata*）がそれぞれ 1 位である．わが国における養殖総生産量のうち淡水魚は 34 千 t，海水魚は 238 千 t と圧倒的に海水魚の生産量が多い．海水魚のブリやマダイ（*Pagrus major*）の配合飼料生産量の中で，粉末が多い理由は配合飼料粉末と生餌（カタクチイワシ類（*Engraulidae*），サバ類（*Scombri*）など）を混合したのち成形して給餌するモイストペレットが使用されているためである．また，ウナギ（*Anguilla japonica*）の場合は通常，水と魚油（feed oil）を混合してねり上げたねり餌が使用される（図 11-1）．このように，魚類の飼料はバラエティーに富んでおり，飼料および餌料の形態と魚種との関係をまとめて図 11-2 に示す．海水魚の仔魚期（赤ちゃん）には初期生物餌料であるシオミズツボワムシやアルテミアを与え，その後配合飼料に切りかえる．ウナギを除き淡水魚の多くはスチームペレット（SP）を，海水魚の多くは前述のモイストペット（MP）の他にエクストルーデッドペレット（EP）を用いるのが主流である．最近養殖が盛んになってきたマグ

表 11-1　本章で取り扱う魚の養殖生産量と配合飼料生産量（2014 年，千 t）

	種　類	養殖生産量	配合飼料生産量
淡水魚	ウナギ	18	29.3（主に粉末）
	ニジマス類[1]	8	10.9（固形）
	コイ	3	8.5（固形）
	ティラピア	500 t 以下	統計なし
海水魚	ブリ類[2]	136	36.6（粉末） 176.1（固形）
	マダイ	62	49.2（粉末） 111.6（固形）
	ヒラメ	2.6	1.8（固形，推定値）

[1] イワナ，ヤマメなどを含む．[2] カンパチ，ヒラマサを含む．

図 11-1　養殖池でねり餌を摂餌しているウナギ
温水性（12〔25～27〕32℃），肉食性.（写真提供：東京海洋大学吉田ステーション）

ロ類（*Thunnus* spp.）については生餌を主体に与えている.

　魚は変温動物であるが，生息適正水温により冷水性（ニジマス（*Oncorhynchus mykiss*），ギンザケ（*O. kisutch*）など），温水性（コイ（*Cyprinus carpio*），ウナギ，ブリ，マダイなど），熱帯性（ティラピア（*Oreochromis* spp.）など）に分類されるとともに，食性の違いにより，魚（肉）食性[注]（ニ

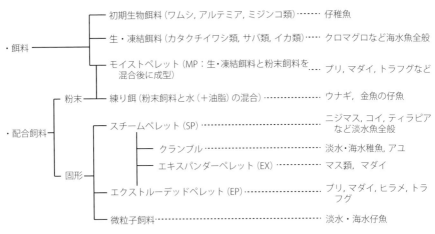

図 11-2　飼料および餌料の形態とその対象魚類

ジマス，ウナギ，ブリ，ヒラメ（*Paralichthys olivaceus*）など），雑食性（コイ，マダイなど），草（微細藻類）食性（ソウギョ（*Ctenopharyngdon idella*），アユ（*Plecoglossus altivelis*），ティラピアなど）に分けることができる.　本章では淡水

　注）淡水魚は小魚の他に，甲殻類（水棲昆虫など）や環形動物（多毛類，貧毛類）なども食べることから，肉食性と表記することが多い.　一方，海水魚は，「食う食われる」（食物連鎖ではなく食物網）関係にあることから，通常，魚食性と表記する.

魚と海水魚に分け，さらに魚の食性と栄養要求の関係について述べることとする．

1．淡　水　魚

　生息水温や食性，さらに生産量を考慮し，ここでは，ニジマス（サケ目，サケ科），ウナギ（ウナギ目，ウナギ科），コイ（コイ目，コイ科）およびナイルティラピア（スズキ目，カワスズメ科，*Oreochromis niloticus*）を取りあげる（図 11-3）．なお，図説明の（　）内は摂餌可能水温を，〔　〕内は最適水温をそれぞれ示す．

　淡水中に生息する魚類は絶えず水の侵入に対処し，水温の変動にも適応しながら生活しなければならない．そのため，各栄養素の消化吸収率やミネラル要求はこれらの要因により変動する．

図 11-3　淡水魚の形態
左上：ニジマス…冷水性（4〔18〕23℃），肉食性．右上：コイ…温水性（7〔25〕30℃），雑食性．左下：ナイルティラピア…熱帯性（10〔24 〜 30〕45℃），微細藻類食性．口内保育をしている雌．（ナイルティラピアの写真提供：遠藤雅人氏）

1）消化器の形態

　主な淡水魚の消化器の概略を図 11-4 に示す．

　魚の消化器は口腔，食道，胃，腸に区分される．なお，コイ科，メダカ科，ハゼ科などのように無胃の魚や幽門垂を有する魚もいる．食道は一般に太くて短い．淡水魚は海水魚に比較して，食道の括約筋が発達しているが，これは，できるだけ水を飲まないようにするためである．胃は外部形態の違いからⅠ，Ｕ，Ｖ，Ｙお

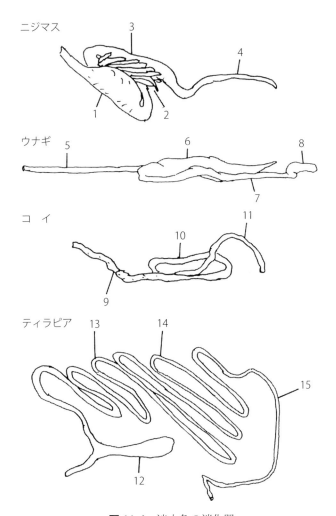

図 11-4　淡水魚の消化器

ニジマス…1：胃，2：幽門垂，3：腸前部，4：腸後部，腸長 / 体長：0.5 〜 0.7.
ウナギ…5：食道，6：胃，7：腸，8：直腸，腸長 / 体長：0.5.
コイ…9：前腸，10：中腸，11：後腸，腸長 / 体長：1.8 〜 2.0.
ティラピア…12：胃，13：前腸，14：中腸，15：後腸，腸長 / 体長：6.8 〜 7.7.
（落合　明：魚類解剖図鑑，緑書房，1987 を参考に作図）

よびトの 5 型に，幽門垂は本数の違いから，全くないもの，1，2，3，4 本，5
〜 200 本，200 本以上の 7 つに，腸は腸前部と腸後部あるいは前腸，中腸，後
腸および直腸と呼ばれる部位に区分される．

　ニジマスの胃の形態は U（V）型で，40 ～ 60 本の幽門垂を持ち，腸は食道部で反転し，RLG（腸長／体長の比）は 0.5 ～ 0.7 である．ウナギは降海，遡上する魚として知られ，特に長い食道を持ち，浸透圧の調整に役立てている．胃は Y 型，幽門垂はなく，腸は 2 回湾曲し，N 字状を呈し，RLG は 0.5 前後である．コイは咽頭歯を持ち，無胃で比較的長い腸は 3 回巻いており，RLG は 1.8 ～ 2.0 である．ティラピアの胃はト型で，幽門垂は小さく確認しにくく，魚類の中では最も腸が長い（RLG, 6.8 ～ 7.7）グループに属し，複雑に巻いている．これら RLG の値は，ウシの 15 ～ 30，ブタの 25 に比べ著しく小さい．

2）栄養素の消化と吸収

　淡水魚の消化・吸収機構は，基本的にブタなどの単胃動物とかわらない．配合飼料の原料に利用される動物性原料（魚粉，ミートミール，サナギミールなど）や植物性原料（大豆油粕，コーングルテンミール，小麦粉など）のタンパク質とエネルギーの間接消化率[注] は，無胃魚のコイを含め各魚種（ニジマス，アユ，ティラピア）で，至適水温においてウシやブタとほぼ同様な値を示す．しかし，植物性原料のタンパク質とエネルギーの間接消化率は，水温の低下によりニジマスではコイやティラピアに比較し著しく低下する．

　魚類における各栄養素のエネルギー値は，タンパク質 4.5 kcal/g，脂質 8.5 ～ 9 kcal/g である．タンパク質の値が哺乳類に比較して高い理由は，魚は窒素をアンモニアとして排泄するため，尿素サイクルを必要とせず，尿中へのエネルギー損失がヒトの 1.25 kcal/g に対し，0.95 kcal と低いことによる．魚の食性にかかわらず融点が 40 ℃以上の硬化油を除き，脂質の間接消化率は 80 ％以上と高いので，脂質のエネルギー値は，哺乳類とほぼ同じである．一方，デンプンのエネルギー値は，魚の食性と飼料中の添加量の違いにより 1.6 ～ 4 kcal/g と大きく変動する．

　一般に魚類は，哺乳類と同様にカルボヒドラーゼ，α - アミラーゼ，α および β - グルコシダーゼなどの消化酵素を持っているが，炭水化物の利用性は低い．魚類のアミラーゼ活性は食性により異なり，雑食性のコイに比較し肉食性のニジ

注）　間接消化率（％）$= 100 - \left\{ 100 \times \dfrac{飼料中の指標物質（\%）}{糞中の指標物質（\%）} \times \dfrac{糞中の栄養成分}{飼料中の栄養成分（\%）} \right\}$

マスで著しく低い．また，α および β（煮熟および生）デンプンの間接消化率は飼料中の含量の増加により低下し，その低下は雑食性のコイに比較し，肉食性のニジマスやウナギで著しい．

　一方，ソウギョは腸内にセルロースを分解するセルラーゼ産生菌が生息していることから，水草中の繊維もエネルギー源として利用できる．

　養魚飼料の主原料として用いられている魚粉中には 15 〜 25 ％の灰分が含まれているが，その主成分は骨由来の第 3 リン酸カルシウムを含んだハイドロキシアパタイト（不溶性リン）で構成されている．この不溶性リンは有胃魚のニジマス，ウナギ，ティラピアなどでは 50 〜 60 ％消化吸収できるが，無胃魚のソウギョやコイでは胃酸を分泌できないため，消化物が酸性にならず，消化吸収率は 10 ％程度と低い．リンの形態としては第 1 リン酸カルシウムの吸収が最も優れ，第 2，第 3 の順で低下する．そのため，コイ用配合飼料にリンの要求量を満足する量のリンを添加すると，他魚種の飼料以上にリンが含まれることになる．その結果，コイの網生簀養殖の際の排泄物として，多量のリンを環境に負荷することになる．このリンの環境への負荷をできるだけ小さくするため，飼料への魚粉の配合割合を少なくし，飼料中の不溶性リンの含量を低減することが重要である．

3）栄養素の代謝と利用

　淡水魚には特徴的な炭水化物代謝が見られる．デンプンはグルコースに分解されて腸から吸収されたのち，門脈を通じて肝臓に入り代謝される．一般に，魚類にはグルコースをグルコース 6-リン酸にリン酸化する酵素のうち，高 Km[注] のグルコキナーゼが欠損しているといわれる．そのため，魚類は低 Km のヘキソキナーゼ活性しか持たないから，グルコースは糖代謝経路内に入りにくく，摂餌により得られたグルコースはそのまま長時間血液中に留まり，いわゆる糖尿病的症状を呈する．さらに，インスリンの分泌も血糖値が最大になる時間と一致せず，これも糖利用の劣る原因といわれる．しかし最近，ニジマスやコイなどでは高 Km 値を有するグルコキナーゼの存在が明らかになり，魚類における炭水化物の

注）Km…ミハエリス定数．酵素と基質の親和性を示す尺度．Km 値が小さいほど親和性が大きい．

利用性の低さを糖代謝の面からのみ論じるのは問題があるとの指摘もある.

　ラット, マウスは, グルクロン酸を介するウロン酸経路を経て水溶性のビタミンCを合成する. ビタミンC生合成系のL-グロノラクトンオキシダーゼは, コイ肝膵臓でラット肝臓の約1/3相当の活性が認められるとともに, ウグイやナマズにも活性が認められる. 一方, ニジマス, ウナギ, アユ, ティラピアなどでは, モルモットと同様に酵素活性は検出されない. このように, ビタミンC生合成能は魚種により違いが見られる.

4) 食性, 栄養素要求性と欠乏

(1) 炭 水 化 物

　魚類ではデンプンの利用性が劣ることから, 飼料中に添加できる量は限られている. 哺乳類のデンプンの適正量は飼料中50％以上であるが, この量を添加できるのはコイやキンギョ (*Carassius auratus*) に限られ, 肉食性魚類では最大30％である (図11-5).

　コイ, ティラピアなどでは, 分子量の大きいデンプンやデキストリンを含有した飼料で飼育した方が, 分子量の小さいマルトースやグルコースを含有した飼料で飼育した魚よりも優れた成長と飼料効率が得られる. この理由は, 高分子の糖の方が消化に長時間を要し, 少しずつ血糖値が上昇するため, 肝臓における糖代謝が円滑に行われるからである.

　一方, 冷水性のニジマスやチョウザメ (*Acipenser medirostris*) では逆に, マルトースやグルコースの方がデキストリンやデンプンよりも成長に対して優れた効果があるといわれている.

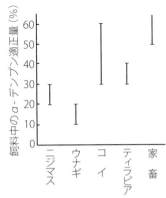

図 11-5　淡水魚および家畜における飼料中のデンプン適正量

(2) タンパク質

a. 必須アミノ酸の欠乏症と要求量

　淡水魚の必須アミノ酸は表11-2に示すように10種類で, ネコと同じである. 必須アミノ酸の欠乏症としては, 成長・飼料効率の低下,

表 11-2　淡水魚の必須アミノ酸欠乏症										
必須アミノ酸に共通して見られる欠乏症	Arg	His	Ile	Leu	Lys	Met & Cys	Phe & Tyr	Thr	Trp	Val
成長低下 飼料効率の低下 斃死率の増加 体色暗化	骨異常	骨異常		骨異常	骨異常 背びれの びらん	白内障			骨異常	

Arg：アルギニン，His：ヒスチジン，Ile：イソロイシン，Leu：ロイシン，Lys：リジン，Met：メチオニン，Cys：シスチン，Phe：フェニルアラニン，Tyr：チロシン，Thr：スレオニン，Trp：トリプトファン，Val：バリン．

表 11-3　淡水魚の必須アミノ酸 * 要求量										
魚　種	Arg	His	Ile	Leu	Lys	Met & Cys	Phe & Tyr	Thr	Trp	Val
ニジマス	3.5	1.6	2.4	4.4	5.3	1.8	3.1	3.4	0.5	3.1
ウナギ	4.5	2.1	4.0	5.3	5.3	3.2	5.8	4.0	1.1	4.0
コ　イ	4.3	2.1	2.5	3.3	5.7	3.1	6.5	3.9	0.8	3.6
ティラピア	4.4	1.9	3.2	3.6	5.6	3.2	6.1	3.6	1.3	3.0

* 飼料タンパク質％当たり．必須アミノ酸の略号は表 11-2 の脚注を参照．

斃死率の増加，体色の暗化が顕著に見られる．これらの中で，トリプトファンの欠乏により冷水性のニジマス，ギンザケ，シロザケ（*Oncorhynchus keta*）などは哺乳類や鳥類で見られない脊椎側湾症を呈する．ウナギやコイ，ティラピアなどの温・熱帯性魚類ではこの脊椎骨異常は見られず，シロザケを低水温に馴致することにより多発することから，水温との関係が考えられる．

　淡水魚の必須アミノ酸要求量を見ると（表 11-3），魚では哺乳類（ブタ，ラット）に比較してアルギニンの要求量が多く，イソロイシンの要求量が少ない．また，魚種間の比較では，トリプトファンの要求量は温水性魚類の方が冷水性のニジマスよりも多い．

b．飼料中のタンパク質適正量

　図 11-6 に，淡水魚における飼料中のタンパク質適正量を示す．適正タンパク質含量は，肉食性のニジマスやウナギに比較して，雑食性のコイや微細藻類食性のティラピアで低い傾向が見られる．しかし，これらの値はいずれも家畜の 15 〜 20 ％に比較して著しく高い．魚類（幼魚，50 g 以上）は 1 日当たりの飼料摂取量が体重の 5 〜 6 ％以下と少なく，特にニジマスは 2.5 ％以下と低い．また，

魚類ではタンパク質がエネルギー源になりやすい，あるいは積極的に利用しようとする方向に代謝が進むことなども，タンパク質適正量が多い理由である．

（3）脂　　質

脂質は，エネルギー源，必須脂肪酸および脂溶性ビタミンの給源になる．さらに脂質は，ニジマスなどの体色改善に有効な脂溶性色素のアスタキサンチンやカンタキサンチンを供給する．

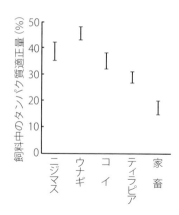

図 11-6　淡水魚および家畜における飼料中のタンパク質適正量

a．必須脂肪酸の欠乏症と要求量

マスノスケ（*Oncorhynchus tshawytscha*）稚魚では，リノール酸は体色の改善に有効であるが，リノレン酸は体色の明化を防止できない．しかし，成長促進にはリノレン酸が優れている．これに対して，オレイン酸はいずれの効果も持たない．表 11-4 に淡水魚における脂肪酸の種々の欠乏症を示す．

冷水性のニジマスなどは n-3 系列酸（リノレン酸や n-3 高度不飽和酸）のみを，温水性のウナギ，コイ，ソウギョはリノール酸（n-6 系列酸）とリノレン酸の両方を，熱帯性のティラピアは哺乳類と同様に主にリノール酸を強く要求する（表11-5）．

n-6 系列酸を要求するティラピアは，必須脂肪酸充足度の指標として哺乳類と

表 11-4　淡水魚の必須脂肪酸欠乏症	
必須脂肪酸の種類	欠乏症状
リノレン酸	遊泳異常（ショック症状），比肝重値の増加，肝臓脂質含量の増加（fatty liver），ミトコンドリアの膨潤度の増加，皮膚や鰭の炎症やびらん，筋肉水分含量の増加，発眼率および孵化率の低下，肝臓極性脂質脂肪酸組成中の 20：3n-9/22：6n-3 の比が 0.4 以上
n-3 高度不飽和酸	皮膚や鰭の炎症やびらん，発眼率および孵化率の低下，肝臓極性脂質脂肪酸組成中の 20：3n-9/22：6n-3 の比が 0.4 以上
リノール酸	体表の明化（白色化）（マスノスケ），脊椎湾曲（ソウギョ），発眼率および孵化率の低下，肝臓極性脂質脂肪酸組成中の 20：3n-9/20：4n-6 の比が 0.4 以上

| 表 11-5   淡水魚の必須脂肪酸要求量（%） ||
必須脂肪酸の種類	要求量
リノレン酸	ニジマス，1
n-3 高度不飽和酸	ニジマス，0.5
リノレン酸＋リノール酸	ウナギ，0.5＋0.5；コイ，1＋1
n-3 高度不飽和酸＋リノール酸	ソウギョ，0.5＋1
リノール酸	ティラピア，1

同様に，肝臓極性脂質中の 20：3n-9/20：4n-6 の比が，一方，n-3 系列酸を要求するニジマスでは 20：3n-9/22：6n-3 の比が用いられ，それぞれ 0.4 以下のときに必須脂肪酸要求量が満足される．n-6 および n-3 の両系列酸を要求するコイやソウギョの場合には，両方の比が用いられる．これらの魚では，飼料中に添加したリノレン酸は魚体内における n-6 系列酸の転換を阻害することから，20：3n-9/20：4n-6 の比は 0.6 以下，20：3n-9/22：6n-3 の比は 0.4 以下のときに，それぞれの必須脂肪酸要求量が満たされる．

　淡水魚の必須脂肪酸要求の特徴としては，生息水温に大きく左右されること，要求量は 0.5 ～ 1 ％の範囲にあること，要求性が異なっても成長に対する効果はいずれの魚種においても，リノール酸に比較してリノレン酸が高いことなどである．ただし，ソウギョの場合，必須脂肪酸欠乏により発生する脊椎湾曲症の予防にリノール酸は有効であるが，リノレン酸にはその効果がない．これは，哺乳類の皮膚炎防止などにおける，リノール酸とリノレン酸の関係に似ている．

　必須脂肪酸の過剰摂取により，成長や飼料効率の低下，肝臓の萎縮などが見られる．ニジマスでは飼料脂質中にリノレン酸が 80 ％以上，n-3 高度不飽和酸が 30 ％以上含まれている場合に過剰症が発生する．

b．飼料中の脂質適正量

　肉食性魚類の場合には炭水化物の利用性が劣ることから，脂質を用いて飼料中のエネルギー含量を増加し，タンパク質のエネルギー源としての利用を制限することにより，結果的に飼料中のタンパク質量を減じることが可能である．これを，脂質によるタンパク質節約効果（protein sparing effect）という．ニジマスにおいて，飼料の適正タンパク質含量は，エネルギー源として脂質を 15 ％用いたとき，デンプンを主に用いた場合（このときの脂質含量 5 ％）に比べ，5 ～ 7 ％減じることができる．

　一方，炭水化物を利用できるコイやティラピアでは，飼料のエネルギー含量が要求量を満足すればエネルギー源は炭水化物でも脂質でもよい．コイの場合，飼料の可消化エネルギー含量を $310 \sim 360\,kcal/100\,g$ にすることにより，成長や飼料効率に影響することなく，タンパク質含量を $39\,\%$ から $32\,\%$ に削減できる．

　必須脂肪酸要求量は飼料中の脂質含量によって左右され，ニジマスでは飼料の脂質含量が $5\,\%$ のとき，リノレン酸は $1\,\%$，n-3 高度不飽和酸は $0.5\,\%$ であるが(表11-5)，脂質含量が $15\,\%$ になるとそれぞれ $3\,\%$ と $1.5\,\%$ に増加する．したがって，ニジマスでは，飼料の脂質中にリノレン酸が $20\,\%$，n-3 高度不飽和酸が $10\,\%$ 程度含まれていればよいことになる．

(4) ビタミン

　淡水魚および海水魚における，ビタミンおよびミネラル欠乏により生じる主な症状をまとめて表 11-6 に示す．ビタミン要求量や飼料へのビタミン添加推奨量については，成書を参照されたい．

a．脂溶性ビタミン

　ビタミン A にはビタミン A_1（全トランスレチノール）とビタミン A_2（3-デヒドロレチノール）があり，ニジマスの肝臓中ではこの両者の比は $1:3$ であり，血液中にはビタミン A_1 のみが存在する．淡水魚のビタミン A は A_2 が主体で，遡河性の魚は A_1 よりも A_2 が多いが，降河性の魚は逆に A_2 よりも A_1 が多く，一方，海水魚では A_1 が主体である．生理活性はビタミン A_1 の 1 に対して，ビタミン A_2 は 0.4 といわれている．ビタミン A 欠乏症としては眼球の出血や突出，鰓蓋の異常（発育不全や反曲）が特徴的である．

　ビタミン E（DL-α-トコフェロール）の欠乏によりコイ，ソウギョ，ティラピアでは筋萎縮を伴う脊椎湾曲が見られる（図 11-7）．一方，コイやウナギに比較して，ニジマスなどのサケ・マス類のビタミン E 要求量は少なく，通常，欠乏症を示さない．しかし，飼料中に不飽和度が高い脂質を $15\,\%$ 増加させると，食欲不振，成長低下とともに，7 週目頃より激しい痙攣や狂奔状態を呈する．これは飼料脂質中の不飽和度の増加に伴い，ビタミン E の要求性が高まるためである．哺乳類では，ビタミン E（mg）/ 多価不飽和脂肪酸（g）の比が指標に用いられ，0.6あるいは 0.8 以上ならばよいとされるが，魚類におけるこの比は明らかではない．

表 11-6　淡水魚および海水魚におけるビタミンとミネラルの欠乏および過剰により生じる主な症状

症　状	欠乏する栄養素
摂餌不活発	すべての水溶性ビタミン，リン，マグネシウム，亜鉛
遊泳異常	
運動不活発	VB_1，VB_2，VB_6，パントテン酸，葉酸，ナイアシン，VC，マグネシウム
平衡感覚失調	VB_1，VB_6
神経過敏	VE，VB_1，VB_6，ビオチン，マグネシウム
形態異常	
前湾症	VE，VC，マグネシウム
側湾症	VC，リン
短躯症	VB_2，マンガン，亜鉛
脊椎骨変形	VK，銅，マンガン
脊椎骨癒合，尾骨変形	VA（過剰投与）
眼球異常	
白内障，白濁	VB_1，VB_2，マグネシウム，亜鉛，セレン
眼球突出	VA，VE，VB_1，VB_6，VC
体　色	
明　化	VA，VE，VB_1，コリン，リン
白　化	VA（ヒラメ）
暗　化	VB_1，VB_2，VB_6，葉酸
黒　化	VD（過剰投与，ヒラメ）
その他	
貧　血	VA，VE，VB_2，VB_6，葉酸，ナイアシン，VB_{12}，VC，鉄
テタニー（筋肉痙攣）	VD，VK，ナイアシン
筋萎縮（セコケ病）	VE，セレン
水　腫	VA，VE，VB_1，VB_6，ナイアシン
皮膚や鰭の炎症やびらん	パントテン酸，ナイアシン，葉酸，亜鉛

VB_1：ビタミンB_1，VB_2：ビタミンB_2，VB_6：ビタミンB_6，VB_{12}：ビタミンB_{12}，VC：ビタミンC，VA：ビタミンA，VD：ビタミンD，VE：ビタミンE，VK：ビタミンK.

b．水溶性ビタミン

　欠乏症が早く出現するビタミンはビタミンB_6，パントテン酸，コリンなどがあげられる．これらの欠乏は 3 〜 14 日前後で見られる．コリンはリン脂質の重要な構成成分で，魚類の多くが炭水化物に比べて脂質をエネルギー源としてよく利用することから，要求性が高いのであろう．ビタミンB_2 も比較的早く欠乏症が出現し，コイ，ティラピアでは 20 日前後である．一方，欠乏症が比較的遅く発現するビタミンはビオチン，ビタミンB_{12} などである．なお，ビタミンCの大量投与（要求量の 10 〜 100 倍，300 〜 3,000 mg/kg）により，アメリカナマ

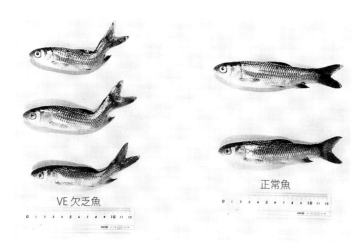

図 11-7　ビタミン E（VE）欠乏によるソウギョの脊椎湾曲
（竹内俊郎：化学と生物，日本農芸化学会，1991 を一部改変）

ズ（*Ictalurus punctatus*）でエドワジェラ菌の感染に対する生体防御能が増大する.

（5）ミ ネ ラ ル

　淡水魚はミネラルの摂取が必要であり，主要なミネラル 5 種（カルシウム，リン，マグネシウム，ナトリウム，カリウム）および微量ミネラル 8 種（鉄，銅，マンガン，亜鉛，コバルト，セレン，ヨウ素，フッ素）が必須といわれている．欠乏症の主なものをまとめて表 11-6 に示す．なお，ミネラル要求量については成書を参照されたい.

　カルシウムは河川水などに多く含まれ，これを魚は鰓や体表面から直接吸収するため，ウナギを除いて飼料への添加の必要性は認められない.

　リンの欠乏症や要求量は魚種間で違いはなく，欠乏すると脊椎骨の異常が顕著であり，さらに，魚体中の脂質含量が増加する．要求量は 0.6 ～ 0.8 ％である.

　微量元素では亜鉛の影響が大きく，欠乏により，短躯症や白内障が発生するのみならず，親魚や産出された卵にも影響し，発眼率や孵化率の低下，親魚の脊椎骨および卵の Zn 含量の低下などが見られる．さらに，前述した魚粉中に含まれる不溶性リンや植物性原料に含まれるフィチン酸は，亜鉛などの微量元素の吸収を阻害することから，配合飼料への微量元素の添加量には十分な注意が必要である.

2. 海　水　魚

　生息水温や食性さらに生産量を考慮し，ここではブリ（スズキ目，アジ科），ヒラメ（カレイ目，ヒラメ科）およびマダイ（スズキ目，タイ科）を取りあげる（図11-8）.

　淡水魚と異なり，海水魚は絶えず体内の水分が浸透圧の違いにより失われる.そのため，以前は水分を含んだ飼料を与えなければ海水魚は飼育できないといわれていたが（特にブリ），近年の研究により，いずれの海水魚も淡水魚と同じように，乾燥固形ペレットで飼育できることが明らかになった.これは魚種の違いにかかわらず，いずれの海水魚も大量の海水を飲み，塩分を濃い尿として排泄できるためである.

図 11-8　海水魚の形態
左：ブリ…温水性（12 ～ 29 ℃），魚食性. 右：マダイ…温水性（13 ～ 26 ℃），雑食性.
（ブリの写真提供：旧日本栽培漁業協会）

1）消化器の形態

　主な海水魚の消化器の概略を図11-9に示す.

　ブリの胃はY型で，幽門垂は200 ～ 300 本とよく発達し，腸はウナギと同様2回湾曲し，N字状を呈している.ヒラメの胃はト型で，幽門垂は4本，腸は前方で1回転している.マダイの胃はY型で，幽門垂は4本，腸は4回湾曲している.魚食性のブリ，ヒラメのRLG（腸長 / 体長の比）はそれぞれ0.5 ～ 0.7 および0.4

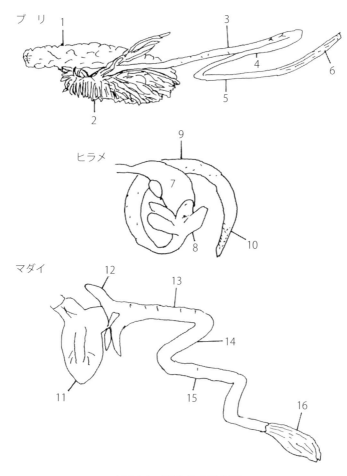

図 11-9　海水魚の消化器

　ブリ…1：胃，2：幽門垂，3：前腸，4：中腸，5：後腸，6：直腸，腸長 / 体長：0.5 〜 0.7.
　ヒラメ…7：胃，8：幽門垂，9：腸，10：腸，腸長 / 体長：0.4 〜 0.5.
　マダイ…11：胃，12：幽門垂，13：前腸，14：中腸，15：後腸，16：直腸，腸長 / 体長：
1.1 〜 1.5. （日本水産資源保護協会：主要養殖魚の解剖図，石崎書店，1980 を参考に作図）

〜 0.5 と体長に対して腸はきわめて短く，雑食性のマダイのそれは 1.3 前後である．このように，魚類の RLG は淡水魚，海水魚を問わず，食性と相関があり，魚（肉）食性，雑食性，草食性の順にこの比は大きくなる．

2）栄養素の消化と吸収

　炭水化物の消化および吸収の目途となるアミラーゼ活性は，マダイはコイの
1/2，ブリはマダイの 1/6 といわれ，ブリがきわめて劣っている.

　孵化後から成魚の特徴を示すまでの初期発育段階の魚を仔稚魚と呼ぶが，この
時期の消化吸収機構に特徴が見られる. 仔魚では胃腺が消化酵素の分泌組織とし
て重要であり，胃腺の分化の時期と成魚で見られる消化系が完成する時期とがほ
ぼ一致する. 淡水魚のティラピアや卵黄量が多いサケ・マス類を除き，多くの魚
類，特に海水魚では，孵化後数十日まで胃腺の働きなしで，餌・飼料を消化吸収
しなければならない. そのため，タンパク質は直腸上皮細胞で飲作用により直接
摂取される. 糖質や脂質の消化吸収様式は成魚と同じであるが，仔魚の場合，前
中腸上皮細胞が再合成によりできたトリアシルグリセロールやグリセロリン脂質
を，大型の脂質滴として一時的に蓄積するのが特徴である.

3）栄養素の代謝と利用

　海水魚における特徴的な代謝はタウリンと脂肪酸に見られる.

　タウリンは通常メチオニンがシスタチオニン，システインを経たのち，システ
イン硫酸，ヒポタウリンとなり，その後生合成される（図 11-10）. 淡
水魚はこのメチオニンからタウリンを合成する経路を持っている. 一方，
ヒラメ仔稚魚はメチオニンからシスタチオニンを合成するが，その下流
は合成できない. さらに，ブリおよびマダイでは，セリンからシスタチ
オニンを合成できない. また，システイン硫酸脱炭酸酵素（CSD）の活
性がブリ，マダイ，ヒラメ，クロマグロ（*T. orientalis*）などはニジマス
に比較して微弱である. そのため，

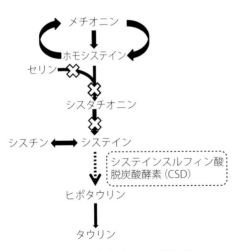

図 11-10　タウリンの代謝経路
×および破線は代謝経路がないか，微弱であることを示す.

海水魚の多くはネコと類似した代謝を持つ可能性が高い.

　図 11-11 には 1-^{14}C でラベルしたリノール酸とリノレン酸を用いて，海水魚（イシビラメ，*Psetta maxima*）と淡水魚（ニジマス，ソウギョ）における脂肪酸転換の違いを示す. ヒラメでは 20：2n-6 や 20：3n-3 に活性が見られるのみで，その後の脂肪酸に 1-^{14}C の活性がない. 同様のことが，他の海水魚（クロダイ（*Acanthopagrus schlegeli*），メジナ（*Girella punctata*），ボラ（*Mugil cephalus*）など）にも見られ，これは海水魚の一般的な特徴である. この理由は，海水魚には Δ6，Δ5 および Δ4 不飽和化酵素の活性が欠損しているかきわめて微弱なため，それぞれの転換が進まないことによる. その結果，海水魚は淡水魚と異なり n-6 系列のアラキドン酸，n-3 系列のエイコサペンタエン酸やドコサヘキサエン酸を必須脂肪酸として強く要求することになる. このようなリノール酸とリノレン酸の代謝阻害は，哺乳類のネコにも見られる. なお最近，カマスなどで n-6 および n-3 系列酸の最終代謝産物である 22：5n-6 および 22：6n-3 は，破線で示した経路

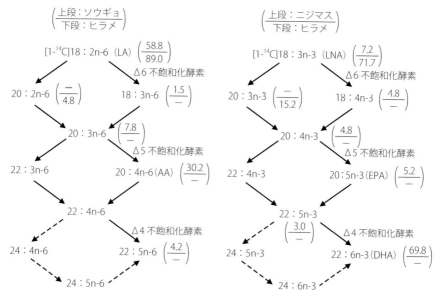

図 11-11　魚体脂肪酸中における [1-^{14}C] 脂肪酸の代謝（比放射能活性，%）
かっこ内の上段はソウギョ（左図）またはニジマス（右図），下段はイシビラメの結果.
LA：リノール酸，LNA：リノレン酸，AA：アラキドン酸，EPA：エイコサペンタエン酸，
DHA：ドコサヘキサエン酸.

で主に生合成されることがわかった.

<h2 style="text-align:center">4）食性，栄養素要求性と欠乏</h2>

　表 11-7 に海水魚の飼料中デンプン，タンパク質および脂質の適正量と必須脂肪酸要求量をまとめて示す.

（1）炭 水 化 物

　海水魚の 2)「栄養素の消化と吸収」の項で述べたように，海水魚の α-アミラーゼ活性は低く，そのため飼料中の α-デンプン適正量は低い（表 11-7）. 特に，ブリのデンプン適正量は 5 ％以下と極端に低くなっている.

（2）タンパク質

a．必須アミノ酸の欠乏症と要求量

　海水魚における必須アミノ酸の欠乏や要求量に関する研究は少なく，わずかに

表 11-7　海水魚の飼料中タンパク質，デンプンおよび脂質の適正量と必須脂肪酸要求量

魚　種	タンパク質含量（%）	α-デンプン含量(%)	エネルギー（E）または脂質(CL)含量 [1]	必須脂肪酸要求量（%）[2]
ブ　リ（幼魚以上）	45～55	5以下	CL, 15～30	n-3HUFA, 2
（仔稚魚）	50<			n-3HUFA, 3.9 <；DHA, 1.4～2.6 または DHA, 1.4 + EPA, 4
マダイ（幼魚以上）	45～55	20以下	CL, 10～15	n-3HUFA, 0.5-1
（仔稚魚）	50<			n-3HUFA, 3-3.5；DHA, 1.0～1.6
ヒラメ（幼魚以上）	50～60	19以下	CL, 10-15；E, 360	n-3HUFA, 1.1～1.4
（仔稚魚）	55-6			n-3HUFA, 3 <；EPA または DHA, 1.0～1.6

[1] E：可消化エネルギー含量（kcal/100g），CL（%）.
[2] n-3HUFA：n-3 高度不飽和酸，EPA：エイコサペンタエン酸，DHA：ドコサヘキサエン酸.

表 11-8　海水魚の必須アミノ酸 * 要求量

魚　種	Arg	His	Ile	Leu	Lys	Met & Cys	Phe & Tyr	Thr	Trp	Val	Tau
ブ　リ	3.9	2.6	2.6	4.7	5.3	1.8	3.1	4.9	0.7	3.0	0.4<
マダイ			1.0	3.1					0.8		0.5<
ヒラメ	3.4	1.3	2.0	3.9	4.6	1.9	3.8	2.3	0.5	2.5	
（仔稚魚）											(1.5～2.0)

*飼料タンパク質%当たり. Tau：タウリン.

表 11-8 に示す結果が明らかにされているにすぎない．欠乏症に関する報告はほとんどない．

ヒラメ仔稚魚の成長や魚体中のタウリン含量は，飼料中のタウリン含量の増加とともに増加し，15 ～ 20 mg/g でほぼ一定になる．この量は，タウリンの成長効果が認められるグッピー（*Poecila reticulata*）の 5 mg，ネコの 0.8 mg に比較して著しく高い．タウリンを添加した飼料でヒラメを飼育すると，無添加の魚に比較して，摂餌の際により機敏になるが，ニジマスとは異なり，尿中にタウリンが検出されない．一方，全く魚粉を使用しない飼料で 100 g 以上のブリやマダイを飼育すると，緑肝症を生じるが，マダイの場合，この症状は飼料に 2 ～ 3 mg/g のタウリンを添加することにより改善される．これは，魚粉には 5 mg/g 前後のタウリンが含まれているが，植物性原料のみでは，ほとんどタウリンが含まれないためである．緑肝症は，タウリンの不足による胆汁色素の排泄抑制とともに，タウリンとコレステロールの不足により引き起こされる胆汁酸塩の低下と，それに伴う胆汁形成不良により発症する．タウリンは海水魚に対して，①仔稚魚の成長・生残率の向上，②摂餌行動の正常化，③緑肝症の防止，④浸透圧の調整などの効果がある．

b．飼料中のタンパク質適正量

淡水魚に比較して，海水魚の飼料中のタンパク質適正量はさらに高く，いずれの魚も 45 ％以上である．仔稚魚の場合には，50 ％以上のタンパク質含量が必要であるが，その中でもヒラメは，エネルギー源として特に炭水化物と脂質を利用しにくく，しかも，幼魚（50 g 以上）の最大日間摂餌率（体重当たり）がブリやマダイの 8 ％または 5 ％と比較して 3 ％と低いため多くなる．

（3）脂　　質

脂質はエネルギー，必須脂肪酸および脂溶性ビタミンの給源である以外に，仔稚魚で必須のリン脂質や，マダイ親魚の体色や卵質の改善に有効なカロチノイドを供給する．

a．必須脂肪酸の欠乏症と要求量

表 11-9 に必須脂肪酸欠乏症を示す．海水魚の場合には，代謝の項で述べたように，不飽和化酵素の欠損などにより，リノレン酸やエイコサペンタエン酸はド

表 11-9　海水魚の必須脂肪酸欠乏症

必須脂肪酸の種類	欠乏症状
n-3 高度不飽和酸	遊泳異常（ショック症状），脊椎湾曲・屈曲（マダイ，スズキなど）*，皮膚や鰭の炎症やびらん，浮上卵率および正常稚魚の生残率の低下（マダイ），肝臓極性脂質脂肪酸組成中の 18：1/Σ20 ＜：n-3 の比が 1 以上
ドコサヘキサエン酸 *	活力の低下，遊泳異常（旋回運動），水症の発生（マダイ），体色の白化（ヒラメ）

*1 g 以下の仔稚魚期.

コサヘキサエン酸に代謝されないことから，必須脂肪酸の指標として，20：3n-9/22：6n-3 の比を用いることができず，18：1/Σ20 ＜：n-3（オレイン酸 / 炭素数 20 以上の n-3 脂肪酸の総和）の比で表し，この値が 1 以下のとき必須脂肪酸である n-3 高度不飽和酸の要求量を満たすことになる．3 魚種の要求量を比較すると，ブリが 2 ％と最も高い．

　海水魚は必須脂肪酸として n-3 高度不飽和酸の要求性が高いが，その中でもドコサヘキサエン酸の有効性が仔稚魚期に特に顕著である．仔稚魚はドコサヘキサエン酸が不足すると，遊泳異常や水膨れのような水症を発生するとともに，活力が低下する．この活力とは，タモ網で魚をすくい上げ，数秒から数十秒間空気中に曝し，その後水槽に戻し，24 時間後の生残率を調べるもので，乾出試験ともいわれる．マダイでは，エイコサペンタエン酸含有餌料で高い成長や生残率が得られるが，活力は低下し，魚を網ですくったり移動したりすると大量に死んでしまう．現在は表 11-7 に示すように，仔稚魚のドコサヘキサエン酸要求量が明らかにされたことから，取上げや移動による大量死は減少した．ドコサヘキサエン酸要求量はブリが最も多い．また，海水魚は仔稚魚期にアラキドン酸も要求するといわれるが，その量は 0.2 〜 0.3 ％と n-3 高度不飽和酸量に比較してかなり低い．

　さらに，ブリの場合にはドコサヘキサエン酸と行動との間に密接な関係が見られる．天然のブリは群をなして行動するが，その行動は通常全長が 12 mm 前後で発現する．この時期に，餌料の脂質としてオレイン酸を用いて飼育したブリは水槽内で分散し，エイコサペンタエン酸の場合には蝟集し，ドコサヘキサエン酸で飼育した場合にのみ通常の群泳を示す（図 11-12）．この時期のブリでドコ

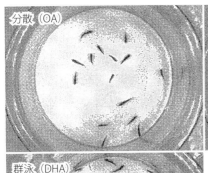
分散（OA）

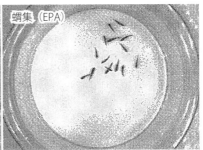
蝟集（EPA）

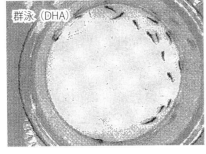
群泳（DHA）

図 11-12　ブリ仔稚魚の行動発現に及ぼす各種脂肪酸の影響
左上：オレイン酸（OA）強化アルテミア摂餌区，右上：エイコサペンタエン酸（EPA）強化アルテミア摂餌区，左下：ドコサヘキサエン酸（DHA）強化アルテミア摂餌区.

サヘキサエン酸は脳神経系の中枢に関与することがわかっている.

b．リン脂質要求

　仔稚魚の多くはリン脂質を要求する．欠乏すると，成長低下や形態異常（下顎の変形，体側湾など）が観察される．これは，仔稚魚期のリン脂質生合成能が劣るためと考えられている．しかし，リン脂質の形態により効果が異なり，ホスファチジルコリンおよびホスファチジルイノシトールは有効であるが，ホスファチジルエタノールアミンに効果がない．ヒラメの場合，ロドプシンを構成するリン脂質は哺乳類のホスファチジルエタノールアミンとは異なりホスファチジルコリンであること，ホスファチジルイノシトールには特異的にアラキドン酸が結合していることなどが知られ，リン脂質の種類とその役割は興味深い．飼料中のリン脂質要求量はホファチジルコリン換算で 1.5 〜 2 ％である．しかし，成長するとリン脂質を必要としないともいわれており，孵化後いつまで必要なのかは明らかでない．

c．カロテノイド

　魚は色とりどりの色彩を呈しているが，その色調を司っているのはカロテノイドである.

　マダイやエビ類の赤色はアスタキサンチン，マグロやブリおよびアユ側線の黄色はツナキサンチンやルテインである．養殖魚の場合，これらの色素を飼料に添加しないと，マダイはクロダイのような体色になってしまう．黒くなる理由は太陽光（紫外）線に当たることも原因である．甲殻類は β - カロテンをアスタキサンチンに生合成できるが，マダイやサケ科魚類はできない．また，哺乳類とは異なり，ブリ，マダイ，ティラピアなど多くの魚類では，アスタキサンチンをツナキサンチンへ，カンタキサンチンを β - カロテンへ代謝できることが知られており，これらのカロテノイドはビタミン A の前駆体としても働く．さらに，マダイの場合には，親魚にアスタキサンチンを添加した餌を給餌しないと，生み出された卵の質が劣り，正常な孵化仔魚が得られない．理由は明らかではないが，アスタキサンチンは卵発生過程で使われる脂質の酸化防止に役立っていると思われる．このように，カロテノイドは魚種により変換経路がさまざまであるが，養殖魚の色彩を天然魚に近づけるため，あるいは魚自身の生理活性向上のために，大きな役割を果たしている．

（4）ビタミン

　ビタミンの欠乏症をまとめて表 11-6 に示す．なお，飼料へのビタミン添加推奨量については成書を参照されたい．

a．脂溶性ビタミン

　ヒラメを人工種苗生産すると，白化（有眼側体色異常），黒化（無眼側体色異常），体形異常とさまざまな形態異常が見られる（図 11-13）．これらの症状の多くは，ヒラメの変態時（孵化後から着底までの間）における何らかの因子が関わっていることが多い．特に，栄養成分が大きく関与するといわれている（図 11-14）．

　まず，白化に関しては，ビタミン A，リン脂質（主にホスファチジルコリン）およびドコサヘキサエン酸がその予防に有効といわれ，最近はさらに，n-6 系列のアラキドン酸などにも効果があるとされる．一方，ビタミン A は過剰により椎体および尾部骨格に異常を発現させること，さらに，ビタミン A の代謝産物である全トランスレチノイン酸を孵化直後のヒラメに与えると，白化や頭部および尾部骨格などにも異常を発症させることがわかった．このような仔稚魚期（ワムシ，アルテミア給餌期）におけるビタミン A 過剰による椎体の異常は，ヒラ

図 11-13　ヒラメ（広域性（10〔21〕25℃），魚食性）の白化および黒化魚
左側（有眼側）：正常（上）と白化魚（下），右側（無眼側）：正常魚（上）と黒化魚（下）．
（竹内俊郎・芳賀　穣：化学と生物，日本農芸化学会，2000 を一部改変）

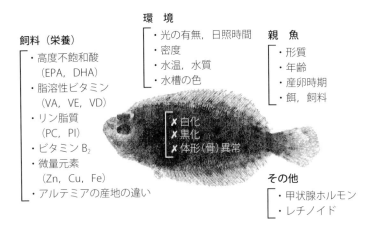

図 11-14　ヒラメの形態異常に関わるといわれている諸因子
EPA：エイコサペンタエン酸，DHA：ドコサヘキサエン酸，VA：ビタミン A，VE：ビタミン E，PC：ホスファチジルコリン，PI：ホスファチジルイノシトール，Zn：亜鉛，Cu：銅，Fe：鉄．

メの他にマダイやヒラマサ（*Seriola aureovittata*）にも観察される．アルテミア給餌期におけるヒラメのビタミン A 適正量および過剰量は，乾燥重量 g 当たりそれぞれ，50 IU および 400 IU である．

　一方，黒化発現の要因の 1 つにビタミン D が関与し，全長 10 〜 12 mm のヒラメにビタミン D 強化飼料（200 IU/g）を与えると，尾柄部を中心に黒化割合が増加する．なお，全長 20 mm 以降（着底後）に水槽の底に砂などを敷くことにより，黒化の進行が抑えられる．すなわち，ストレスや体表面との接触刺激が黒化の発現，予防に大きく影響している．

b．水溶性ビタミン

　ビタミン B_1 は淡水魚のコイやフナ（*Carassius auratus*），海水魚のカタクチイワシ（*Engraulis japonica*），さらに貝類や甲殻類などに広く分布しているチアミナーゼにより失活する．そのため，ブリやマダイの餌料としてカタクチイワシやサンマ（*Cololabis saira*）を長期間投与すると，魚は平衡感覚の喪失などのビタミン B_1 欠乏症を呈する．生餌や MP（モイストペレット）を与える際には，ビタミン B_1 製剤とともに給餌することが多い．

　ビタミン C が欠乏すると，ブリ稚魚では成長停止，体色暗化，遊泳不活発，斃死率の増加，脊椎湾曲（前湾，側湾），魚体筋肉軟化などが観察される．養殖魚は病気が多発しやすいが，ブリ稚魚の連鎖球菌感染症やマダイ稚魚のイリドウイルス感染症に対して，ビタミン C は効果があるといわれている．ビタミン C としての L- アスコルビン酸は安定性に欠けることから，海水魚用の EP には，熱安定性に優れたビタミン C 誘導体（1 つあるいは数個のリン酸と結合させたもの）が広く用いられている．

(5) ミネラル

　欠乏症を表 11-6 に示す．海水中にはミネラルが豊富に含まれているばかりでなく，海水魚は海水を飲むことにより腸管からそれらミネラルを吸収し，体内に取り入れることができる．そのため，ブリやマダイで欠乏症を引き起こすミネラルはリンと鉄程度である．リン欠乏としては，脊椎側湾が主な症状で，要求量は淡水魚と同様に 0.7 ％前後である．

　NaCl の適正量はヒラメ，ニジマス稚魚とも 2.5 ％（体重 kg 当たり 1 日 1.5 g および 0.5 g）前後，過剰量はヒラメ稚魚で 5 ％（同 3.2 g），ニジマス稚魚で 7.5 ％（同 1.4 g）である．体重当たりに換算すると，ヒラメの方が NaCl に対する耐性がある．

3．エビ類の栄養学

　エビ類（十脚（エビ）目）は約 2,500 種類ほど知られているが，養殖されている種類は淡水ではオニテナガエビ（*Macrobrachium rosenbergii*）やアメリカザリガニ（*Procambarus clarki*），汽水および海水ではクルマエビ（*Marsupenaeus japonicus*），ウシエビ（ブラックタイガー，*Penaeus monodon*），バナメイエビ（ホワイトシュリンプ，*Litopenaeus vannamei*）など数種類に限られる．世界のエビ養殖生産量は 433 万 t（2012 年）で，その 65 ％強がバナメイエビである．国内では主にクルマエビが養殖され，その生産量は 1,596 t である．

　魚類ではないが主要な水産動物であるエビの栄養学の特徴を述べる．エビ類は雑食性であるが，クルマエビは肉食に近く温帯水域（中国および日本：8 ～ 34 ℃）に，ウシエビは草食に近く熱帯・亜熱帯水域（東南アジア：10 ～ 39 ℃）に，バナメイエビも草食に近く，やはり熱帯・亜熱帯水域（中国，東南アジア，中南米：14 ～ 34 ℃）にそれぞれ生息し，各地域で養殖されている．表 11-10 にエビ類の栄養要求とその特徴をまとめて示す．

表 11-10　エビ類の栄養要求

タンパク質
　適正量：22 ～ 57 ％（オニテナガエビ：30 ～ 35 ％，クルマエビ：45 ～ 57 ％，ウシエビ：35 ～ 46 ％，バナメイエビ：30 ～ 40 ％，アカオエビ：22 ～ 27 ％，ロブスター：31 ％）
　必須アミノ酸（10 種類）：アルギニン，メチオニン，バリン，スレオニン，イソロイシン，ロイシン，リジン，ヒスチジン，フェニルアラニン，トリプトファン
炭水化物
　適正量：24 ％（クルマエビ：マルトースとして）
脂　質
　適正量：6.5 ～ 16.5 ％（クルマエビ）
　必須脂肪酸：1 ％（DHA ＝ EPA ＞リノレン酸＞リノール酸）
　ステロール：1 ％前後（コレステロール）
　リン脂質：1 ％前後
ビタミン
　種類：魚類とほぼ同じ
　ビタミン C：要求量は 0.5 ％以下．飼料への添加量は 1 ％以上
ミネラル
　種類：リン，マグネシウム，カリウム，銅，亜鉛など

　エビ類の間で最も栄養要求が異なるのはタンパク質適正量である．食性の違いにより22〜57％と範囲が広い．必須アミノ酸の種類は魚類と同様10種類である．なお，バナメイエビでは飼料中に植物性原料を73％使用した場合には，タウリンを要求することがわかっている．

　炭水化物としては二糖類や多糖類に比較して単糖類（グルコース）を利用しにくい．この点ニジマスと類似している．

　クルマエビの必須脂肪酸の効果としては，エイコサペンタエン酸やドコサヘキサエン酸の方がリノール酸やリノレン酸に比較して優れている．ステロールやリン脂質も必須である．これは，脂質の移動に際してはリン脂質の形で行われること，コレステロールの代謝には不飽和脂肪酸を含むリン脂質が使用されること，ゾエア・ミシス（仔稚エビ）期では，リン脂質合成を司る酵素活性が微弱であることなどによる．

　ビタミンではビタミンCの要求量に対してはるかに超える量を飼料に添加する必要がある．これは，エビ類は魚類と異なり少しずつ摂餌するため，水溶性のビタミンが水中に溶出しやすいばかりでなく，水と接触することによりビタミンCが破壊されやすいためである．現在，安定性に優れたビタミンC誘導体（リン酸ビタミンC，AP）が飼料に添加され，その使用量は削減された．ビタミンA，CおよびEは雌親エビの卵巣成熟に関与し，生殖腺体重比（GSI）の上昇に有効である．

　ミネラルでは，銅を含むヘモシアニンが甲殻類の酸素運搬血液色素であることから，血液色素が鉄由来である動物よりも銅の要求量が高いといわれる．なお，クルマエビではカルシウムを海水中から吸収することがアイソトープ実験により明らかにされている．

◇◇◇◇◇◇◇◇◇◇◇◇◇◇◇◇◇◇◇ **練 習 問 題** ◇◇◇◇◇◇◇◇◇◇◇◇◇◇◇◇◇◇◇

　11-1.　淡水魚と海水魚における消化器の形態の相違は何か説明しなさい．
　11-2.　魚にはどのような食性があるか，その特徴を栄養要求との関係から説明しなさい．
　11-3.　淡水魚と海水魚でタウリンと脂肪酸の代謝に大きな違いがあるがその理由を説明しなさい．
　11-4.　哺乳類と比較して魚の栄養要求の特徴は何か説明しなさい．
　11-5.　魚類とエビ類の栄養要求の違いを説明しなさい．

1-1. 栄養学は生命活動のために動物が摂取した物質と動物体との関係を明らかにする学問であり，その中で分子栄養学とは，栄養素を 1 つの分子としてとらえ，個々の栄養素の能力を探究する，あるいは栄養素が他の生体内分子（例えば，遺伝子，タンパク質，他の化学分子）にどのように働きかけるのかを明らかにする学問である．

2-1. n-6 系：リノール酸，n-3 系：α-リノレン酸

2-2. n-3 系必須脂肪酸のエイコサペンタエン酸やドコサヘキサエン酸を豊富に含む.

2-3. ①消化や体内のさまざまな代謝過程で生じている加水分解反応に必要である．②酵素反応は水溶液中で起こるので，酵素反応の場として必要である．③酸素や二酸化炭素，栄養素や老廃物，ホルモンなどの輸送，乳汁分泌など物質の輸送に必要である．④恒温状態を維持しやすくしている．⑤体芯から体表面への血液による熱の移動に役立っている．⑥肺や気道，皮膚からの水の蒸散による体温低下に重要な役割を果たしている．

2-4. 必須多量元素はカルシウム（Ca），リン（P），マグネシウム（Mg），ナトリウム（Na），カリウム（K），塩素（Cl），イオウ（S）．必須微量元素は鉄（Fe），亜鉛（Zn），銅（Cu），マンガン（Mn），コバルト（Co），モリブデン（Mo），セレン（Se），ヨウ素（I），クロム（Cr）．

2-5. 血中カルシウムイオン濃度が低下傾向を示すと，副甲状腺ホルモン（PTH）と 1,25-$(OH)_2D$ が増加し，カルシトニン（CT）が減少する．その結果，骨からのカルシウム放出と腸管からのカルシウム吸収が増加し，尿中カルシウム排泄が減少する．血中カルシウム濃度が上昇傾向を示すと，PTH と 1,25-$(OH)_2D$ の低下，CT の増加が生じ，骨からのカルシウム放出が低下するとともに骨へのカルシウム沈着が増加し，腸管からのカルシウム吸収減少，尿中カルシウム排泄増加が生じる．

2-6. 鉄には調節性の排泄機構はない．肝臓中の鉄が増加すると，鉄代謝調節ホルモンであるヘプシジン分泌が促進され，ヘプシジンが小腸からの鉄吸収を抑制することによって恒常性が保たれている．

2-7. 機能鉄は酸素を運搬しているヘモグロビンや酵素に用いられている鉄のことであり，貯蔵鉄とは肝臓，脾臓，骨髄でフェリチンなどと結合している鉄である．鉄が不足すると，機能鉄の不足を補うために貯蔵鉄から血液中に鉄が供給される．

2-8. 銅の恒常性は，胆汁を介した排泄調節により恒常性が保たれているが，反芻動物，特にヒツジはこの排泄能力が低いため，銅過剰症が発生しやすい．

2-9. 錯角化症，脱毛，生殖機能低下，骨格奇形，免疫不全，インスリン抵抗性，味覚障害，採食低下，IGF-1 分泌抑制などによる成長遅延，飼料効率低下．

2-10. 食物繊維は単胃動物の胃と小腸で消化を受けないで大腸に到達する食事成分と定義され，多くの種類がある．反芻動物などの前胃発酵動物では，食物繊維の多くは発酵を受け主要なエネルギー源となっている．食物繊維は消化管内で食物繊維以外の種々栄養素の消化過程や消化管の生理機能に影響し，結果として体内代謝過程にも影響を及ぼす．主な作用として，小腸上皮細胞の活性化，消化酵素活性の減少効果，消化管ホルモンの酸性刺激，大腸細菌叢の改善などがあげられる．食物繊維の機能は，種類によって異なるが，溶性，粘性，イオン吸着能

などの物理・化学的性質による消化管への直接作用だけでなく，微生物発酵産物である短鎖脂肪酸の生理作用などを介した血清コレステロールの正常化や，内分泌系への影響，血糖値上昇抑制作用などが知られている．

2-11. 水溶性ビタミンは体液に溶け込んだ状態で体内に貯留され，尿中に排泄されやすいのに対し，脂溶性ビタミンは体脂肪に貯留されるため容易には排出されない．よって，水溶性ビタミンの方が欠乏症を発症しやすい．

2-12. ブタの方が大きい．β-カロテンからレチノールへの転換が可能な生産動物として，ニワトリを含むとニワトリが最も転換率が大きく，この順序は飼料摂取量が少ないほど，効率よく転換できることを示している．

2-13. 呼称にあるようにカルシウムであり，カルシフェロールはカルシウムの吸収と化骨を促進する作用を有する．

2-14. コバラミンは単独では吸収されることはなく，胃壁から分泌される内因子物質（IF）と結合した状態で吸収部位に認識される．よって，IF との結合が吸収における必要条件となる．

2-15. アスコルビン酸はビタミンとしての一般呼称はビタミン C であり，これを体内合成できないのはヒト，サル，モルモットと一部の鳥類である．

2-16. 第一胃が未発達な場合は内部に生息する微生物叢が安定していないため，本来微生物が合成して提供するビタミン B 群およびビタミン K が要求量を充足できないので，これらを飼料に添加する．

2-17. α-アミノ酸の基本構造は，不斉炭素原子が有する 4 本の結合子に，アミノ基，カルボキシル基および水素原子が結合した構造を有している．残る 1 本の結合子に結合する官能基の違いによってアミノ酸の種類が決定される．

2-18. アミノ酸は分子内に酸性基と塩基性基を持つ両性電解質で，酸と塩基の両方の性質を示しうる．しかし，酸性領域では -COO$^-$ が H$^+$ を受け取って -COOH となり，-NH$_3$ 基のみがイオン化するためアミノ酸は塩基として働き，アルカリ性領域では -NH$_3{}^+$ が H$^+$ を放出して -NH$_2$ となり，-COOH 基のみがイオン化（-COO$^-$）するためアミノ酸は酸として作用する．しかし，等電点では正負の電荷が釣り合って酸でも塩基でもなくなる．

2-19. α-ヘリックス，β-シート．

2-20. ペプチド結合（アミド結合）によって形成される有機物（分子量（1 万以上）に言及すればなおよし）．アミノ基とカルボキシル基を分子内に持つ有機物．

2-21. グリシン，アラニン，セリン，トレオニン（スレオニン），バリン，ロイシン，イソロイシン，フェニルアラニン，チロシン，トリプトファン，シスチン（システイン），メチオニン，アスパラギン酸，アスパラギン，グルタミン酸，グルタミン，ヒスチジン，アルギニン，リジン，プロリン．

2-22. アミノ酸の配列によって表される 1 次構造と，それ以後の α ヘリックスなどの立体構造によって表される 2 次構造，さらにはそれらが折りたたまって形成される 3 次構造と呼ばれる構造を示す様式が存在する．3 次構造はペプチド鎖内のアミノ酸分子が同じ鎖内の結合を作りやすいアミノ酸と結合するために起こり，この結合は水素結合，疎水結合ならびにイオン結合によるものである．これらの結合はアミノ酸同士の組合せが決まっている．さらに，蛋白質同士が結合して形成されると 4 次構造と呼ばれ，それぞれの蛋白質をサブユニットと呼ぶ

3-1. 視床下部の腹内側核にはグルコース受容ニューロンが存在し，外側野にはグルコース感受性ニューロンが存在する．グルコースの刺激に対し，グルコース受容ニューロンの活動は上昇し，グルコース感受性ニューロンの活動は低下する．これにより摂食は抑制される．

3-2. 血液脳関門は，内皮細胞が相互に密着結合した毛細血管とグリア細胞からなり，血液中の物質をニューロン側へ選択的に取り込む機能を持つ．血液脳関門は，一般に脂溶性の物質

を通過させるが，非脂溶性および難脂溶性の物質，生理活性ペプチドなどを通過させない．脳に必要な物質については担体および受容体を介して取り込む．

3-3. 体重の増減に最も影響するのが脂肪組織である．レプチンは白色脂肪細胞から血中に分泌され視床下部に作用する．レプチンの分泌量は基本的に脂肪組織の量に比例する．レプチンには摂食を抑制し，エネルギー消費を増やす作用がある．したがって，レプチンが体重と摂食を結びつける重要な調節因子と見なされている．

4-1. 完全に分解された食塊は腸内細菌に容易に取り込まれ得るが，小腸管腔で部分的に消化し，その後刷子縁膜で完全に消化して体内に取り込むと，腸内細菌に奪われる部分が少なくなる．

4-2. 胆汁酸塩は，水溶液中で一定濃度以上になると極性部分を外側，非極性部分を内側に向けたミセルと呼ばれる集合体を形成し，モノアシルグリセロール，脂肪酸および遊離コレステロールなどを溶解して複合ミセルを形成する．複合ミセルは上皮細胞刷子縁膜に到達すると崩壊してミセル中の消化産物を放出し，放出された脂質の消化物は遊離の形で速やかに上皮細胞に吸収される．その後，ミセルを形成していた胆汁酸塩は管腔内に戻り，再び新たなミセル形成に利用される．

4-3. 促進拡散はトランスポーターの仲介で行われ，このトランスポーターの数には限りがあるので，物質が一定以上の濃度になると飽和するためである．

5-1. 絶食時熱産生量または基礎代謝

5-2. 維持のエネルギー必要量

5-3. エネルギー蓄積量

5-4. $23.8 - (7.3 + 1.7 + 9.5 \times 200/1,000) = 12.9$ Mcal

5-5. $21.2 - (9 \times 720/1,000) + 800/1,000 = 15.52$ Mcal

5-6. $400 - 85 = 315$ kcal（代謝エネルギー）
$315 - 145 = 170$ kcal（蓄積エネルギー）

5-7. $8 - (0.1 + 0.03 + 6) = 1.87$ Mcal（糞として排泄されたエネルギー）

5-8. 基礎代謝量（BMR）は絶食時における生存に最低限必要なエネルギー量で，維持の正味エネルギー（NEm）とも呼ばれ，ほとんどの生物において一定の値（代謝体重 1 kg 当たり70 kcal）を示す．一方，維持エネルギー要求量は日常活動の範囲内で体重の増減が見られないエネルギー要求量のことで，維持の代謝エネルギー（MEm）として表され，多くの場合，基礎代謝量の 1.5 倍程度である．

5-9. 動物ではタンパク質合成に必要なアミノ酸の約半分は，体内で全くあるいは十分に合成することができないため，飼料から摂取しなければならないアミノ酸を必須アミノ酸という．

5-10. 多くの試験結果から全卵タンパク質の利用率は，ほぼ 100 ％と考えられる．そこで，飼料タンパク質のアミノ酸組成と全卵タンパク質のアミノ酸組成（100 とする）を比較し，全卵必須アミノ酸に比べて不足するアミノ酸（第一制限アミノ酸）の％をそのタンパク質のケミカルスコアという．

5-11. 低タンパク質飼料を成長期の動物に給与した場合，比較的少量のアミノ酸を飼料に添加すると害作用が認められる場合があり，これをアミノ酸インバランスと呼ぶ．

5-12. アミノ基転移反応，酸化的脱アミノ反応，非酸化的脱アミノ反応

5-13. アミノ酸を構成する炭素骨格が，代謝される過程でピルビン酸や TCA サイクルの中間代謝物に合流するアミノ酸を糖原性アミノ酸という．糖原性アミノ酸には，すべての非必須アミノ酸とリジンおよびロイシン以外の必須アミノ酸が含まれる．

5-14. 飼料の消化率（％）＝（飼料摂取量－糞排泄量）/ 飼料摂取量

5-15. 窒素出納は，体内に取り入れられた窒素量（摂取窒素量）から体外に排泄された窒素量（排出窒素量）を差し引いた窒素量を示す．

5-16. 体タンパク質は，一見量的に普遍のように見えても，毎日一定量が新たに合成され，一定量が分解されている．これを，タンパク質の動的平衡と呼び，タンパク質の合成と分解を合わせてタンパク質代謝回転という．

6-1. 飼料の粗タンパク質含量（％）(0.6÷4.0)×100 = 15
　　　消化された粗タンパク質量（g）0.6×0.85×100 = 510
　　　糞中の粗タンパク質量（g）0.6×1,000 − 510 = 90
　　　真の消化率（％）((0.6×1,000 −(90 − 6×6.25))÷(0.6×1,000))×100 = 91.2

6-2. 加工によって飼料の物理（機械）的消化の程度に差が生じることと消化管の構造の違いを関係づけて述べる．消化管には口腔が含まれるので，口腔に歯を持つウシとブタについては，歯と胃の働きの特徴，口腔に歯を持たないニワトリについては胃の働きの特徴を中心に述べる．

6-3. 真の消化率　((62 −(15 − 5))÷62)×100 = 84
　　　生物価　((62 −(15 − 5)−(10 − 4))÷(62 −(15 − 5)))×100 = 88

7-1. ③

7-2. 飼料中のタンパク質は，胃および小腸でアミノ酸にまで消化され，小腸の吸収上皮細胞から吸収される．このように，消化物が大腸に送られたときには，ほとんどが吸収されている．また，大腸に棲息する微生物の発酵でアミン類やアンモニア類も生成するが，これらの窒素化合物がブタのタンパク質（アミノ酸）栄養に貢献することはないため．

7-3. 飼料中に含まれる必須アミノ酸の理想パターンとして，「理想タンパク質」が提唱されている．理想タンパク質は，リジンとそれ以外の必須アミノ酸の比率なので，リジンの要求量を推定できれば，他の必須アミノ酸の要求量も推定できる．

7-4. 小型動物は単位体重当たりのエネルギー要求量が大きいために，微生物発酵産物を主要なエネルギー源とすることができない．このことは反芻胃などのような前胃を消化管に備えることができないことを意味する．また，草食動物にとっては，微生物体タンパク質の利用は草類タンパク質利用において重要である．したがって，小型の草食動物では，前胃以外の場所に微生物が棲息し増殖する場所を消化管内に備え，エネルギーのみならずタンパク質栄養に組み込む必要がある．そこで，小型草食動物は盲腸を採用している．盲腸の消化管の中での位置と構造は，胃と小腸での消化を免れた食餌残渣の微生物による発酵と，血流中尿素態窒素の微生物体タンパク質合成に利用するために最も合理的な位置といえる．

7-5. 必然的に盲腸を消化管に備える必要のある小型草食動物では，盲腸内で微生物活動の結果生成する微生物体タンパク質，ビタミンなどを利用するために食糞をする．これによって反芻動物などの前胃発酵動物と同様に，血中尿素のタンパク質への再利用過程を効率よく全うすることができ，栄養源として質的，量的に劣る草類タンパク質の有効利用に寄与している．

7-6. この機能は現在2種類の様式が知られており，1つは粘液トラップ型と呼ばれる結腸内容物分離機能である．この様式では，結腸内容物中の微生物だけが粘液層に移行し，微生物を含む粘液が盲腸膨起内を通って盲腸へと運ばれる．もう1つは固液分離型結腸内容物分離機能で，この様式では，内容物の液状部分を粗剛な繊維質部分から分離し，微生物を含む液状部分だけを盲腸に送る．

7-7. ウサギでは，小腸から大腸に流入する繊維質の多くは盲腸に入らず，直接結腸へと運ばれる．結腸では微生物や可溶性成分を含む液状部分が固形繊維質から分離され，固形繊維質部分はそのまま排泄されるので，摂取した繊維質の多くは微生物消化を十分に受けることができない．

7-8. 生卵がタンパク質分解酵素であるトリプシンを阻害するため．

7-9. アルギニンは尿素サイクルにおいて合成されるが，ネコでは尿素サイクルが不活発のため．

7-10. ブタは雑食性動物で，結腸は円錐形のらせん状に3〜4回転してから頂点で反転してそれらの内側を回転し，全体を腸間膜でまとめられた特有の円錐結腸を形成している．

7-11. ウマは草食性動物で，盲腸と結腸（大結腸と小結腸）がともにきわめて大きく，腹腔の大部分を占め，微生物発酵により，繊維成分の消化を行っている．

7-12. ウサギは草食性動物で，盲腸が身体のサイズに比べて，家畜の中で最も大きく発達しており，先端部は他の部分より細長い虫垂を形成している．

7-13. イヌは肉食性動物で，小腸と大腸の合計の長さは体長の5倍程度で，草食性や雑食性の動物のものに比べて著しく短い．イヌの盲腸は外見では短く見えるが，後方に向かってコイル状に回転しており，伸ばすと12〜15 cmになる．

7-14. ネコは肉食性動物で，小腸と大腸の合計の長さは体長の4倍程度で，イヌのものよりさらに短く，盲腸も2〜3 cmの円錐形またはコンマ状の憩室で，きわめて短い．

7-15. ラットに比べて，モルモットでは小腸よりも大腸が発達しており，特に盲腸はきわめて大きく，腹腔の1/3程度を占め，結直腸の長さも，ラットの4倍程度で著しく長い．

8-1. 濃厚飼料に多く含まれる易発酵性炭水化物の分解により，ルーメン内発酵が急激に昂進してVFA濃度が高まる亜急性アシドーシス（SARA）をもたらす．SARAは繊維消化性減少や乳脂率低下の他に，蹄病，第四位変異や肝膿瘍といった疾病の原因になるとともに繁殖成績の低下にもつながるとされている．

8-2. プロピオン酸．他の主要なVFA（酢酸と酪酸）はTCA回路内で酸化されて消失する．

8-3. 濃厚飼料多給によるルーメン内プロピオン酸産生増加がインスリンを介して血中脂肪酸の利用性を低下させる糖産生説と，多価不飽和脂肪酸の給与がトランス脂肪酸を介して乳腺での脂肪酸合成を阻害するトランス脂肪酸説がある．

8-4. 飼料摂取量が増加するとルーメンからの飼料流出速度が高まり，飼料消化率が低下する．特に乳牛などの高生産牛に顕著となる．

8-5. 尿の濃度を高めて排尿量をごく少量にする．②唾液の分泌量を減少させる．③鼻穴を閉じて呼気の水分を鼻腔で結露させ粘膜から吸収して回収する．④血液中に水分を蓄えている．⑤こぶに蓄えた脂肪からの代謝水を利用できる．⑥外気温の変動によって体温を大きく変動させ，熱を蓄積できる．

9-1. 飼料の粗タンパク質要求量や必須アミノ酸要求量がニワトリよりも高い．

9-2. タンパク質の要求性がニワトリよりも高く，低タンパク質の飼料を給与すると飼料の消費量が増え，体脂肪が減少しない．

9-3. ポケット状のそ嚢を有しないため，膨大した食道が一時的に飼料を貯蔵し，潤化と軟化を行う器官の役割を果たす．

9-4. 鳥類でありながら，反芻家畜と同じように脂肪酸代謝と密接に関連したエネルギー代謝が行われており，大腸内の微生物発酵によって生成された揮発性脂肪酸がエネルギー源として利用される．

9-5. 食道：摂取した食物が消化機能を持つ部位に運ばれる
　　　そ嚢：摂取した飼料の貯蔵
　　　腺胃：消化腺および消化液による消化
　　　筋胃：すりつぶす物理的消化
　　　十二指腸：膵液による消化
　　　空回腸：栄養素の吸収
　　　盲腸：微生物による発酵
　　　結直腸：水分調節，栄養素の吸収

9-6. アルギニン：多くの哺乳動物とは異なり，尿素回路でグルタミン酸からオルニチンを経て合成できない．

　グリシン：主な窒素代謝産物である尿酸の合成にグリシンが使われ，ニワトリが生成するグリシンでは必要量を満たせない．

9-7. ニワトリには総排泄腔があり，糞尿を混合した状態で排出するので，可消化エネルギーを求めるためには糞と尿を分離に手間がかかる．

10-1. タカ目およびハヤブサ目はそ嚢を有するが，フクロウ目には見られないこと．タカ目およびハヤブサ目では盲腸は退化しているが，フクロウ目では発達した1対の盲腸を有すること．

10-2. 消化できない毛，羽毛，骨，鱗，外骨格などを胃内で固めて吐き戻すこと．

10-3. ビタミンB_1(チアミン)，魚の死後にチアミナーゼによってチアミンが分解されるため．

10-4. シカは偶蹄目シカ科に属し，前後肢ともに4本の指（趾）骨を持ち，雄が雌より大形で，繁殖期に雄だけに枝角が発達する．内臓諸器官の形態は反芻類家畜のものと類似しているが，身体のサイズが同程度のヤギやヒツジのものに比べて，腸管はいく分短く，臓器はやや軽い．また，シカの肝臓には胆嚢が見られない．

10-5. カモシカは偶蹄目ウシ科に属し，前後肢ともに2本の指（趾）骨を持ち，雌雄ともに常に洞角を有しており，体重は雌雄同程度である．内臓諸器官はシカのものと類似しているが，カモシカの肝臓には小形の胆嚢が見られ，脾臓の重さはシカの1.6倍程度で大きく発達している．

11-1. 腸の長さが異なる．その原因は食性の違いが大きい．

11-2. 魚は，食性の違いにより，魚（肉）食性（ニジマス，ウナギ，ブリ，ヒラメなど），雑食性（コイ，マダイなど），草（微細藻類）食性（ソウギョ，アユ，ティラピアなど）に分けることができる．魚食性の魚は雑食性や草（微細藻類）食性の魚に比較してタンパク質の要求性が高い．逆に炭水化物の利用性が低い．

11-3. 両魚類の間で，メチオニンからタウリンへ，リノール酸やリノレン酸からアラキドン酸やドコサヘキサエン酸へ至る代謝酵素活性が大きく異なる．

11-4. 炭水化物の利用性が低いことから，エネルギー源としてタンパク質や脂質をより必要とするため，結果として，タンパク質の必要量が増える．

11-5. エビ類ではステロールが必須である．さらに，リン脂質も要求する．

参 考 図 書

和　　書

愛知県農林水産部畜産課：うずらの飼養衛生管理マニュアル，愛知県農林水産部畜産課，2009.

赤木智香子（訳）：L. Arent ら・飼育猛禽類のケアと管理，ラプター・フォレスト，1999.

石橋　晃（監修）：新編 動物栄養試験法，養賢堂，2001.

石橋　晃ら：動物飼養学，養賢堂，2011.

板沢靖男・羽生　功（編）：魚類生理学，恒星社厚生閣，1991.

糸川嘉則（編）：ミネラルの事典，朝倉書店，2003.

内海耕慥・井上正康：新ミトコンドリア学，共立出版，2001.

栄養機能化学研究会（編）：栄養機能化学，朝倉書店，2005.

NRC：NRC 乳牛飼養標準 -2001 年，第 7 版 -，デーリィ・ジャパン社，2002.

大久保忠旦ら（編）：動物生産学概論，文永堂出版，1996.

大町山岳博物館（編）：カモシカ - 氷河期を生きた動物，信濃毎日新聞社，1991.

奥村純市・田中桂一：動物栄養学，朝倉書店，1998.

落合　明：魚類解剖図鑑，（株）緑書房，1987.

梶　光一ら（編）：エゾジカの保全と管理，北海道大学出版会，2006.

加藤嘉太郎：増訂改版 家畜の解剖と生理，養賢堂，1974.

加藤嘉太郎・山内昭二：改著 家畜比較解剖図説 上巻，養賢堂，1995.

唐澤　豊：産業としてのダチョウの飼い方，ふやし方，富民協会，1997.

亀高正夫ら：改訂版 基礎家畜飼養学（第 3 版），養賢堂，2000.

亀高正夫ら：基礎家畜飼養学，養賢堂，1994.

坂田　隆：砂漠のラクダはなぜ太陽に向くか？身近な比較動物生理学，講談社，1991.

島薗順雄：栄養学史，朝倉書店，1981.

清水孝雄（監訳）：イラストレイテッド ハーパー・生化学，丸善，2013.

竹内俊郎ら（編）：改訂 水産海洋ハンドブック，生物研究社，2010.

中村桂子ら（監訳）：Essential 細胞生物学，南江堂，2011.

日本オーストリッチ協議会（編）：ダチョウ，導入と経営・飼い方・利用，農山漁村文化協会，2001.

日本食物繊維学会編集委員会（編）：食物繊維 - 基礎と応用 -，第一出版，2008.

（社）日本水産資源保護協会（編）：主要養殖魚類の解剖図，石崎書店，1980.

日本農業研究所（編）：ダチョウの飼養管理マニュアル，特用家畜等生産技術向上対策
　　事業の成果，日本農業研究所，2008.

（独）農業・食品産業技術総合研究機構（編）：日本飼養標準　乳牛（2006 年版），肉
　　用牛（2008 年版），家禽（2011 年版），豚（2013 年版），中央畜産会.

長谷川篤彦（監訳）：犬猫の消化器疾患，インターズー，1995.

舛重正一（編）：食と科学技術，ドメス出版，2005.

南　卓志・田中　克（編）：ヒラメの生物学と資源培養，恒星社厚生閣，1997.

渡邉　武（編）：改訂 魚類の栄養と飼料，恒星社厚生閣，2009.

洋　　書

Cheeke, P. R.：Rabbit Feeding and Nutrition, Academic Press, 1987.

Chivers, D. J. and Langer, P.：The Digestive System in Mammals, Cambridge University press, 1994.

Deeming, D. C.（ed.）：The Ostrich, Biology, Production and Health, CAB International, 1999.

Fowler, M. E.（ed.）：Zoo and Wild Animal Medicine, W.B. Saunders, 1986.

Gauthier-Pilters, H. and Dagg, A. I.：The Camel, The University of Chicago Press, 1981.

Ganong, W. F.：Review of Medical Physiology, Appleton & Lange, 1999.

Halver, J. E. and Hardy, R. W.：Fish Nutrition, Academic Press, 2003.

Kleiber, M.：The Fire of Life, Robert E. Krieger Publishing, 1975.

McDowell, L. R.：Minerals in Animal and Human Nutrition, 2nd ed., Elsevier Science, 2003.

Mitchell, H. H.：Comparative Nutrition of Man and Domestic Animals, Academic Press, 1963.

NRC：Microlivestock, National Academy Press, 1991.

NRC：Nutrient Requirements of Horses 5th ed., National Academy Press, 1989.

NRC：Nutrient Requirements of Horses 6th ed., National Academy Press, 2007.

NRC：Nutritional Requirements of Laboratory Animals, National Academy Press, 1995.

NRC：Nutrient Requirements of Rabbits, National Academy Press, 1977.

Pond, W. G. et al.：Basic Animal Nutrition and Feeding, Jhon Whiley & Sons, 1995.

Redig, P. T.：Medical Management of Birds of Prey, The Raptor Center, University of Minnesota, 1993.

Scanes, C.（ed.）：Sturkie's Avian Physiology, 6th ed., Academic Press, 2014.

Shanawany, M. M.：Ostrich Production System, Part I –A review, FAO, 1999.

Stevens, C. E. and Hume, I. D.：Comparative Physiology of The Vertebrate Digestive System, Cambridge University Press, 1995.

Thorne, C.：The Waltham Book of Dog and Cat Behaviour, Butterworth, 1992.

Underwood, E. J. and Suttle, N. F.：The Mineral Nutrition of Livestock, 3rd ed., CABI Publishing, 2001.

Van Soest, P. J.：Nutritional Ecology of The Ruminant, Comstock Publishing Associates, 1994.

Wills, J. M. and Simpson, K. W.：The Waltham Book of Clinical Nutrition of The Dog & Cat., Pergamon, 1994.

索　引

動物の栄養 第2版　　　　　　　　定価（本体 4,400 円＋税）

2001 年 4 月 30 日　第 1 版第 1 刷発行	＜検印省略＞
2016 年 2 月 20 日　第 2 版第 1 刷発行	
2023 年 3 月　1 日　第 2 版第 3 刷発行	

編集者　唐　澤　　　　豊
　　　　菅　原　邦　生

発行者　福　　　　　毅

印　刷
製　本　㈱　平　河　工　業　社

発　行　文永堂出版株式会社
　　　　〒113-0033　東京都文京区本郷 2-27-18
　　　　TEL　03-3814-3321　FAX　03-3814-9407
　　　　振替　00100-8-114601 番

ISBN 978-4-8300-4130-3